柴巧霞 著

电视媒体中的生态文明与环境价值观传播研究

DIANSHI MEITIZHONG DE SHENGTAI WENMING YU
HUANJING JIAZHIGUAN CHUANBO YANJIU

（项目编号 2016055）研究成果

湖北省社科基金项目『电视媒体中的生态文明与环境价值观传播研究』

武汉大学出版社

WUHAN UNIVERSITY PRESS

图书在版编目(CIP)数据

电视媒体中的生态文明与环境价值观传播研究/柴巧霞著.—武汉：武汉大学出版社,2019.7
ISBN 978-7-307-20876-6

Ⅰ.电… Ⅱ.柴… Ⅲ.生态环境—环境保护—电视—传播媒介—研究 Ⅳ.①X171.1 ②G22

中国版本图书馆 CIP 数据核字(2019)第 080875 号

责任编辑:李 琼 责任校对:李孟潇 整体设计:马 佳

出版发行:**武汉大学出版社** (430072 武昌 珞珈山)
(电子邮箱:cbs22@whu.edu.cn 网址:www.wdp.com.cn)
印刷:武汉鑫佳捷印务有限公司
开本:720×1000 1/16 印张:16.75 字数:241 千字 插页:1
版次:2019 年 7 月第 1 版 2019 年 7 月第 1 次印刷
ISBN 978-7-307-20876-6 定价:56.00 元

目　录

第一章　绪　　论

环境问题和可持续发展已经成为 21 世纪人类面临的巨大难题之一。早在 2013 年初，联合国发布的《2013 年人类发展报告》就显示，如果世界各国继续忽略环境问题，将导致贫困问题的出现，估计到 21 世纪中期会有超过 30 亿人口因环境问题而陷入极端贫困之中。当前，中国的经济发展已经取得了全球公认的成绩，然而 GDP（国内生产总值）的增长却不能掩盖一个令人担忧的事实，生态环境正在日趋恶化。2017 年 12 月 4 日，在第三届联合国环境大会上，联合国环境署发布最新报告《迈向零污染地球》指出，环境恶化导致全世界每年 1260 万人死亡，占全球每年死亡人口的 1/4。《柳叶刀》污染与健康委员会的最新报告也指出，污染造成的福利损失每年超过 4.6 万亿美元，相当于全球经济产出的 6.2%。[①] 事实上，环境问题所引发的不仅仅是一个个单纯的生态学命题，而是直接指向深层次的制度安全、社会正义与文化观念的问题，与此同时，环境问题的解决也必须依赖政府、市场、公民的多重努力。

第一节　选题缘由与研究意义

一、选题缘由

当前，环境问题已经从各类社会矛盾中凸显出来，成为影响人

---

① 刘毅、李志伟：《第三届联合国环境大会在内罗毕开幕》，2017 年 12 月 4 日，人民网-国际频道（http：//world. people. com. cn/n1/2017/1204/ c1002-29685380-3. html）。

们身体健康和正常生活的重要因素。据生态环境部宣传教育司的相关统计报告显示，2017 年大气污染防治中的"治理雾霾"话题的报道量最多，其中仅中央主流媒体的报道量就达到了 3559 篇。① 2017 年初，京津冀及周边地区出现大面积、长时间空气重污染过程，引发舆论高度关注，有关污染天气的讨论也在网络上不断发酵，逐步演变成全国性热点舆情。这些持续性的环境危机现象的发生，也成为本书的现实动力。具体而言，本书的选题缘由主要包括：

（1）环境问题已成为重要社会问题

由于中国长期以来走的是一条"先污染后治理"的路子，这在客观上促成了"吉登斯悖论"现象的出现。"吉登斯悖论"是英国学者安东尼·吉登斯（Anthony Giddens）在《气候变化的政治》中提出的。它指的是"全球变暖带来的危机看起来很可怕，但在日复一日的生活中不是有形的、直接的、可见的，因此许多人会袖手旁观，不会对它们有任何实际的举动。然而，坐等它们变得有形，变得严重，那时再去临时抱佛脚，定然是太迟了"②。换句话说，"吉登斯悖论"表明的是，当尚有采取行动的余地的时候，人们却不采取行动，而一旦到了必须采取行动时，却已经没有行动的余地了。当前，环境问题已经成为了一个典型的"吉登斯悖论"现象。

环境是最大的公共物品，而日益严重的环境问题，不仅威胁人类健康，更影响到社会生活的方方面面。2012 年以来，中国大部分地区在冬春之际持续出现的雾霾天气不断引发人们的关注。继雾霾之后，水污染又让环境问题再次成为社会热点，据国土资源部调

---

① 生态环境部宣传教育司：《大气污染防治主流媒体报道规律研究报告》，《环境舆情动态》2018 年 7 月 4 日，第 172 期（总第 3008 期）。

② ［英］安东尼·吉登斯：《气候变化的政治》，曹荣湘译，社会科学文献出版社 2009 年版，第 2 页。

查，2000—2002 年，全国地下水资源符合Ⅰ类至Ⅲ类标准①的有 63%，而到 2011 年，"较差至极差"水质的监测点比例却上升到了 55%。② 而 2017 年 7 月，美国科学促进会期刊的一份"全球大量 生产塑料的全球分析"的报告则警示世人，从现有使用塑料的情 况来看，到了 2050 年，丢弃在垃圾填埋地和环境中的废弃塑料将 超过 130 亿吨。③面对环境污染的严峻现实，环境保护部前副部长 吴晓青认为，环境污染现象正是中国快速工业化发展累积下来的环 境问题的集中表现，倘若不转变经济发展模式就不能根本改善。④

（2）环境危机的出现提出了环境"善治"的要求

所谓"善治"（good governance）就是"好的治理"，它是通 过政府、公民及其他力量的合作式管理，所达到的公共决策与管理 绩效的最优化和最大化。⑤ 而环境危机的出现也提出了反思当前经 济发展模式、实现环境"善治"的要求。由于传统的工业化与城 市化的生产生活方式是不可持续的，其反生态的本质呼吁人们转变 发展过程中的物质主义至上的现代化思维模式，这就把建立新的环 境标准、实现可持续发展、重塑绿色思想、倡导绿色生活方式、吸 纳社会力量参与环境管理等，纳入体制的重新设计和公共决策的议 题范畴之中。

---

① 依照《地表水环境质量标准》，我国水质分为五类，其中Ⅰ类为水质 良好、Ⅱ类为轻度污染、Ⅲ类适用于集中式生活饮用水、Ⅳ类适用于一般工 业保护区及娱乐用水、Ⅴ类适用于农业用水区及一般景观要求水域，超过Ⅴ 类水体基本已无使用功能。

② 严厚福：《用法治向地下水污染宣战》，《人民日报》2013 年 2 月 21 日。

③ 李夏君编：《地球迈向"塑料星球"：67 年产逾 91 吨塑料垃圾》 2017 年 7 月 21 日，中国新闻网（https：//www.chinanews.com/gj/2017/07- 21/8283766.shtml）。

④ 杨理光：《正确处理环境保护与经济发展的关系是当前和今后环保工 作难点》2013 年 3 月 15 日，新华网（http：//news.xinhuanet.com/2013lh/ 2013-03/15/c_115043494.htm）。

⑤ 俞可平：《增量民主与善治》，社会科学文献出版社 2005 年版，第 1~20 页。

近年来，中国政府在环境"善治"方面迈出了实质性的步伐。2013 年 9 月 10 日，国务院下发了《国务院关于印发〈大气污染防治行动计划〉的通知》，文件制定了大气污染防治十条措施（俗称"大气十条"）。2015 年 4 月 16 日，又发布《国务院关于印发水污染防治行动计划的通知》（俗称"水十条"）。2016 年 5 月 28 日，国务院印发《土壤污染防治行动计划》（俗称"土十条"），对今后一个时期我国土壤污染防治工作作出全面战略部署。"大气十条""水十条""土十条"的相继实施是我国全方位治理污染的重要举措。事实上，中国政府在经济发展规划及政策制定方面已经开始更多地考虑环境因素，中国的"十二五"规划（2011—2015年）就将建设生态文明摆到突出的位置，被生态主义学者罗宾·艾克斯利（Robyn Eckersley）称为"迄今为止最'绿色'的一个全国规划，它标志着向低碳经济转型的一个更认真努力的开端"①。而在党的"十八大""十九大"等重要会议精神中，党和政府也显示出了建设生态文明的坚强决心，并提出"建设生态文明是关系人民福祉、关乎民族未来的大计，是实现中国梦的重要内容""用制度保护生态环境"以及"建立吸引社会资本投入生态环境保护的市场化机制，推行环境污染第三方治理"② 等环境治理思想。

（3）环境传播是环境风险的反思性监控机制之一，也是影响环境"善治"的重要因素，电视媒体则是实现这一监控机制的重要载体

从环境传播的社会功能方面来看，环境传播连接了人们的环境安全认知和社会结构的变革。一方面，它承担起了传递环境风险信息和环境知识的功能。在环境传播中，基本的环境知识、生态观念和环境伦理主张，国家的环境制度、政策决议和发展规划，周围的

----

① ［澳］罗宾·艾克斯利：《绿色国家：重思民主与主权》，郇庆治译，山东大学出版社 2012 年版，中译版前言第 1 页。

② 参见 2013 年 11 月 12 日中国共产党第八届中央委员会第三次全体会议通过的《中共中央关于全面深化改革若干重要问题的决定》《习近平系列重要讲话读本》等文件。

环境污染信息以及生态建设信息等内容，得以传达给普通公民，不仅使得公民的环境意识得以增长，更为培养合乎时代要求的环境友好型公民准备了基本条件。另一方面，环境传播也是公民的一种话语表达途径。借助传播力量，环境治理中的某些问题和矛盾得以被发现，公民也得以表达自身的环境权益主张，从而实现对环境风险的反思性监控。在环境传播的作用下，环境问题得以从单个的社会议题升级为公共议题，公民合理的环境权益主张也得以上传到政府。借助于传播的力量，在相关的环境决策过程中，政府和普通公民之间有了进一步对话与协商的可能，而环境决策中的协商与对话，正是合作式环境治理形成的基本条件，这有助于推动环境治理"善治"的实现。

近年来，环境维权和"邻避冲突"事件的增多，不仅是普通公民环境意识提高的结果，更是由地方政府与普通公民之间沟通渠道缺乏、沟通过程不通畅而造成的。这里的"邻避冲突"也被称为"邻避运动"，它是"Not In My Back Yards"简称"NIMBY"的中文音译词，可以直译为"别建在我家后院"。这一运动起源于20世纪70年代，美国部分地方的居民发起抵制环境污染企业建立在居住地附近的运动，后来人们逐渐把居民发起的旨在保护自身生活领域免受具有环境负面影响的工业设施或公共设施干扰的一类社会运动称之为"邻避运动"。2007年厦门PX（对二甲苯）事件是近年来我国影响最大的"邻避冲突"事件，也让人们认识到公民参与在环境决策中的重要作用。由于一直缺乏正常的参与渠道和沟通方式，人们不得不运用"散步"、集会等非正常甚至是非法的公民参与方式，来表达对某些环境决策的不满。如2011年8月辽宁大连发生的反对PX（对二甲苯）项目游行，2012年5月27日、6月2日上海松江区居民的反对垃圾焚烧事件，2012年7月1日四川德阳什邡市民的反对钼铜项目事件，同年7月28日江苏南通启东市民反对王子制纸排海工程项目事件，2013年5月初，四川彭州以及云南昆明市民分别发起的抵制PX（对二甲苯）项目事件，2014年4月10日，广东茂名反对PX（对二甲苯）项目事件等。在这些公共事件中，环境传播起到了传递相关信息以及沟通政府及公民的作用，不仅使得单个的环境问题上升为公共议题，使得人们的环境知识进一步增加，更在客观上起到了增强公民的环境维权意识以及环境公民身份认同的"启蒙"作用。

电视媒体作为重要的一种大众传播媒介形式，它是环境价值观传播的重要载体和方式，也是环境公民身份建构的重要途径，已经成为影响环境"善治"的重要因素。

（4）环境公民身份建构是生态文明和环境价值观传播的实践活动，也是彰显环境正义和培育环境友好型公民的社会实践，是实现环境"善治"的关键步骤

"环境正义"（environmental justice）是不同地域、不同族群以及不同国家在应对生态危机时，应承担的环境权责之间的一种平衡的关系，它最关心的是人们在环境行为中利益与损害的分配。① 从环境公民身份的建构目标和过程来看，它是公民为了获得基本的环境权利以及履行基本的环境义务，而采取的一种旨在改善生态环境质量的斗争模式和赋权模式。在环境公民身份建构的过程中，无论是在日常生活中努力践行环境保护的普通公民，还是在"邻避运动"中积极维权的公民，甚至是在环境公益诉讼中以非营利组织（NGO）形式而被组织起来进行积极申诉的公民，他们所期盼的正是实现环境决策和治理过程中的公平与正义。而环境正义的基本主张是，每个人、每个社群、每个民族都有权享受环境社会报酬和生活机会。当前的环境公民身份建构活动不仅主张争取不同地区、不同人群之间的环境利益及机会选择的平等性，更主张实现不以伤害后代人的环境利益为代价的社会发展，这充分彰显了环境正义的精神，也是生态文明和环境价值观的重要传播实践。

此外，环境公民身份建构的过程也是生态文明和环境价值观内化为公民实践的动态过程，是培养环境友好型公民的重要途径。当前环境公民身份建构活动不仅力图实现公民的基本环境权利，它更要求公民正视并承担起自身的环境责任，成为一个负责任的、品德

---

① Jamieson. Justice：The Heart of Environmentalism［M］. Environmental Justice and Environmentalism. Cambridge，Mass：MIT Press，2007：89-98.

高尚的环境友好型公民，这也是生态文明对每个公民的要求。从环境维权到承担社会责任，环境公民身份建构的这种变化，有助于培养具有绿色意识和绿色思想的环境友好型公民。而一批具有绿色思想的、品德高尚的环境友好型公民的形成，也是环境公民身份认同形成的前提，这也为公民积极参与环境决策和管理过程打下了基础，从而推动了环境"善治"的进程。

（5）环境传播与环境公民身份建构之间互为条件，相互之间存在一种强烈的互动的关系，二者之间的互动过程极大地丰富了生态文明的实践内涵

一方面，环境传播激发了环境公民身份建构活动，为后者的实现创建基本条件。事实上，环境传播本身也是环境公民身份建构的一种途径和渠道。无论是普通公民，还是环境记者，他们借助各种传播渠道，揭露和反映环境风险及环境破坏行为，监督政府的环境决策过程，传递新环境伦理和生态观念，倡导绿色生活方式，这些行为本身正是公民维护自身的环境权益和履行自身环境责任的一种斗争和赋权模式，是生态文明建设的重要内容。而环境传播还扩大了环境公民身份建构行为的影响力和社会动员能力，借助于传播媒介，尤其是大众传媒，更多公民产生了环境公民身份的认同感，并愿意加入环境公民身份的建构活动中。此外，环境传播还培育了具有生态保护意识的公民，为环境公民身份认同的形成以及环境维权行为的开展创造了条件，许多的社会调查数据都证明了这一点。而环境公民身份建构的目标之一，正是为了维护人们的基本环境权利和践行自身的环境义务。因此，在传播和践行生态文明，培育公民的生态理性和环境伦理，以及促进公民的环境参与等方面，环境传播和环境公民身份建构之间存在许多共通之处。

另一方面，环境公民身份建构也影响了环境传播的过程，并推动了环境传播的发展，从而形成了新的环境传播特征。由于环境议题蕴含着丰富的传播价值，它与传播媒介的价值取向存在一致性，加上我国政府正在大力推动生态文明建设，因此，环境公民身份建构活动也经常成为环境报道和环境传播的重要议题，这就扩大了环境传播的内涵及外延。而公民及环境记者在环境公民身份建构的过

程中，还积极探索新的传播技巧，开拓新的传播渠道和载体，这就进一步丰富了环境传播的内容。他们在各类媒体平台上的公开讨论及沟通，也在客观上促进了"绿色公共领域"的形成，从而推动了环境传播的发展。此外，在某些重大环境公共事件当中，公民的某些环境保护主张甚至会演化为合理的政策倡导行为，直接影响并推动环境决策的变化。

总之，环境难题正好处在生态系统和人类社会系统的交集上，具有双重的复杂性，而环境难题的解决也必须依赖多方力量的介入。其中，环境传播与环境公民身份建构是两个非常重要的因素，二者之间互为条件，相互促进。它们在推动绿色思想和环境价值观的传播，提高公民的环境保护素养，推动公民积极的环保参与，以及促进环境"善治"的实现等方面，都发挥了重要的作用。

二、研究意义

探索电视媒体中的生态文明和环境价值观传播以及随之而来的环境公民身份建构问题，是对现实生态危机及"善治"要求的一种呼应，目的是形成环境公民的身份认同，培养具有生态理性的公民，实现政府、电视媒体和公民间的良性互动，从而推动环境传播实践的发展。研究电视媒体中的生态文明和环境价值观传播问题，对于当下的中国社会而言，具有重要的理论意义和现实价值。

（一）理论意义

从环境传播的理论脉络上看，自 20 世纪 60 年代环境传播研究在西方诞生以来，相关研究都显示出了对生态环境不堪重负的社会现状的一种理论关切。围绕环境问题的发生及解决，环境传播研究逐步形成了建构主义与实用主义两套研究范式。然而，无论是环境传播研究中的建构主义模式，还是环境传播研究中的实用主义模式，它们共同的研究指向都是探讨环境传播中的社会结构和话语系统的变迁问题。而公民作为社会结构及话语系统变迁的推动者之一，也是环境传播中的重要参与主体，公民的环境意识以及环境公民身份认同状况，直接影响了社会结构及话语系统变迁的进程。因此，在环境传播研究中引进"公民"维度的相关研究是十分必要的。

再从环境公民身份的理论脉络来看，它是 20 世纪中后期以来在生态运动的推动下出现的一种环境政治理论思潮，90 年代中期以来，环境公民身份问题在西方社会产生了广泛的影响。而环境权利与环境义务之间的关系一直是相关研究的重要主题，围绕这一主题逐渐形成了自由主义环境公民身份、公民共和主义环境公民身份、世界主义环境公民身份等不同的流派。虽然它们在公民的环境权利与义务的侧重点上有所分歧，但逐渐形成了一个基本共识，即认为在提倡自由和民主的社会中，必须培养符合可持续发展要求的公民。而环境传播影响了公民对环境问题的基本认知，也影响了对符合可持续发展要求的公民的培养进程，因此，研究电视媒体中的环境公民身份建构问题，不仅有助于丰富环境传播的理论内涵，更有助于丰富环境公民身份建构的理论内涵。

而从我国相关研究的历史演进来看，由于受到发展问题的遮蔽，我国的环境问题研究起步较晚。20 世纪 80 年代末期，在大众媒体环境报道的指引下，环境危机意识才开始进入国人的视线，但中国真正的大规模的环境治理活动直到 90 年代中后期才开始启动，环境传播的相关研究更是新世纪以来才出现的现象，这明显滞后于中国生态环境问题日益严峻的现实。加上目前中国的环境传播研究大多偏重描述性和介绍性的专著和论文，它们或侧重于对西方理论的引进和介绍，或侧重于描述当前环境新闻的现状，不少研究论文仍然是就环保而谈环保，很少触及环境传播的内核问题，如环境正义、公民的环境权利与义务、公民的环境身份认同等内容，因此，在环境传播研究中，增加相关分析性、反思性的研究显得较为重要。对此，本书采取了一种批判性和反思性相结合的理论视角，沿着环境传播的实用主义研究路径，既阐明了电视媒体中生态文明及环境价值观建构的理论逻辑、实践背景和基本内涵，更反思了当前电视媒体中生态文明及环境价值观的建构过程、现状及障碍因素。此外，本书还对政府、电视媒体、公民三者之间良性互动的形成，进行了分析和探讨。这都将在理论上丰富环境传播的研究内容。

(二) 现实意义

从现实意义来看，本书也具有较强的现实针对性。环境作为最大的公共物品，它不仅关系到人们的身体健康和日常生活，更关系到国家和社会的环境安全。而环境安全是一种不同于传统意义上的军事安全、政治安全、经济安全、文化安全等的非传统安全问题，它是一种由环境议题引起的或者体现为生态环境领域的国家安全问题。① 在中国，长久以来人们都将环境安全和环境治理问题视为政府的责任，并认为普通公民在环境政治中的作为很小或根本无所作为，这也导致中国公民参与的欠缺。事实上，环境问题的解决，既需要政府的主导，也需要媒体的参与，更需要普通公民的积极参与，这就为本书指明了基本方向。在现实价值方面，本书具有双重意义：一方面，本书探讨了环境传播与环境公民身份建构之间的关系，并分析了电视媒体中生态文明及环境价值观传播的内涵、意义、方式及现状，这能够助力公民环境身份认同的形成，也有助于培养具有绿色思维和环保意识的公民，促进公民积极理性的参与行为，从而推动环境传播的实践；另一方面，本书还分析了政府、电视媒体及公民在环境传播与环境公民身份建构过程中的具体角色及互动关系，这有助于推动三者之间良性关系的形成，从而推动环境治理方式的改进和环境 "善治" 的实现，为中国的生态文明建设提供了一种新的思路。

三、研究问题

环境风险日益严重的社会现实不断触发我们对现代文明的反生态本质作出深层反思：在环境风险频繁发生的时代，我们需要

① Hurell A. International Political Theory and The Global Environment [M]. International Relations Theory Today. Pennsylvania: Pennsylvania State University Press, 1995: 150-152.

作出怎样的努力才能减少环境危机的发生？而什么样的生态观念和环境伦理范式才是最适合这一时代需求的？作为社会制度和社会话语重要驱动模式的环境传播，是如何建构并传播时代所需的生态观和环境伦理范式的？它又是如何建构政府、市场、公民等诸多主体的环境权利和义务关系的？事实上，生态观念、环境伦理范式、公民的环境权责，这些既是环境公民身份建构的具体内容，也是推动环境治理"善治"实现的重要步骤。鉴于此，本书对电视媒体中的环境公民身份建构问题展开研究，并致力于回答以下问题：

（1）环境传播与环境公民身份建构之间的关系是怎样的？

（2）为什么电视媒体需要传播生态文明与环境价值观？为什么电视媒体需要建构环境公民身份？

（3）作为社会制度和社会话语重要驱动模式的环境传播，它是如何利用电视媒体来建构并传播环境价值观问题的？而当前中国电视媒体中的环境价值观传播和环境公民身份建构又存在哪些问题和障碍？

（4）在环境价值观传播和环境公民身份建构的过程中，政府、电视媒体、公民各自扮演了怎样的角色，各自又发挥着怎样的功能？他们是怎样互动的？如何才能实现三者之间的良性互动？

第二节　概念界定

环境、环境传播、生态文明、环境价值观、公民身份和环境公民身份是本书的起点，我们先对相关概念进行界定。

一、环境

威廉·P. 坎宁安主编的《美国环境百科全书》认为，环境（environment）一词源于法语，古法语中的"virer"和"viron"（前缀 en-）是其来源，意思是"圆周、到处、周围乡村、巡回"。而从词源学来看，它既有整体性的含义，即指一切生物生活于其中的整体，同时又显示出关联性，即指事物与外界之间的互动。①

对于中文里的"环境"一词，《辞海》第六版作了如下界定："①环绕所辖区域；周匝。②一般指围绕人类生存和发展的各种外部条件和要素的总体，分为自然环境和社会环境。"②

由此可见，所谓的"环境"是指，人类生活于其中的各种外部条件和要素的总和，它既包括自然环境也包括人文社会环境，而本书所指的"环境传播"主要取的是自然环境的释义。

二、环境传播

根据现有的文献，对于"环境传播"（environmental communication）的界定至少可以追溯到 1989 年德国社会学家尼克拉斯·卢曼（Niklas Luhmann）。他认为，环境传播的主题关涉环境问题，它的目的在于促使一个社会的传播结构及话语体系发生变化。③

进入 21 世纪后，其他学者也围绕环境传播的界定问题进行了一些研究。例如在罗伯特·考克斯（Robert Cox）看来，环境传播更应当被视为一种驱动模式。因为它不仅影响了公众关于环境问题的认知，更表明人与自然之间存在密切的关系，它既是实用主义的，同时也是建构主义的。④

这些定义都揭示，环境传播的核心是探讨连接环境安全和社会变革的符号解释行为和话语建构行为。因此，本书侧重于关注那些引发了公众注意，并改变了社会话语系统和传播结构的环境议题。

---

① ［美］威廉·P. 坎宁安：《美国环境百科全书》，张坤民主译，湖南科学技术出版社 2003 年版，第 206 页。

② 辞海编辑委员会：《辞海》（第六版），上海辞书出版社 2009 年版，第 781 页。

③ Luhmann N. Ecological Communication［M］. Chicago, IL: University of Chicago Press, 1989: 28.

④ Cox R. Environmental Communication and Public Sphere［M］. London: Sage, 2006: 12.

三、生态文明

所谓的生态文明（ecological civilization）指的是，以遵循"人—自然—社会"和谐、良性、全面、持续发展为基本宗旨的文化伦理形态，以及基于这种文化伦理形态所取得的一切物质成果和精神成果。

四、环境价值观

麦克米兰（McMillan）、赖特（Wright）和巴瓦泽莱利（Bwazley）等人认为，环境价值观（environmental values）是个人对环境及相关问题所感知到的价值，是"直接针对环境保护和环境义务的赞成或支持性行为"[①]。而环境价值观在约翰·德赖泽克那里则表述为绿色意识，指的是人们体验和看待他们生活于其中的世界，以及他们相互看待的方式。[②] 张福德则认为，环境价值观是个体对环境、自身环境行为及结果的意义、效用和正当性的总体评价标准。[③] 本书借鉴上述观点，认为环境价值观指的是人们体验、看待和评价有关环境问题的认知、态度、行为的方式及准则。

五、公民

公民（citizen）的原意是指，由于生活在城市中，而参与了一种教化（cultivation）或文明化（civilization）进程的人。[④] 在现代

---

① McMillan E E, Wright T, Beazley K. Impact of a University- Level Environmental Studies Class on Student's Values［J］. Journal of Environmental Education，2004，35（3）.

② ［澳］约翰·德赖泽克：《地球政治学：环境话语》，蔺雪春、郭晨星译，山东大学出版社 2012 年版，第 184 页。

③ 张福德：《个人环境道德规范激活的影响因素及促进措施》，《青岛科技大学学报》（社会科学版）2017 年第 3 期。

④ ［美］基恩·福克斯：《公民身份》，郭忠华译，吉林出版集团有限责任公司 2009 年版，第 6 页。

社会中，它指的是具有一国国籍，并根据该国法律规范享有权利和承担义务的自然人。① 在本书中，主要使用的是公民的现代涵义。

六、公民身份

公民身份（citizenship），又被译为"公民资格"、"公民责权"等，一般认为，它是个人在某一政治共同体（国家）中的成员资格，与这一资格相联系，个人被赋予某些基本的权利和相应的义务。② 然而，英国开放大学的恩靳·伊辛（Engin Isin）教授认为，公民身份实际上并非成员身份，也不是指权利的组合，它的本质存在于关系（relationship）当中，是一种斗争的模式，是一种支配（domination）和赋权（empowerment）的制度。③ 这就打破了长久以来对公民身份的静态的理解，而从关系和斗争模式的角度来重新看待公民身份，丰富了公民身份的理论及内涵。

七、环境公民身份

根据上述观点，我们也应该从改善生态环境质量的斗争模式的角度，来理解"环境公民身份"（environmental citizenship）。具体而言，它指的是个体在特定的时空情境中，为了获得在环境政治秩序中的成员资格，为了争取基本的环境生存权、发展权、知情权、参与决策权等权利，以及为了履行自身对生态环境及对未来子孙后代所应承担的基本环境义务，而采取的一种旨在改善生态环境质量的斗争模式和支配赋权模式。

---

① 陈彩棉：《环境友好型公民新探》，中国环境科学出版社 2010 年版，第 39 页。

② 王小章：《中古城市与近代公民权的起源：韦伯城市社会学的遗产》，《社会学研究》2007 年第 3 期。

③ 郭忠华：《公民身份的当代概览——与恩靳·艾辛的对话》，载郭忠华：《变动社会中的公民身份——与吉登斯、基恩等人的对话》，广东省出版集团、广东人民出版社 2011 年版，第 78 页。

第三节 文 献 综 述

环境传播、公民身份、环境价值观的相关研究是本书的基础，也为本书提供了诸多理论及知识借鉴。

一、环境传播相关研究

自 20 世纪 60 年代末期，蕾切尔·卡尔逊（Rachel Carson）的《寂静的春天》及"罗马俱乐部"的经典之作《增长的极限》等作品，以振聋发聩之势叙述着地球的生态容限以来，人类思考及应对现代化进程中的环境问题已经 40 多年了，而在环境传播的研究方面也取得了丰硕成果。相关研究主要包括：

（一）国外环境传播相关研究

环境传播研究在西方国家发展良好，威斯康星大学、纽约州立大学、科罗拉多州立大学等高校开设了相关专业，而国际四大传播学会即"国际传播学会"（ICA）、"美国新闻与大众传播教育学会"（ARJMC）、"国际传播研究学会"（IAMCR）和"全美传播学会"（NCA），也设立了相关讨论专题。此外，Environmental Communication（《环境传播》）、Environmental Communication Yearbook（《环境传播年刊》）、Environmental Politics（《环境政治学》）、Applied Environmental Education and Communication（《应用环境教育与传播》）等一批专业学术期刊的成立，标志着相关研究日益规模化和规范化。

1. 环境传播的内涵研究

尼克拉斯·卢曼是最早探讨环境传播内涵的学者（参见本章第二节），他对环境传播的界定为相关研究指明了基本方向。① 不久后，全美传播学会（NCA）提出，环境传播是"研究环境问题

---

① Luhmann N. Ecological Communication [M]. Chicago, IL: University of Chicago Press, 1989: 28.

及传播实践之间内在关系的社会学领域"。① 罗伯特·考克斯
（Robert Cox）则将环境传播上升到关于自然环境的"危机学科"，
他在《环境传播与公共领域》一书中也对环境传播的内涵进行了
界定（参见本章第二节）。② 2007 年，他又在《自然的"危机学
科"：环境传播是否应负伦理责任》一文中指出，环境传播所关注
的核心命题总是与危机、风险紧密联系在一起，它是指构建良性环
境系统和培育健康伦理观念的危机学科。此外，马克·美耶
（Mark Meisner）、李·帕克（Lea J. Parker）等人对环境传播的内
涵进行了探讨。③ 对此，安德鲁·皮尔森特（Andrew Pleasant）等
人提出，只有通过对环境传播曾经关注并且正在关注的焦点问题进
行跟踪调查和归纳，才能够清晰地把握环境传播的真正内涵。④

　　按照罗伯特·考克斯的分析，西方环境传播研究大致可以区分
为建构主义和实用主义两大维度，其中前者涉及环境保护相关符号
和话语的考察，而后者则涵盖对环保组织、可持续发展以及解决环
境问题的思考和实践。

　　2. 建构主义维度的环境传播研究

　　建构主义思潮对环境传播研究产生了较大的影响，相关研究者
承认了环境污染、能源减少和科技失控等问题的重要性，但他们认
为环境传播的首要任务并不是去记录这些问题，而是要对之进行解
释。

---

① Pleasant A, Good J, Shanahan J, Cohen, B. The Literature of
Environmental Communication ［J］. Public Understanding of Science, 2002, 11
（2）.

② Cox R. Environmental Communication and Public Sphere ［M］. London：
Sage, 2006：12.

③ 参见马克·美耶的个人环境传播研究网页上关于环保传播的解释，
http：//www.esf.edu/ecn/what is ec.html；美国亚利桑那大学传播系网页关于
环保传播的阐述，http：//www.nau.edu/socp/ecrc/。

④ Pleasant A, Good J, Shanahan J, Cohen B. The Literature of
Environmental Communication ［J］. Public Understanding of Science, 2002, 11
（2）.

（1）环境传播话语研究。

研究者通过考察环境传播中的符号表意以及修辞运用，从而揭示出环境问题中的意义协商与话语权争夺的过程。如考克斯认为，每一次环境运动的深层驱动力量都来自人们对环境的修辞意义构造与争夺，即在实用主义驱动和建构主义驱动的修辞机制上，演化为一场推动整个社会意识转型的文化/政治运动。① 约翰·德赖泽克（John Dryzek）提出，改变世界的一个行之有效的方法是改变人们的思维方式。② 他还将环境话语方式归纳为地球极限及其否定、解决环境问题、寻求可持续性和绿色激进主义等四种研究范式。③ 斯黛拉·卡佩克（Stella Capek）则以具体的环境正义运动为例，提出符号是实际行动的重要来源，但环境理念则关系到整个运动的过程。④

（2）环境传播文本修辞研究。

对环境新闻和环境影视作品的修辞学分析也是建构主义的重要内容。詹妮弗·A. 皮普尔斯（Jennifer A. Peeples）、理查德·S. 肯尼奇（Richard S. Krannich）和杰西·魏斯（Jesse Weiss）等人，分析了有关著名的骷髅谷地区的核废物贮存问题的相关新闻文本，尝试从中解析不同群体对待环境正义问题的态度。⑤ 萨尔玛·莫纳尼（Salma Monani）、玛丽莲·德劳瑞（Marilyn DeLaure）等人，则对环境喜剧、环境电影等影视类作品的话语形态进行话语和修辞分

---

① Cox R. Environmental Communication and Public Sphere［M］. London：Sage，2006：54.

② Dryzek J. The Politics of the Earth：Environmental Discourses［M］. NY：Oxford University Press，1997：183.

③ ［澳］约翰·德赖泽克：《地球政治学：环境话语》，蔺雪春、郭晨星译，山东大学出版社 2012 年版，第 12~15 页。

④ Capek S. The "Environmental Justice" Frame：A Conceptual Discussion and an Application［J］. Social Problems，1993（40）.

⑤ Peeples J A, Krannich R S, Weiss J. Arguments For What No One Wants：The Narratives of Waste Storage Proponents［J］. Environmental Communication，2008，2（1）.

析，并试图说明环境正义、绿色身份认同等政治议题是如何表达的。①

3. 实证主义维度的研究

实证主义的经验研究是这类研究最常见的研究方法，相关研究甚至可以追溯到 20 世纪初美国资源保护运动。具体而言，这类研究主要包括：

（1）环境意识、环境行为及传播效果研究。

公众的环境意识、环境行为及传播效果研究进行得较早，如在1982 年克雷·舍恩菲尔德（Clay Schoenfeld）和罗伯特·J. 格里芬（Robert J. Griffin）就对美国大学的环境意识和新闻教育状况做了一个全国性的调查。② 而 1986 年，詹姆斯·D. 吉尔（James D. Gill）、劳伦斯·A. 克罗斯比（Lawrence A. Crosby）和詹姆斯·R. 泰勒（James R. Taylor）等人又对生态关心与环境行为之间的关系进行了统计分析，发现生态关心作为一种背景变量间接地影响了人们的行为。③

（2）互联网对环境传播的影响研究。

进入信息社会后，互联网等新媒体的兴起也给环境传播带来了诸多影响，许多研究者开始思考和探索互联网等多元化媒体手段的使用给环境传播和环境运动带来的影响，如艾莉森·安德森（Alison Anderson）、简尼·皮克瑞尔（Jenny Pickerill）等人。④ 此

---

① Monani S. Energizing Environmental Activism? Environmental Justice in Extreme Oil: The Wilderness and Oil on Ice [J]. Environmental Communication, 2008, 2 (1); DeLaure M. Environmental Comedy: No Impact Man and the Performance of Green Identity [J]. Environmental Communication, 2011, 5 (4).

② Schoenfeld C, Griffin R J. Ecology and the Environment: They've been Integrated into J-education Thinking [J]. Journalism Educator, 1982.

③ Gill J D, Crosby L A, Taylor J R. Ecological Concern, Attitudes, and Social Norms in Voting Behavior [J]. Opinion Quarterly, 1986 (50).

④ Anderson A. Media, Culture and the Environment [M]. Bristol, PA: UCL Press Limited, 1997: 82-83; Pickerill J. Environmentalists and the Net: Pressure Groups, New Social Movement and New ICTS. In Gibson R. K, Ward S J. (eds.) Reinvigorating Democracy? British Politics and the Internet [M]. Aldershot: Ashgate, 2000: 129-150.

外，派俞西·马图尔（Piyush Mathur）对进入信息社会后的环境传播蓝图进行了勾勒，劳拉·斯坦因（Laura Stein）通过对美国多个国内环保组织的网站的研究，考察了环保运动中互联网作为最重要的可视性途径的使用情况，本内特、道宁等人则对互联网对跨国性的环境运动促进的可能性进行了考察。①

（3）环保 NGO（非政府组织）及环保运动研究。

在环保 NGO（非政府组织）和公民的环保参与运动等相关研究方面，诺顿·托德（Norton Todd）率先将结构化理论（structuration theory）引入环境传播研究，他提出了"结构—行为"的环境公民参与模式。② 而安娜·布雷特尔（Anna Brettel）则对20世纪90年代以来中国的环保运动进行了考察，她发现一种原生态的环境运动已经在中国出现。她还将中国的公民参与归纳为四种主导性模式，即市民直接抗议、争议解决和投诉制度、国家动员的运动及环境社会组织。③

（4）解决环境问题的传播策略研究。

在环境问题的解决方面，不少学者提出要重建尊重生态规律的

① Mathur P. Environmental Communication in the Information Society: The Blueprint from Europe [J]. The Information Society, 2009 (25); Stein L. Environmental Communication Online: A Content Analysis of U. S. National Environmental Websites [C]. International Communication Association Annual Meeting, 2009: 1-19; Bennett W L. New Media Power: The Internet and Global Activism [J]. In Couldry N, Curran J. (eds.) Contesting Media Power: Alternative Media in a Networked World, 2003: 17-37; Bennett W L. Communicating Global Activism: Strengths and Vulnerabilities of Networked Politics [J]. Information, Communication & Society, 2003, 6 (2); Downing J. The Independent Media Center Movement and the Anarchist Socialist Tradition [J]. In Couldry N, Curran J. (eds.) Contesting Media Power: Alternative Media in a Network World, 2003.

② Todd N. The Structuration of public participation: Organizing environmental control [J]. Environmental Communication, 2007, 1 (2).

③ Brettell A M. The Politics of Public Participation and the Emergence of Environmental Proto-Movements in China [D]. University of Maryland PhD Thesis, 2003: 1.

生态文化，如维尔·普拉姆伍德在《环境文化：生态危机的原因》中提出，正是传统文化，尤其是人文主义和消费文化，导致了生态危机。博金、舍恩胡贝尔、弗朗卡、亚尼特斯基以及日本学者矢野等人都提出了类似的观点，认为生态文化在管理和解决全球生态危机中具有重要意义。① 而安东尼·吉登斯则在《气候变化中的政治》一书中提出，环境问题尤其是气候变化问题的解决，不仅有赖于公民的积极参与，更重要的是保障型国家的建立，而这些都"取决于能否在民主权利和自由的语境下从公民中产生出广泛的政治支持"②。

（二）国内环境传播相关研究

与西方国家相比，中国的环境传播研究起步较晚，20 世纪 70 年代以后，环境传播才开始出现，而真正的学术研究则始于 21 世纪初。

1. 环境传播的发展模式研究

国内不少学者都对环境传播进行了研究，其中刘涛通过对 1349 篇英文文献的分析，将环境传播研究归纳为环境传播的话语权、环境传播的修辞与叙述、大众媒介与环境新闻、环境政治与社会公平、环境公关与社会动员、环境危机传播与管理、流行文化与环境表征、环境议题与政治外交、环境哲学与生态批评等九大研究领域。③

中国特殊的政治体制和社会结构，使得中国的环境传播实践也呈现出与西方明显的不同。贾广惠认为，不同于西方国家传媒主动揭露环境问题，中国传媒反映环境问题还有被动的一面，政治话语

---

① 转引自王积龙《生态议题与传播的国际学术研究概貌评析》，《中国地质大学学报（社会科学版）》2011 年第 1 期。

② ［英］安东尼·吉登斯：《气候变化的政治》，曹荣湘译，社会科学文献出版社 2009 年版，第 103 页。

③ 刘涛：《环境传播：话语、修辞与政治》，北京大学出版社 2011 年版，第 11 页。

先行于媒介话语。① 李淑文则持乐观态度，他认为从传播主体到传播内容，从传播方式到传播范围，中国的环境传播都在发生巨大变化。② 此外，王莉丽的《绿媒体——环保传播研究》一书也全面考察了我国环保传播的历程。

2. 环境新闻中的议题建构及编辑策略研究

环境新闻是国内研究者关注的重点，其中王积龙的著作《抗争与绿化——环境新闻在西方的起源、理论与实践》系统地考察了环境新闻在西方产生的社会条件、媒介因素、文本特点、本质特征、理论范畴、业务实践和教育等问题。王莉丽的《绿媒体——环保传播研究》则以中华环保世纪行、《可可西里》、《幸运地球村》等为个案，详细解析了我国环境新闻的内容特征。而郭小平的著作《环境传播：话语变迁、风险议题建构与路径选择》，不仅系统回溯了中西方环境新闻的发展脉络和话语变迁过程，更将媒体文本与中国社会的变迁结合起来，在对环境报道的深描中解释了环境传播多元利益主体之间的博弈。

此外，李翔探讨了广播电视媒体在环保问题上的作用发挥，并提出创办环保频道和频率的重要性③，覃哲的博士论文考察了转型时期环境运动中的媒体角色，蔺春雪的博士论文通过量化分析的方法，探讨了全球环境话语与联合国环境治理机制之间的关系。而部分硕士论文或选取某一媒体，或选取某一公共事件作为样本，考察了我国环境新闻的框架及编辑策略。

3. 绿色公共领域研究

绿色公共领域建构是环境公民身份建构的重要途径，许多研究者都对相关问题进行了研究和思考。如王莉丽提出，当前中国政府

---

① 贾广惠：《论传媒环境议题建构下的中国公共参与运动》，《现代传播》2011 年第 8 期。

② 李淑文：《环境传播的审视与展望——基于 30 年历程的梳理》，《现代传播》2010 年第 8 期。

③ 李翔：《构想我国广播电视环保频率/道的创办——Planet Green Channel 带来的启示》，载中国传媒大学第三届全国新闻学与传播学博士生学术研讨会论文集，2009 年，第 181~188 页。

和传媒的一大使命就是构建绿色公共舆论空间。① 徐迎春将绿色公共领域看作一个围绕自然环境为公共议题的绿色话语空间，公共性是其重要特征，而它是沟通市民社会与政治国家的中介性话语空间。② 南加州大学的刘京芳（音译 Jingfang Liu）博士和 G. 托马斯·古德莱（G. Thomas Goodnight）教授，对中美两国所面临的环境危机进行了比较研究，他们认为怒江建坝的争论可以确定中国的绿色公共领域形成的开端。③ 而郭小平认为，伴随着新媒体技术的应用和我国公民环保意识的逐渐觉醒，在所有的公共领域中，环保公共领域生成的可能性最大。④ 此外，贾广惠也对环保传播的公共性问题进行了研究。⑤

4. 环保 NGO（非政府组织）研究

环保 NGO（非政府组织）是环境传播的重要力量，相关研究成果也较多。其中，徐凯、吕丹等人对中国环境非政府组织的类型、作用及其与各类主体的关系模型等进行了梳理。⑥ 在环保NGO（非政府组织）与政府的关系方面，大多数学者都认为现阶段二者关系可以概括为政府支持型为主、政府中立型和政府抑制型为辅的"政府主导型"格局，这种基于双方实力不对等但在自愿

① 王莉丽：《绿媒体——环保传播研究》，清华大学出版社 2005 年版，第 17 页。

② 徐迎春：《环境传播对中国绿色公共领域的建构与影响研究》，浙江大学博士学位论文，2011 年，第 34~39 页。

③ Liu Jingfang, Goodnight G T. China and the United States in a Time of Global Environmental Crisis [J]. Communication and Critical/Cultural Studies, 2008, 5 (4).

④ 郭小平：《"邻避冲突"中的新媒体、公民记者和环境公民社会的"善治"》，《国际新闻界》2013 年第 5 期。

⑤ 贾广惠：《中国环保传播的公共性构建研究》，中国社会科学出版社2011 年版，第 10~14 页，第 33~37 页。

⑥ 徐凯：《中国环境非政府组织研究：现状与问题》，载郇庆治：《环境政治学：理论与实践》，山东大学出版社 2007 年版，第 237~253 页；吕丹：《环境公民社会视角下的中国现代环境治理系统研究》，《城市发展研究》2007 年第 6 期。

性合作基础上的温和的关系结构，在一段时间内不会发生实质性改变。① 而在环保 NGO（非政府组织）与大众媒体之间的关系方面，郭小平、曾繁旭等人都认为，媒体是 NGO（非政府组织）非常重要的政治资源，NGO（非政府组织）的环境话语通过媒体平台得以进入公共表达并影响社会舆论，而环保 NGO（非政府组织）则尝试接近和使用媒体，并通过合法化和专业化的媒体策略，谋求风险话语权及创建环境公共领域。② 此外，曾繁旭还通过对"中华环保世纪行"的个案分析，认为由国家发起的宣传运动正是中国环境运动与大众传媒之间密切关系的肇始，其中媒体扮演了主流意识形态的传播者、NGO（非政府组织）的"合法化"机器、公民与国家的"互动平台"等角色。③

5. 环境维权及抗争研究

近年来，随着公民环境维权运动的加剧，中国学者对环境抗争及公民参与的相关研究也日渐增多。如黄煜和曾繁旭通过对中国城市中产阶级发起的多起环境抗争案例的分析，认为这些环境抗争运动的发生主要是媒体与社会抗争形成"互激模式"的结果，而抗争的模式正在从以往的"以邻为壑"发展到"政策倡导"。④ 而郭小平、贾广惠、唐敏、谭凤兰等人认为，当前公民通过多种方式参与环境保护，这既是维护自身权益的需要，也是监督政府、企业等环境治理的庞大社会力量，体现其主张环境权利意识，而公民通过

---

① 郇庆治：《环境非政府组织与政府的关系：以自然之友为例》，《江海学刊》2008 年第 2 期；江心：《中国环保 NGO 与政府间关系：以"自然之友"为例》，载郇庆治：《环境政治学：理论与实践》，山东大学出版社 2007 年版，第 254~266 页。

② 郭小平：《风险沟通中环境 NGO 的媒介呈现及其民主意涵——以怒江建坝之争的报道为例》，《武汉理工大学学报》（社会科学版）2008 年第 5 期；曾繁旭：《环保 NGO 的议题建构与公共表达——以自然之友建构"保护藏羚羊"议题为个案》，《国际新闻界》2007 年第 10 期。

③ 曾繁旭：《当代中国环境运动中的媒体角色：从中华环保世纪行到厦门 PX》，《现代广告》2009 年第 8X 期。

④ 黄煜、曾繁旭：《从以邻为壑到政策倡导：中国媒体与社会抗争的互激模式》，《台湾新闻学研究》2011 年第 10 期。

媒介来主张自身政治化的、日常生活性的环境权利，还促进了环境治理和"善治"。① 唐慧玲主张将公民划分为"消极的公民"和"积极的公民"，并认为前者强调的是"弱参与"，而后者强调的是"强参与"，目前需要的是注重权利和义务统一的，具备社会关怀、服从和宽容精神等政治道德品质的理性公民②，这就提出了环境公民身份建构的问题。在公民参与的价值理念与制度建构方面，史玉成认为，环境保护公民参与制度的应然逻辑构成包括环境信息知情制度以及环境立法、行政和司法等方面的参与制度。③ 而司开玲则通过对数十起儿童"血铅"事件的分析，提出在共同的反污染抗争行为中，人们的环境权益意识得以觉醒，这为环保事业提供了群众基础。④

6. 公民的环境意识研究

现阶段，国内学者关于公民环境意识的相关研究，主要集中在有关公民环境意识状况的数据调查方面，如中国人民大学洪大用课题组分别于 2003 年和 2011 年进行了全国范围的入户调查，他们发现虽然我国公民的环境意识已经觉醒，但不能高估公民保护环境的行动力，地方保护主义、环境保护部门的弱势地位、环保执法的缺陷以及环保工作的低力度等因素，都限制或抑制了公民环境关心的成长以及公民的自觉参与。⑤ 其他调查也支持上述结果，如 2011

---

① 唐敏：《论公众参与环境保护制度》，《湖南政法干部学院学报》2001 年第 12 期；谭凤兰：《环境保护与公众参与》，《承德职业学院学报》2006 年第 3 期；贾广惠：《论环境传播中的"公民"参与》，《新闻界》2011 年第 2 期。

② 唐慧玲：《对理性公民政治参与的思考——基于消极公民和积极公民理论》，《内蒙古大学学报》（哲社版）2012 年第 1 期。

③ 史玉成：《环境保护公众参与的现实基础与制度生成要素——对完善我国环境保护公众参与法律制度的思考》，《兰州大学学报》（社会科学版）2008 年第 1 期。

④ 司开玲：《"铅毒"中成长的环境公民权》，《环境保护》2011 年第 6 期。

⑤ 洪大用、肖晨阳：《环境友好的社会基础：中国市民环境关心与行为的实证研究》，中国人民大学出版社 2012 年版，前言第 1~13 页。

年，自然之友对部分城市的"居民水资源意识及用水行为调查"，高玉娟、张儒对哈尔滨市民环保意识的调查，杨晓燕课题组对山东市民环保行动影响因素的调查等。①

总之，中国的环境传播相关研究逐年增多，但存在介绍性、重复性研究较多的现象。对此，胡翼青和戎青基于对 CNKI（中国学术文献总库）中 186 篇相关文献的分析，认为目前中国的环境传播尚不具备成为学科的条件，现阶段的研究仍然停留在概念界定和对西方研究的介绍方面，缺乏实质性的理论建构。② 这种观点难免有些激进，但也一针见血地点明了国内环境传播研究存在的问题。

7. 港台地区的环境传播研究

港台地区的环境传播研究比大陆要早，自 20 世纪 70 年代末期学界便在引进与评述西方环境政策及理念的基础上，对核危机、焚化炉选址、全球变暖、生态保育运动、转基因作物等公共议题展开了讨论。如丘昌泰对美国环境保护政策的评估，杨冠政对泰勒的环境伦理学的介绍与评述，纪俊杰对以《我们共同的未来》为代表的西方环保理念的批判性论述等。③ 一些学者还在建构本土化理念的方面进行了探讨，如吕光洋对媒体与自然保育之间关系的探讨，林益仁对自然写作中环境价值观的论述，曾华璧对美国与中国台湾地区环境运动和环境思想的比较研究，克里斯托弗·伍德（Christopher Wood）、林登·科贝尔（Linden Coppell）对中国香港

①　陈媛媛：《环保民间组织调查居民节水意识》，《中国环境报》2011年8月31日第3版；高玉娟、张儒：《公众参与环境保护调查问卷剖析》，《商业经济》2009年第4期。

②　胡翼青、戎青：《生态传播学的学科幻象——基于 CNKI 的实证分析》，《中国地质大学学报》（社会科学版）2010年第3期。

③　丘昌泰：《美国环境保护政策：环境年代发展经验的评估》，财团法人台湾产业服务基金会，1993年；杨冠政：《尊重自然：泰勒的环境伦理学说及其应用》，《环境教育季刊》1995年第26期；纪俊杰：《我们没有共同的未来：西方主流"环保"关怀的政治经济学》，《台湾社会研究季刊》1998年第31期。

地区环境影响评估系统的研究，维奥拉（Viola Chu Hung）对中国香港地区环境影响评估系统中公共参与的研究等。①

进入 21 世纪后，港台地区的环境传播相关研究更加多元化，研究内容涉及科技、法律、政治、经济、研发、心理等多个学科和领域。如卡曼·李（Kaman Lee）通过经验研究考察了环境传播对香港未成年人产生积极效果的影响因素②，丘昌泰探讨了当前台湾地区的环保抗争运动的现存问题及出路③，黄俊儒和简妙如则关注了科技、传媒与公民角色三者之间的关系问题④，徐瑞婷从环境传播的角度研究了政府、民众及媒体的角色问题⑤，林国明和陈东升等人探讨了科技决策中的公民参与形态⑥。

此外，王景平和廖学诚、陈静茹和蔡美瑛、高景宜、邱碧婷等人以某一媒体为样本，分析了环境议题的时空结构、生命周期演

① 吕光洋：《媒体与自然保育》，《大自然》1995 年第 46 期；林益仁：《初探台湾自然写作中的环境论述》，第一届环境价值观与环境教育学术研讨会论文集，台南，1996 年；曾华璧：《世界环境运动缘起时美国与台湾之环境主义初探：一个比较史的研究》，《辅仁历史学报》1995 年第 7 期；Wood C, Coppell L. An Evaluation of the Hong Kong Environmental Impact Assessment System [J]. Impact Assessment and Project Appraisal, 1999, 17（1）；Viola Chu Hung, Public Participation in the Environmental Impact Assessment System of Hong Kong [M]. Hong Kong: University of Hong Kong, 1998.

② Lee K. Factors Promoting Effective Environmental Communication to Adolescents: A Study of Hong Kong [J]. China Media Research, 2008, 4（3）；Lee K. Sociocultural Influences on Adolescent's Environmental Behavior in Hong Kong [C]. International Communication Association 2008 Annual Meeting, 2008: 1-35.

③ 丘昌泰：《从"邻避情结"到"迎臂效应"：台湾环保抗争问题与出路》，《政治学论丛》2002 年第 17 期。

④ 黄俊儒、简妙如：《在科学与媒体的接壤中所开展之科学传播研究：从科技社会公民的角色及需求出发》，《台湾新闻学研究》2010 年第 10 期。

⑤ 徐瑞婷：《从环境传播探讨政府、民众与媒体角色——以环境影响评估制度为例》，台湾大学硕士学位论文，2008 年。

⑥ 林国明、陈东升：《审议民主、科技决策与公共讨论》，《科技、医疗与社会》2005 年第 3 期。

进、议题框架发展等内容。①

二、公民身份相关研究

作为一个源远流长的政治议题，公民身份（citizenship）一直是西方政治文化与实践中的制度命题之一，其相关思想甚至可以追溯到包括亚里士多德在内的古希腊政治哲学家。

（一）国外相关研究

长久以来，西方形成了强调责任、美德的古典共和主义公民身份，以及强调权利、自由的自由主义公民身份两种传统。前者以亚里士多德、马基雅维利等为代表，而后者以霍布斯、洛克等人为代表。进入现代后，公民身份逐渐演变成一个由各类认同、义务、权利构成的复合概念，相关研究也逐渐多元化。

1. 公民身份的界定及内涵研究

最早明确提出"公民身份"这一概念并进行系统阐述的是英国社会学家马歇尔（Marshall），他在《公民身份与社会阶级》这一著名的学术演讲中对公民身份进行了界定，并认为公民身份包含民事权利（civil rights）、政治权利（political rights）和社会权利（social rights）三个阶段，而前一个阶段则是后一个阶段实现的基础。② 马歇尔对世界公民身份研究产生了持久而广泛的影响。

目前，西方学界对于公民身份内涵的研究主要有如下维度：

第一，从现代国家的视野来看，认为公民身份是国家法律制度

① 王景平、廖学诚：《公共电视"我们的岛"节目中环境议题的时空分布特性》，《地理学报》2006年第43期；陈静茹、蔡美瑛：《全球暖化与京都议定书议题框架之研究——以2001—2007年纽约时报新闻为例》，《台湾新闻学研究》2009年第7期；徐瑞婷：《从环境传播探讨政府、民众与媒体角色——以环境影响评估制度为例》，台湾大学硕士学位论文，2008年。

② Marshall T H, Bottomore T. Citizenship and Social Class［M］. London: Pluto Press, 1992: 18.

规范中的一系列权利和义务关系，例如尼古拉斯·布宁①、托马斯·雅诺斯基（Thomas Janoski）②、查理德·G. 布朗加特和玛格丽特·M. 布朗加特等人③。而 R. 本迪克斯（Bendix）、L. 达伦多夫（Dahrendorf）等人，也主张应当从"公民—国家"的框架来理解公民身份的内涵。④

　　第二，从观念史和制度史的维度来看，认为公民身份是维系一个社会正常运行的有关行为与价值的规范，以及由这种规范而带来的相关制度体系。⑤ 如剑桥学派的波考克（J. G. A. Pocock）、昆汀·斯金纳（Quentin Skinner），以及英国学者彼得·雷森伯格（Peter Riesenberg）等人都认为，应当在个体与共同体之间的时空变动关系中来考量公民身份的内涵。⑥

　　第三，公民身份研究的多元化视野。恩靳·伊辛（Engin Isin）、布赖恩·特纳（Bryan Turner）等学者提出，在新的时空范畴下，不但公民身份的内涵及外延发生了改变，而且公民身份的强弱程度也需要被重新认识。因为移民、文化、性别、环境及新兴的

---

　　① ［英］尼古拉斯·布宁、余纪元：《西方哲学英汉对照辞典》，人民出版社 2001 年版，第 158 页。

　　② Janoski T. Citizenship and Civil Society ［M］. London：Cambridge University Press，1998：30.

　　③ ［美］查理德·G. 布朗加特、玛格丽特·M. 布朗加特：《90 年代美国的公民权和公民权教育（上）》，莫东江译，《青年研究》1998 年第 7 期。

　　④ Marshall T H. Citizenship，Social Class and Other Essays ［M］. Cambridge，UK：Cambridge University Press，1950；Bendix R. Nation-Building and Citizenship ［M］. Berkeley：University of California Press，1977；Dahrendorf R. Citizenship and Beyond：the Social Dynamics of an Idea ［J］. Social Research，1974，41（4）.

　　⑤ Isin E F，Turner B S. Handbook of Citizenship Studies ［M］. London：Sage，2002：3.

　　⑥ ［英］波考克：《古典时期以降的公民理想》，吴冠军译，载许纪霖《共和、社群与公民》，江苏人民出版社 2004 年版；［英］斯金纳、［瑞典］斯特拉思：《国家与公民》，彭利平译，华东师范大学出版社 2005 年版；［英］彼得·雷森伯格：《西方公民身份传统：从柏拉图至卢梭》，吉林出版集团有限责任公司 2009 年版。

网络等因素，都对公民身份产生了重要的影响，所以"公民—国家"不再是唯一的解释框架。① 20 世纪晚期，公民身份的内涵和外延突破了马歇尔的公民权利、政治权利和社会权利三分格局，公民身份研究从政治维度转向文化维度，相关研究更加多元化，如雷纳托·罗萨多（Renato Rosaldo）对美国拉丁族裔争取文化公民权运动进行的相关研究②，托马斯·雅诺斯基（Thomas Janoski）等人对移民或劳工公民身份进行了研究③，露丝·李斯特（Ruth Lister）等人对女性公民身份的研究④等。

2. 环境公民身份研究

环境公民身份（environmental citizenship）或生态公民身份（ecological citizenship）研究是 20 世纪中后期在生态运动的推动下出现的。巴特·范·斯廷博根（Bart Van Steenbergen）是较早的研究者，1994 年他发表《迈向全球生态公民身份》一文，提出了理解生态公民身份的三种模式。⑤ 而安德鲁·多布森（Andrew Dobson）则是这一领域的权威学者之一，他的《公民身份与环境》一书是环境公民身份思想的标志性成果。安德鲁·多布森认为，当前作为个体的公民在环境保护的行为与环境意识的态度之间存在不一致性，为了克服这一问题从而创建真正的可持续性社会，必须提出环境公民身份的概念。⑥ 在该书中，他还区别了"后世界主义公民身份"（post-cosmopolitan citizenship）、环境公民身份和生态公民

---

① Faulks K. Citizenship ［M］. London：Routledge，2000.

② Carens J H. Culture，Citizenship and Community ［M］. London：Oxford University Press，2000：161.

③ 郭忠华：《劳工、移民与公民身份的理论化——与托马斯·雅诺斯基的对话》，载郭忠华《变动社会中的公民身份——与吉登斯、基恩等人的对话》，广东人民出版社 2011 年版，第 107~127 页。

④ Lister R. Citizenship：Towards a Feminist Synthesis ［J］. Feminist Review，1997（57）.

⑤ ［英］巴特·范·斯廷博根：《公民身份的条件》，郭台辉译，吉林出版集团 2008 年版，第 170~173 页。

⑥ Dobson A. Citizenship and the Environment ［M］. Oxford：Oxford University Press，2003：4.

身份三者，并认为在当代提倡自由和民主的社会中，必须培育符合可持续性发展的环境公民身份。① 约翰·巴里（John Barry）博士则认为，"绿色公民身份"是一个从"消极的"到"积极的"连续统一体，它不仅内容广泛、要求公民的主动参与，并且还隐含着"批判性公民身份"（critical citizenship）的内涵。② 巴里还强调个体公民的环境责任，并认为，在绿化进程中国家应该发挥强制性的重要作用。③ 这与马克·彭宁（Mark Pennington）的观点不谋而合，彭宁认为，环境公民身份的批判性内涵，对于个体公民从普通的"消费者"转变为"绿色公民"具有促进作用，同时也能促进个体对于"对环境危机的分析"。④ 此外，马克·史密斯（Mark J. Smith）和皮亚·庞萨帕（Piya Pangsapa）也讨论了生态公民责任研究中的三大理论主题，即生态公民身份、权利与义务的关系和环境可持续性与社会正义。他们主张，不应把公民身份作为一种抽象的概念框架，而是将其理解为一种伦理—政治空间，其中，真理、良善和美德都被接受为暂时性的可公开争论的和应付诸于民主审议的伦理价值。⑤ 杨（Young）则提出了社会连接模式的问题，他认为，应当从全球正义和责任的角度来看待环境公民身份问题，而所有那些行为促成了结构进程中产生非正义的施动者，都有责任消除这些非正义。⑥

此外，瓦尔特·巴伯（Walter Baber）、罗伯特·巴特莱

---

① Dobson A. Citizenship and the Environment ［M］. Oxford：Oxford University Press，2003：5-7.

② 郇庆治：《西方环境公民权理论与绿色变革》，《文史哲》2007 年第1 期。

③ Barry J. Resistance is Fertile：From Environmental to Sustainability Citizenship，In Dobson A，Bell D.（eds.）Environmental Citizenship ［M］. Cambridge：MIT Press，2006：21-48.

④ Barry J. Rethinking Green Politics ［M］. London：Sage，1999：174.

⑤ ［英］马克·史密斯、皮亚·庞萨帕：《环境与公民权：整合正义、责任与公民参与》，侯艳芳、杨晓燕译，山东大学出版社 2012 年版，第 56 页。

⑥ Young I M. Responsibility and Global Justice：A Social Connection Model ［J］. Social Philosophy and Policy，2006（23）.

（Robert Bartlett）等人在协商民主的理论范畴中探讨了环境公民身份问题。他们认为，界定环境参与的个体、正确认识个体的协商民主作用，以及相关制度设计等，是协商民主理论必须回答的三个问题，正是由于对这些问题的不同回答，才导致相关流派对环境公民身份认识的不同。① 而吉安娜·凯佩罗（Gianna Cappello）还对数字时代媒介教育对公民身份意识的建构作用进行了研究②，这都开拓了本书的视野。

（二）国内相关研究

20世纪90年代以后，公民身份问题越来越多地出现在中国学术领域，相关研究主要集中在以下领域：

1. 公民身份的本土化解释及相关研究

国内关于公民身份的内涵、理论及范式的研究是从介绍西方研究成果开始的，其中，郭忠华、郭台辉等人是目前这一领域研究成果最为丰富的学者。如郭忠华对公民身份的内涵、变迁以及公民身份本土化原则的研究③，郭台辉对citizenship内涵的检视，以及从概念、历史、机制、哲学、行为和中国等六个范畴对公民身份的关注④，都在国内产生了较大影响。而李艳霞、李攀、杨少星、陶建

---

① Baber W, Bartlett R. Deliberative Environmental Politics：Democracy and Ecological Rationality［M］. Cambridge：MIT Press, 2005：165-184.

② ［意］Cappello, G.：《数字时代的媒介教育与公民身份建构》，沈约译，载方卫平：《中国儿童文化》（第五辑），浙江少年儿童出版社2009年版。

③ 郭忠华：《当代公民身份的理论轮廓——新范式的探索》，《公共行政评论》，2008年第6期；郭忠华：《变动社会中的公民身份——概念内涵与变迁机制的解析》，《武汉大学学报》（哲学社会科学版）2012年第1期；郭忠华：《公民身份研究应走出东方主义偏见》，《社会科学学报》2013年8月15日第3版；郭忠华：《公民身份的研究范式——理论把握与本土化策略》，《学海》2009年第3期；郭忠华：《公民身份的研究范式——理论把握与本土化策略》，《学海》2009年第3期。

④ 郭台辉：《Citizenship的内涵检视及其在汉语界的表述语境》，《学海》2009年第3期；郭台辉：《公民身份研究新思维》，《公共行政评论》2011年第1期。

钟、谢超林等人还从历史发展的角度，指出了公民身份发展的基本趋向和现实目标，并提出了公民文化的价值、公民教育的必要性。① 此外，吕普生从多元文化主义出发，提出族裔少数群体权利保护的三重身份建构问题，即差异公民身份、公共公民身份和文化成员身份，丁玮、王卓等人对中国户籍制度在公民社会生活中对公民身份的影响进行了探讨，而冯琼和吴宁则从哈贝马斯的交往行动理论出发，提出本土化公民身份建构的路径，即以法治为媒介，通过良性的社会组织等社会中坚力量所营造的交往视域来不断强化主体的"公共性"。② 此外，林晓兰的博士论文还运用吉登斯的结构化理论分析了都市白领女性的身份建构问题，这对于本书也具有一定的启发。③

2. 环境公民身份研究

我国对于环境公民身份问题的研究始于 21 世纪，其中郇庆治的研究成果较多。他在《环境政治学：理论与实践》《环境政治国际比较》《西方环境公民权理论与绿色变革》等著作中，从生态可持续、审议民主等视角出发，系统梳理并评述了西方环境公民身份理论的发展，并尝试探究西方社会在绿色向度上发生的环境政治运

① 李艳霞：《西方公民身份的历史演进及当代拓展》，《厦门大学学报》（哲学社会科学版）2006 年第 3 期；李攀：《对公民身份双重维度的演变分析》，《重庆社会科学》2007 年第 3 期；杨少星：《西方公民身份的历史概要》，《世纪桥》2008 年第 6 期；陶建钟：《公民身份、公民文化与公民教育——一种民主与国家理论的共洽》，《浙江学刊》2009 年第 3 期；顾成敏：《西方公民身份的历史演进》，《开封大学学报》2010 年第 1 期；谢超林：《当代自由主义与社群主义公民身份认同观比较》，《重庆科技学院学报》（社会科学版）2013 年第 8 期。

② 吕普生：《多元文化主义对族裔少数群体权利的理论建构》，《民族研究》2009 年第 4 期；丁玮、王卓：《浅谈中国户籍制度对公民身份的影响》，《经济研究导刊》2010 年第 19 期；冯琼、吴宁：《交往视域中的公民及其中国意义》，《人文杂志》2013 年第 5 期。

③ 林晓兰：《都市女性白领的身份建构——基于上海外企的经验研究》，华东理工大学博士学位论文，2013 年。

动。① 杨通进、秦鹏等人对环境公民身份理论的形成逻辑、理论意蕴、生态公民特征、法理价值等问题进行了探讨，其中秦鹏还特别指出，由于环境公民身份超越了权利与义务的二元对立，连接了私人领域与公共领域，体现了公民个体行动与国家治理之间的良性互动，因此，它是安东尼·吉登斯"结构二重性"的最佳例证。②此外，刘涛从国家形象传播的角度，探讨了全球化时代生态公民身份的集体识别与确认，而杨莉、孙卫东等人则以评论式话语分析的方法，从应对气候变化的角度，探讨了全球企业公民身份建构的问题。③

3. 大众传媒对公民身份建构的研究

关于大众传媒对公民身份的建构作用及过程的研究成果也较多，如颜纯钧认为，大众传媒对公众的建构从根本上来说是一种身份建构，但由于商业资本的侵入，大众传媒对于受众的公民身份构建会受到影响。④ 樊昌志和童兵从帕森斯的社会系统论及哈贝马斯的交往行动理论出发，分析了社会结构中的传媒、政府与公众之间的关系，并回答了中国新闻专业主义的具体形貌、建构过程等问题。⑤ 而曾庆香以《感动中国》和北京奥运开幕式为案例，分析

① 郇庆治：《西方环境公民权理论与绿色变革》，《文史哲》2007 年第1 期。

② 杨通进：《生态公民论纲》，《南京林业大学学报》（人文社会科学版）2008 年第 3 期；秦鹏：《环境公民身份：形成逻辑、理论意蕴与法治价值》，《法学评论》2012 年第 3 期。

③ 刘涛：《全球生态公民身份的识别与建构——公共外交视域下的国家形象传播》，《中国社会科学报》2009 年 7 月 2 日第 10 版；杨莉、孙卫东：《应对气候变化 构建全球企业公民身份——跨国车企可持续发展报告比较研究及启示》，《特区经济》2013 年第 1 期。

④ 颜纯钧：《大众传媒与公众身份的建构》，《现代传播》2004 年第 5 期。

⑤ 樊昌志、童兵：《社会结构中的大众传媒：身份认同与新闻专业主义之建构》，《新闻大学》2009 年第 3 期。

了文化公民身份的语境、内涵、原型及价值观等问题。① 沈文峰则从电视读报节目着手，讨论了电视读报节目对公民身份的二次建构问题，他还提出，电视读报节目是一种公权力的张扬，而它更大的作用在于对公民身份主体意识的召唤。② 此外，王君等人从文化共享、共建、共存三个维度分析了广告影响并建构公民文化身份的过程。③

进入网络社会后，互联网、社交媒体等新媒体形式对公民身份建构产生了诸多影响。张欧阳认为，网络空间的虚拟性和开放性，突破了现实社会对个人身份的约束，消解了社会规则和权威对个体的控制和影响。④ 雷蔚真和丁步亭以"钱云会事件"为个案分析了互联网对民族国家共同体身份建构所带来的结构性变化，并提出，互联网引发的公民身份建构机制对于公共领域具有积极意义。⑤ 此外，周翠芳、钟雅琴等人还分析了网络媒介对中国文化公民身份建构的影响及应对，⑥ 张芸和饶培伦则提出了网络公民身份的相关标准。⑦

三、环境价值观的相关研究

环境价值观是人类认识环境问题的根基，国内外的相关研究

---

① 曾庆香：《论文化公民身份及其建构——以〈感动中国〉、北京奥运开幕式为例》，《新闻与传播研究》2008 年第 5 期。

② 沈文峰：《浅谈电视读报节目对公民身份的二次建构》，《福建论坛·人文社会科学版》2012 年第 4 期。

③ 王君：《广告传播与文化公民身份的建构途径》，《中国广播电视学刊》2013 年第 4 期。

④ 张欧阳：《网络民主的核心要素及现实效应理论分析》，吉林大学博士学位论文 2013 年。

⑤ 雷蔚真、丁步亭：《从"想象"到"行动"：网络媒介对"共同体"的重构》，《当代传播》2012 年第 5 期。

⑥ 周翠芳：《网络媒介对公民身份的文化建构》，《社会科学论坛》2008 年 4 月下。

⑦ 张芸、饶培伦：《网络公民身份和网络行为概览》，《运城学院学报》2010 年第 5 期。

主要集中在人们的环境意识的形成及测量、环境价值观的培养等方面。

(一) 国外相关研究

1. 环境价值观的定义及内涵

对于环境价值观的定义问题，广纳罗（Guangnano）等人提出，亲环境行为是信仰和价值观的一项功能，价值观对人们的环境态度和环境行为有重要影响。① 麦克米兰（McMillan）、赖特（Wright）和巴瓦泽莱利（Bwazley）等人认为，环境价值观（environmental values）是个人对环境及相关问题所感知到的价值，是"直接针对环境保护和环境义务的赞成或支持性行为"。② 2000年，邓拉普（Dunlap）、利埃（Liere）、梅汀（Merting）和琼斯（Jones）等人从人与自然关系的认知及态度出发，认为环境价值观包含五个维度，即自然平衡的脆弱性、增长极限的现实，人类中心主义，人类例外主义和生态环境危机态度。③ 事实上，这些维度正是人类历史上出现的五种不同的环境价值观念。而维普兰根（Verplanken）和霍兰（Holland）提出，环境价值观是将保护自然环境视为理想最终状态的概念，它之于个体的重要性存在差异，在环境价值观量标上得分越高意味着保护自然环境对于个体越为重要。④

① Guangnano G A, Stern P C, Dietz T. Influences on Attitude Behavior Relationships: A Natural Experiment with Curbside Recycling [J]. Environment and Behavior, 1995, 27 (5).

② McMillan E E, Wright T, Beazley K. Impact of a University-Level Environmental Studies Class on Student's Values [J]. Journal of Environmental Education, 2004, 35 (3).

③ Dunlap R E, Liere K D V, Merting A G, Jones R E. New Trends in Measuring Environmental Attitudes: Measuring Endorsement of the New Ecological Paradigm: A Revised NEP Scale [J]. Journal of Social Issue, 2000, 56 (3).

④ Verplanken B, Holland R W. Motivated Decision Making: Effects of Activation and Self-centrality of Values on Choices and Behavior [J]. Journal of Personality and Social Psychology, 2002, 82 (3).

2. 环境价值观相关理论

环境价值观与生态伦理密切相关，关于环境价值观的理论讨论更多的也是在哲学尤其是环境伦理学的领域之内。早在 1820—1830 年，德国泛神论哲学家卡尔·克里斯蒂安·克劳泽就曾建议非人类的动物应该拥有不遭受痛苦的权利以及一般的身体健康和营养提供的权利。这与法国思想家阿尔贝特·史怀泽不谋而合，他提出的"敬畏生命"，将伦理学的范围由人类扩展到所有生命。彼得·辛格则更进一步提出，所有动物都是平等的。①

霍尔姆斯·罗尔斯顿（Holmes Rolston Ⅲ）关于环境价值观的思考更为系统。他在《环境伦理：对自然世界的义务和自然世界的价值》中详细阐述了自己的观点，并在"自然具有内在价值"的理论基础上，建立起了环境伦理体系。这套体系把道德考虑的对象由人扩展到有机体、动物、植物和整个生态系统，打破了人类中心主义的观点。他还将康德的实践理性发展为生态理性，并在伦理思维方式上沿用了康德的义务论伦理框架。而在《哲学走向荒野》一文中，他又指出："要是缺了对自然荒野的尊重与欣赏，生命的道德意义就会大大萎缩，一个人如果没学会尊重我们称之为'野'的事物的完整性与价值的话，那他就还没有完全了解道德的全部意义。"② 这种观点将伦理义务的条件置于科学规律之前，并站在自然主义的立场上，提出自然界的生态平衡才是一切价值的基础，具有一定的前瞻性。而摩尔则在《伦理学原理》一书中，分析了传统伦理学中的善的特性，指出善并不是一种自然属性，而是一种非自然属性。他还提出，善是不可定义的，传统伦理学犯了一种自然主义的谬误。他的理论对罗尔斯顿的自然价值理论提出了挑战。

迪特·毕恩巴赫（Dieter Birnbacher）是德国生态伦理研究领域的权威，他在《反对把合法权利给大自然》《自然保护中的替代

---

① ［英］彼得·辛格：《动物解放》，祖述宪译，青岛出版社 2004 年版，第 157 页。

② ［美］霍尔姆斯·罗尔斯顿：《哲学走向荒野》，刘耳、叶平译，吉林人民出版社 2000 年版，第 16、68~69 页。

限制》① 等文论中阐明了自己对人与自然的关系以及动物权利等问题的认识，并从道德的内在特征和责任伦理出发，将有感觉的动物引入伦理关怀的范畴。他还建议用"重叠一致"和"实用主义"两种模式促成一种共识模型，即可持续发展观。但他同时又指出，可持续发展观本身存在着理论和现实上的困境，根本原因就在于环境价值观总是纠结于人类中心主义和非人类中心主义的两种价值观。他主张建立一种人们的环境价值观可以根据"注重需求"和"注重理想"两个规范进行重新定位的新理论体系，以更好地指导环境保护的实践。然而，这种环境价值观带有鲜明的功利主义的特质，仍然未能超越人类中心主义的范畴。

在环境价值观及其动机方面，1994 年，汤普森（Thompson）和巴顿（Barton）提出了，生态中心主义和人类中心主义的价值观支持了人们对待环境问题行为的不同动机。斯顿（Stern）和迪茨（Dietz）提出，每个人都有三种不同的价值目标，分别指向自己、他人和生物。这三种目标的重视程度反映了个体三种不同的价值观，利己取向（egoistic）、利他取向（altruistic）、生态取向（biospheric），而这三种价值观会导致三种不同的环境态度：利己环境态度、利他环境态度、生态环境态度。②

激进的环境价值观在约翰·德赖泽克那里被称作"绿色意识"，他对绿色意识的种类做出了划分，认为其包含深生态学（deep ecology）、生态女权主义（ecofeminism）、生物区域主义（bioregionalism）、生态公民权（ecological citizenship）、生活风格绿色分子、生态神学六种。并认为可以从被承认或建构的基本实体、

---

①　Dieter Birnbacher. Objections to Attributing Legal Rights to Nature ［J］. Universitas，1994（2）; Dieter Birnbacher. Limits to Substitutability in Nature Conservation ［J］. Pilosophy and Niodiversity，2004（1）.

②　Thompson S C G，Barton M A. Ecocentric and Anthropocentric Attitudes Toward the Environment ［J］. Journal of Environmental Psychology，1994（2）; Stern P C，Dietz T. The Value Basis of Environmental Concern ［J］. Journal of Social Issue，1994，50（3）.

对自然关系的假定、施动者与其动机、关键隐喻和其他修辞手法这四个方面对绿色意识的转变进行话语分析。①

3. 环境意识及其测量

国内外对于环境价值观的实证研究主要表现为对环境意识的测量。环境意识（environmental awareness）最早由美国科学家李奥珀伊德（Leopoid）于 1933 年提出。1973 年马洛尼（Maloney）和沃德（Ward）初步提出了测量指标。1978 年，邓拉普（Dunlap）和范·利埃（Van Liere）提出了测量环境价值观的 NEP 量表（New Environmental Paradigm Scale-Revised）②，该量表在环境价值观的测量中被广泛使用。2000 年，邓拉普（Dunlap）等人又对之进行了修订，修订后的量表包含 15 个大项，分别由自然平衡的脆弱性、增长极限的现实、人类中心主义、人类例外主义和生态环境危机态度五个维度组成，每个维度的题项数均为 3 项。其中，自然平衡的脆弱性是指个人对生态平衡的看法，增长极限的现实是指个人对人口增长限度的看法，人类中心主义是指对人类是价值判断主体这一观点的看法，人类例外主义是指对人类自我优越感的看法，生态环境危机态度是个人对环境危机的看法。③

而著名文化学家英格尔哈特（Inglehart）组织实施的 WVS（World Values Survey，世界价值观调查）是目前世界上规模最大、时间最长、范围最广、影响也最大的价值观调查，从第二轮调查（1989—1993）开始，该调查项目专门设置了环境板块，涉及问题超过 23 个。

---

① ［澳］约翰·德赖泽克：《地球政治学：环境话语》，蔺雪春，郭晨星译，山东大学出版社 2012 年版，第 185~197 页。

② Dunlap R E, Liere K D V. A Proposed Measuring Instrument and Preliminary Results: The "New Environmental Paradigm" [J]. Journal of Environmental Education, 1978, 9 (1).

③ Dunlap R E, Liere K D V, Merting A G, Jones R E. New Trends in Measuring Environmental Attitudes: Measuring Endorsement of the New Ecological Paradigm: A Revised NEP Scale [J]. Journal of Social Issue, 2000 (3).

(二) 国内相关研究

国内正式提出"环境意识"始于 1983 年的第二届全国环境保护工作会议，20 世纪 90 年代相关研究增多，早在 1993 年，于月浩就讨论了发展科学技术和环境价值观之间的关系，提出"向经济持续发展与环境保护的良性循环发展模式转化"的观点。① 目前，有关环境价值观的研究包括相关理论、现状调查及行为测量、立法及相关实践、环境价值观的培养等方面。

1. 环境价值观的理论分析

在环境价值观的理论研究方面，目前相关研究主要集中在对国外环境伦理思想的研究和关于环境价值观的定义、类型、作用、发展历程等方面。其中，赵红梅在《美学走向荒野：论罗尔斯顿环境美学思想》一书中从美和善的关系角度分析了罗尔斯顿的环境伦理学思想。② 杨英姿的《伦理的生态向度：罗尔斯顿环境伦理学思想研究》一书，把价值论和美德理论联系起来探讨了罗尔斯顿的价值论，指出罗尔斯顿的内在价值理论是与人的德性的形成与完善密不可分的。③ 陈也奔对比分析了摩尔和罗尔斯顿的价值观理论，④ 高山从生态理性、生态想象力和生态情感的角度分析了罗尔斯顿的环境伦理学在哲学深处是一种环境美德伦理，⑤ 赵小丽、王飞等人分析了毕恩巴赫的环境价值观及生态伦理思想。⑥ 陈学谦的

① 于月浩：《发展科学技术必须要有环境价值观》，《理论导刊》1993 年第 1 期。

② 赵红梅：《美学走向荒野：论罗尔斯顿环境美学思想》，中国社会科学出版社 2009 年版。

③ 杨英姿：《伦理的生态向度：罗尔斯顿环境伦理学思想研究》，中国社会科学出版社 2010 年版。

④ 陈也奔：《从摩尔的理论看环境伦理学的自然价值观》，《环境科学与管理》2010 年第 4 期。

⑤ 高山：《从环境美德的视角来看罗尔斯顿的内在价值观》，《鄱阳湖学刊》2017 年第 1 期。

⑥ 赵小丽、王飞：《环境价值观的普遍性追求——论毕恩巴赫环境伦理思想》，《大连理工大学学报》（社会科学版）2012 年第 4 期。

博士论文对美国诺贝尔文学奖获奖作品中蕴含的环境伦理思想进行了详细的分析，认为这些作品中的环境伦理思想带有鲜明的理想主义理念，特质表现为揭露环境危机、倡导环境保护和关注精神生态。①

张福德对环境价值观影响个人环境道德规范激活的问题进行了研究，他认为，环境价值观是环境行为正当性的评价标准，一般包括生态价值取向和自利价值取向两种，其中生态价值取向反映了对非人类物种或整个生物圈平衡的关注，并以环境不利后果最小化作为行为选择的标准，自利价值取向反映了对自我利益的关注，并以个人利益最大化作为行动选择的标准。当前，大部分国民的生态价值取向没有确立、环境信念缺失、环境行为成本制约问题突出。② 沈立军、高培晋对环境价值观的定义、类型、作用进行了综述，尤其是对"以人为本"的环境价值观进行了分析。③ 陈章龙、周莉在《价值观研究》一书中提出，生态价值观教育应该包括可持续发展战略、平等观念、权利观念、责任观念、公正观念五个方面。④ 田文富分析了环境伦理价值观的理论演进和创新问题，提出当代环境伦理的核心在于实现人与自然的和谐发展。⑤ 王建明从环境伦理学的视野对现代与后现代环境价值观进行了批判性反思，并在交往实践观的框架内，阐释了"以人为本"的新环境价值观及其环境伦理观的哲学理路。⑥ 翟松天对环境价值观的认识历程进行

① 陈学谦：《诺贝尔文学奖美国获奖作家作品之环境伦理思想研究》，湖南师范大学博士学位论文 2014 年。

② 张福德：《个人环境道德规范激活的影响因素及促进措施》，《青岛科技大学学报》（社会科学版）2017 年第 3 期。

③ 沈立军、高培晋：《环境价值观静态研究综述》，《太原科技》2007年第 4 期。

④ 陈章龙、周莉：《价值观研究》，南京师范大学出版社 2004 年版。

⑤ 田文富：《环境伦理价值观的创新及对构建环境友好型社会的启示》，《中州学刊》2006 年第 4 期。田文富：《科学发展观维度下的环境伦理及其价值观创新》，《理论月刊》2006 年第 10 期。

⑥ 王建明：《论"以人为本"的环境价值观——科学发展观的环境伦理学视野》，《江海学刊》2005 年第 4 期。

了梳理。① 周亚萍分析了构建人与自然和谐共同体的环境价值观的意义与价值。② 黄凯、王建明从环境伦理的视角，分析了低碳经济的内涵及与之相适应的可持续发展环境价值观的内涵及基本特征。③ 林可提出，需要重建一套融合西方环境理念和东方生态智慧的环境价值体系。而从现代的"人类中心主义"，到后现代的"非人类中心主义"，再到"以人为本"的新环境价值观的提出，都是人们重新探索符合人类可持续发展的价值观和信仰的过程。④ 何丽芳、黎玉才对侗族传统文化中的环境价值观进行了梳理和分析。⑤ 陶爱萍、吴建平、苏小娜等人比较分析了不同年代小学语文教材中的环境教育内容和环境观，他们认为，语文教材内容经历了一个从"人定胜天"式的人类中心主义的环境价值观到"人与自然和谐相处"的生态中心主义的环境价值观的演变过程。⑥

2. 环境价值观的现状调查及行为分析

环境价值观的相关测量和调查是国内学者研究较多的内容。由英格尔哈特（Inglehart）组织实施的 WVS（WVS, World Values Survey）是目前世界上规模最大、时间最长、范围最广、影响也最大的价值观调查，从第二轮调查（1989—1993）开始，专门设有环境板块的问题，涉及问题超过 23 个。WVS 在中国的调查由北京大学中国国情研究中心负责，目前已形成了 1990、1995、2001、2007、2012 这五年的多次调查数据。朱婷钰基于世界价值观调查

①　翟松天：《简论生态环境价值观的几个重要认识问题》，《青海师范大学学报》（哲学社会科学版）2002 年第 2 期。

②　周亚萍：《论构建人与自然和谐共同体的环境价值观》，《理论月刊》2007 年第 8 期。

③　黄凯、王建明：《论低碳经济的环境价值观》，《常州大学学报》（社会科学版）2013 年第 4 期。

④　林可：《该树立怎样的环境价值观?》，《中国环境报》2011 年 12 月 13 日第 2 版。

⑤　何丽芳、黎玉才：《侗族传统文化的环境价值观》，《湖南林业科技》2004 年第 4 期。

⑥　陶爱萍、吴建平、苏小娜：《不同年代小学语文教材环境教育内容与环境观的比较研究》，《内蒙古师范大学学报》（教育科学版）2009 年第 6 期。

（WVS）2007 年的中国数据对全球化背景下中国公众环境关心的影响因素进行了分析，她的研究还发现，接触大众传媒的程度对是否支持环境优先、对环境贡献意识的影响、对环境关心等的影响都是显著的。① 吴钢、许和连选取世界价值观调查（WVS）数据中的湖南省公众的生态环境价值观数据，并将其与其他省份进行了比较分析。②

除了 WVS 调查之外，许多机构和课题组都进行了相关的调查活动。例如段红霞通过问卷调查的形式对比了中美大学生对于环境风险的认知状况，分析了社会价值观对环境风险认知的解释力度。③ 周娟通过对 930 名厦门市民的调查，分析了人们参与反 PX 项目事件的动机，她发现在当代中国，人们主要是个人利益的算计而非西方社会普遍的"后物质主义价值"而参与环保运动。④ 王国猛、黎建新、廖水香、文亮通过分层随机抽样的方法，对深圳、广州、南京、杭州、上海和长沙六大地区的居民进行了问卷调查，考察了消费者的环境态度、环境价值观与绿色购买行为的中介作用，认为环境价值观对绿色购买行为有正向作用，而环境态度则是二者之间的中介变量。⑤ 周葵、朱明娇对都江堰市、合肥市、宁波市、黄石市的居民环境意识现状及影响因素进行了分析，发现居民环境意识与环境行为存在严重的"知行脱节"现象，大部分参与

---

① 朱婷钰：《全球化背景下中国公众环境关心影响因素分析——基于世界价值观调查（WVS）2007 年的中国数据》，《黑龙江社会科学》2015 年第 4 期。

② 吴钢、许和连：《湖南省公众生态环境价值观的测量及比较分析》，《湖南大学学报》（社会科学版）2014 年第 4 期。

③ 段红霞：《跨文化社会价值观和环境风险认知的研究》，《社会科学》2009 年第 6 期。

④ 周娟：《环保运动参与：资源动员论与后物质主义价值观》，《中国人口·资源与环境》2010 年第 10 期。

⑤ 王国猛、黎建新、廖水香、文亮：《环境价值观与消费者绿色购买行为——环境态度的中介作用研究》，《大连理工大学学报》（社会科学版）2010 年第 4 期。

环境行为的人都处于理性选择且都抱有"获利者"心理，居民的环境心理角色定位尚处于浅层阶段，有待于向"自我实现者"的深层定位转变。① 么桂杰基于北京市的数据对儒家价值观和个人责任感对居民环保行为的影响问题进行了研究，认为儒家价值观和个人责任感都对居民的直接环保行为和间接环保行为产生了影响。② 陈红、芦慧、刘霞等人从组织、群体和个体交互层面，提出了组织"宣称—执行"亲环境价值观的结构体系，并对亲环境价值观的现状进行了调查研究。③

人们的绿色消费行为或亲环境行为也是调查的重要部分。例如高彬、李龙借用克莱德（Clyde Kluchoho）1951 年对价值观所做的外显和内隐的划分，从心理学视角对海口居民的环境价值观和可持续消费行为进行了调查。④ 彭雷清、廖友亮、刘吉对广州市高校和市民进行调查，探究了生态价值观对低碳消费态度，环境态度与低碳消费意向之间关系的影响机制等问题。⑤ 吴波、李东进、王财玉通过实验的方法分析了参与环保行为对消费行为的影响，发现当绿色消费和享乐消费是竞争关系时，对于认为环境价值观重要的个体来说，无论参与环保活动是出于内在动机还是外在动机都会增强消费者的环保自我担当，促进绿色消费，而对于认为环境价值观不重要的个体来说，只有出于内在动机参与环保活动的时候才会增加消费者环保目标进展的感知、促进享乐消费，出于外在动机参与环保

---

① 周葵、朱明娇：《我国城乡居民的环境意识现状及影响因素分析——都江堰市、合肥市、宁波市、黄石市及相应农村的调查数据》，《中国人口·资源与环境》2012 年第 22 卷专刊。

② 么桂杰：《儒家价值观、个人责任感对中国居民环保行为的影响研究——基于北京市居民样本数据》，北京理工大学博士学位论文，2014 年。

③ 陈红、芦慧等：《组织亲环境价值观结构与现状：宣称与执行的视角》，《经济管理》2016 年第 8 期。

④ 高彬、李龙：《海口市居民环境价值观、可持续消费行为及其关系研究》，《海南师范大学学报》（自然科学版）2015 年第 2 期。

⑤ 彭雷清、廖友亮、刘吉：《环境态度和低碳消费态度对低碳消费意向的影响——基于生态价值观的调节机制》，《生态经济》2016 年第 9 期。

活动并不会促进享乐消费。① 俎文红、成爱武、汪秀，通过问卷调
查的方式对陕西城乡居民进行了调查，他们引入绿色消费态度、绿
色消费的主观规范、绿色消费的感知行为控制等三个中介变量，构
建了环境价值观与绿色消费行为关系的概念模型。② 张琪、陈婉、
陈煊铭通过问卷调查的形式对南京市 1200 名大学生使用共享单车
的情况进行了调查，认为大学生的环境价值观与绿色出行之间存在
显著正相关。③ 张天舒的博士论文以环境意识和消费心理为分析路
径，对中国文化背景下消费者价值观对绿色消费意愿的影响机制进
行了研究。④ 童璐琼、苏凇、锁梦晨通过控制实验分析了自然环境
价值观对消费者产品选择的影响，他们发现，自然环境价值观使消
费者更容易看到有益品和有害品的长短期利益差异，产生更强烈的
感知冲突，从而促使消费者更有可能选择有益品。⑤ 徐娜、孔令
玲、曲海英对山东省烟台市居民的环境态度与环境行为进行了调
查，发现该市居民具有积极的环境态度，但环境行为欠佳，利己价
值观与环境行为呈负相关，利他价值观、生态圈价值观和 NEP 与
环境行为呈正相关，即环境态度与正向，采取的环境行为越积
极。⑥ 石志恒、晋荣荣、穆宏杰基于对甘肃省 19 个县（区）542
户农户的调研，在培养理论的视域下对农户的亲环境行为进行了研
究，发现环保信息的有效传播可以潜移默化地强化农户的亲环境价

---

① 吴波、李东进、王财玉：《绿色还是享乐？参与环保活动对消费行为
的影响》，《心理学报》2016 年第 12 期。
② 俎文红、成爱武、汪秀：《环境价值观与绿色消费行为的实证研究》，
《商业经济研究》2017 年第 19 期。
③ 张琪、陈婉、陈煊铭：《大学生环境价值观与绿色出行之间的关
系——以共享单车为例》，《心理技术与应用》2017 年第 11 期。
④ 张天舒：《中国文化背景下消费者价值观对绿色消费意愿影响机制研
究——基于环境意识与绿色消费心理的分析路径》，吉林大学博士学位论文，
2017 年。
⑤ 童璐琼、苏凇、锁梦晨：《自然环境价值观对消费者产品选择的影
响》，《经济与管理研究》2017 年第 3 期。
⑥ 徐娜、孔令玲、曲海英：《山东省烟台市居民环境态度与环境行为的
调查研究》，《中国健康教育》2018 年第 6 期。

值观，应提高农户生产经营的规模化和专业程度，加强对农户亲环境价值观及主体责任认知、亲环境行为知识和技能等方面的教育和培训，并充分发挥农村干部、党员、能人等的带头示范作用，以有效促进农户亲环境行为。①

3. 环境价值观的立法及其他社会实践

环境价值观对于环境立法和城市规划而言都十分重要，但目前的相关研究并不是太多。朱亚梁从环境价值观的角度论述了环境法立法的目的，② 史玉成分析了人类环境价值观的变迁，③ 比较了人类利益中心主义、生态中心主义和可持续发展三种环境价值观，提出环境立法的终极目标应该是，以可持续发展价值观为导向，实现人与自然的和谐发展，保障人类利益和生态利益。④ 张玮的博士论文对中国环境价值观对多特征环境决策的影响进行了分析，提出中国环境价值观包括团结和谐、重视亲缘、正义利他、博爱平等、自然知足和谦虚自律等六个维度，体现了儒家、道家和佛家思想的影响。⑤ 曾兴无、蔡守秋、刘云国分析了环境立法中的生态价值观问题。⑥ 秦红岭讨论了在城市规划的理论和实践中引入正确的环境伦理观的必要性问题。⑦

---

① 石志恒、晋荣荣、穆宏杰：《信息传播培养理论视域下的农户亲环境行为研究——对甘肃省 19 个县（区 2）542 农户的调研分析》，《西部论坛》2018 年第 2 期。

② 朱亚梁：《从环境价值观角度论环境法的立法目的》，《江苏广播电视大学学报》2001 年第 4 期。

③ 史玉成：《论人类环境价值观的变迁与重构》，《发展·月刊》2008 年第 12 期。

④ 史玉成：《论环境立法的终极目的——兼论可持续发展价值观》，《西北师大学报》（社会科学版）2005 年第 1 期。

⑤ 张玮：《中国环境价值观对多特征环境决策的影响——以水资源为例》，浙江大学博士学位论文，2013 年。

⑥ 曾兴无、蔡守秋、刘云国：《环境立法的生态价值观》，《环境保护》2015 年 12 月。

⑦ 秦红岭：《环境伦理观：一种重要的城市规划价值观》，《高等建筑教育》2009 年第 2 期。

4. 环境价值观的培养

环境价值观的培养是国内相关研究的重要领域，也是环境教育的重要内容。在这方面，张园、陈建华的《环境价值观视角下的高校生态教育研究》从环境价值观的视角对高校生态教育的必要性进行了分析。① 张传辉、郝旭瑞分析了环境信息化战略背景下大学生环境价值观的培养意义及策略。② 肖祥、梁浩翰分析了当前公众生态素养的现状，提出了提升公众生态素养的策略，即加强生态文化教育以塑造公民生态文化价值观，加强生态制度机制建设以强化生态素养的他律约束，加强生态行为实践以促进生态素养的形成与优化，加强社会生态文化建设以营造生态素养的外部环境。③ 韩梅的博士论文对中学地理学科中的环境伦理教育进行了研究，构建了中学地理学科的环境伦理教育的目标体系、内容体系。④ 她还对生态文明视域下大学生环境价值观的培育路径进行了分析，她认为，大学生生态文明环境价值观的培育应着重从加强生态文明环境价值观系列课程建设、积极开展生态文明校园创建、营造优良的社会氛围等环节入手，使学校、社会、家庭形成合力，为大学生生态文明环境价值观的培育打下夯实的基础。⑤

总体而言，目前中国国内外关于环境传播、公民身份及环境价值观的相关研究成果比较丰富，并且呈现出系统化、规模化、本土化和针对性等特点，这为本书提供了诸多借鉴。然而就本书的立意来看，上述文献仍然存在着以下问题：

---

① 张园、陈建华：《环境价值观视角下的高校生态教育研究》，《理工高教研究》2008 年第 10 期。

② 张传辉、郝旭瑞：《环境信息化战略背景下的大学生环境价值观培养》，《思想政治教育研究》2012 年第 2 期。

③ 肖祥、梁浩翰：《论公民生态素养及其培育》，《中国井冈山干部学院学报》2016 年第 7 期。

④ 韩梅：《中学地理学科中的环境伦理教育研究》，东北师范大学博士学位论文，2008 年。

⑤ 韩梅：《生态文明视域下大学生环境价值观培育路径探析》，《内蒙古师范大学学报》(教育科学版) 2017 年第 9 期。

第一，当前的环境传播研究仍处于起步阶段，对西方理论和研究成果的介绍性文献较多，而真正立足于本土现实的研究在现阶段还是比较少的。"西学东渐"和"博采众家之长"对于促进中国环境传播研究的发展来说固然是十分重要的，但我们在引进和"嫁接"西方理论的同时，更应该考虑对中国社会现实的观照性。

第二，目前环境传播的大多数研究仍集中在环境新闻、环境公共事件等问题上，体现出了强烈的问题导向意识，这虽然有助于环境传播研究的本土化，却也容易导致相关研究的高重复性，以及研究深度、广度有限等问题，胡翼青教授已经在《生态传播学的学科幻象》一文中指明了这一现象。因此，增加一些对于环境传播的反思性研究，拓展环境传播的广度和深度，也是十分必要的。

第三，从研究视野来说，现阶段的许多研究对于环境传播中的某些核心问题，如环境正义、环境价值观、环境公民身份建构、环境公民培养等问题，还缺乏足够的重视，真正深入探讨环境传播实质的研究还比较少，这为本书的开展创造了一定的空间。

第四节　研究思路与研究方法

为了更好地研究电视媒体中的生态文明和环境价值观传播问题，本书采取了以下研究思路与研究方法。

一、研究思路

本书认为环境传播是围绕环境议题而采取的一套旨在建构和改变社会话语系统和话语结构的驱动模式和传播实践，而电视媒体则是环境传播的重要载体和途径，环境公民身份则是在特定时空情境中，个体对自身环境权利与义务关系的理解，以及基于这种理解而采取的斗争和赋权模式。环境传播和环境公民身份建构之间存在密切的互动性，一方面环境传播通过对环境公民身份具体形貌的生产性建构，唤起了个体在环境保护方面的主体意识，并深刻影响了公众环境意识的形成和环境公民身份建构活动的开展，传播了生态文明和环境价值观；另一方面环境公民身份建构活动又推动了环境价值观的形成和环境传播的发展。本书作为探讨环境传播问题的一个尝试，试图以政府、电视媒体和公民作为三个基本观测点，梳理环境传播与环境公民身份建构之间的关系，并对电视媒体中生态文明和环境价值观的传播过程、方式、障碍及对策进行分析与阐释，全书主要分四部分展开：

第一部分：阐释电视媒体中生态文明和环境价值观传播的理论逻辑和实践背景。这一部分主要以环境公民身份理论的变迁为深层视界，从生态文明和环境价值观建构的理论诉求、环境价值观传播的实践背景、环境传播与环境公民身份建构的关系重塑这三个层次，阐述电视媒体中生态文明和环境价值观传播的价值正当性与合理性。其中，理论逻辑部分主要解释环境公民身份是什么，而实践背景则着重解释在环境传播中为什么需要建构环境公民身份、传播环境价值观。

第二部分：分析电视媒体中生态文明和环境价值观建构的过程与现状。这一部分具体从中国公民环境意识的形成、传统电视媒体和视听新媒体分别对环境价值观和环境公民身份的形塑过程，公民参与环境传播的过程及他们自身绿色身份认同的强化等层次，探讨电视媒体中的生态文明和环境价值观建构问题。

第三部分：分析当前电视媒体中环境价值观建构的问题与制约因素。这一部分主要从生态理性与公民参与建构的相对欠缺、政治权力、经济利益、消费主义和公民唯私主义的影响等五个角度，论述制约电视媒体中环境价值观建构的因素。

第四部分：分析电视媒体中生态文明和环境价值观建构的路径及对策。这一部分主要从电视媒体中环境价值观建构的多重关系重塑及路径选择入手，分析政府、电视媒体与公民的角色、作用及互动关系的形成过程，并提出推动环境价值观建构的相关策略。

具体研究思路参见图 1-1。

二、研究方法

本书主要运用了文献法、个案研究法、内容分析法、深度访谈

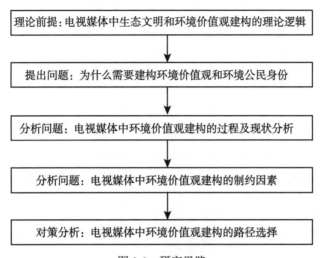

图 1-1 研究思路

法等多种研究方法。

（一）文献法

文献法是本书最基本的研究方法，主要涉及两个部分的文献资料：第一，中国主要的环境政策、环境法规、公民的环境知情权、参与决策权等相关资料；第二，有关公民的环境意识、环境保护参与意愿、环境保护行为等方面的调查数据。这些为本书从历史演进的角度，分析电视媒体中生态文明和环境价值观建构的过程以及现状提供了基本的资料。

（二）内容分析法

2003 年以后中国的环境治理和环境传播都进入一个新的阶段，本书选取 2003 年至 2014 年期间中央电视台的《新闻联播》的环境新闻报道为研究样本，从议题内容、报道形式、消息来源、解决环境问题的主体及其形象、环境公民身份的建构方式这五个维度，解构传统电视媒体在环境公民身份建构中的编码方式，从而进一步厘清环境传播与环境公民身份之间的互动关系，以及环境公民身份建构中政府、电视媒体及公民所起的作用。

（三）个案研究法

本书以我国 2012—2014 年的"雾霾天气"以及 2016—2017 年的"河长制"这两个典型的重大环境公共事件为个案，搜集各大电视媒体以及视频网站对雾霾天气的影响、成因以及对策等相关报道，搜集微博空间中的河长制传播现状，尝试从政府、电视媒体、公民之间的互动出发，进一步解读当前环境传播的编码方式。

（四）深度访谈法

深度访谈法也是本书的重要研究方法，本书通过非结构性访谈的方式，对下述人员进行了访谈：

（1）环境报道记者。本书采访了多位从事环境报道的记者（主要是电视媒体记者），一方面了解他们日常的环境报道状况，他们从事环境报道的动机和期望，对于环境治理问题的看法，以及对于环境传播以及环境公民身份的认知和态度等信息，从中分析当前作为个体的公民在环境意识方面的现状；另一方面，了解他们在环境报道中受到了哪些因素影响，以及自己的行动是如何影响了环境决策的发生，并从中分析作为个体的环境友好型公民是怎样影响了政府的环境决策。

（2）参与环境运动或参加环保 NGO（非政府组织）的公民。采访多位相关人士，了解以下信息：他们对环境问题的态度、参与环境保护运动的动机以及对自身环境权利——义务关系的认知，从中分析公民基本的环境意识状况以及当前环境公民培养的现状；他们在行动过程中受到的阻碍及自身的对策行动，为生态文明和环境价值观传播中的政府、电视媒体和公民三者之间的互动分析提供基本资料。

第五节　研究难点与创新点

一、研究难点

本书的研究难点主要有三：第一，需要搜集大量的资料，本书不仅需要搜集大量的电视媒体环境新闻报道样本，还要搜集国家环境政策法规，以及地方政府环境政策执行等方面的相关信息，所涉资料庞杂是本书遇到的第一个难点；第二，由于中国公民的参与愿望总体不高，而且有影响的参与案例也不多，但本书需要在短期内寻找到一些曾经参与环境运动并愿意接受深度访谈的公民，这不能不说是一个挑战；第三，环境价值观传播和环境公民身份建构本身是一个跨学科的问题，它涉及环境学、政治学、社会学、传播学等多个学科领域，而对相关问题理解的深刻与否，也将制约本书的内容。

二、创新点

本书的创新之处主要有三点：

第一，本书从生态文明和环境价值观建构的理论逻辑和实践基础出发，系统地梳理了电视媒体中生态文明和环境价值观建构的过程、现状、障碍因素等问题，研究发现环境传播与环境公民身份建构之间存在着密切的互动关系，而环境传播必须介入公民身份建构的过程等结论。这在一定程度上拓展了环境传播研究的视野，而聚焦于电视媒体的环境价值观建构过程，不仅有助于深化环境传播的内涵，也有助于提高环境传播的成效，这具有一定的创新性。

第二，本书还从构建政府、电视媒体及公民之间的互动关系入手，认为政府——电视媒体——公民的互动关系的形成，正是推动环境价值观传播和环境公民身份建构的关键因素。其中，政府为环境价值观传播和环境公民身份建构提供了制度支持和法律保障，并规范了电视媒体及公民的环境价值观传播活动；电视媒体则是环境价值观传播和环境公民身份建构的桥梁和中间环节，它将政府和公

51

民勾连起来；公民既是环境价值观的直接体现者，同时又通过自身的环境宣传、维权及抗争等行动，为环境公民身份书写了新的内涵。此外，本书还由此出发，提出了优化电视媒体中环境价值观传播和环境公民身份建构的策略，即推动环境传播中政府、电视媒体与公民之间的互动，这也具有一定的创新性。

第三，本书经过系统分析发现，当前中国电视媒体在环境传播方面已经初步介入环境价值观传播和环境公民身份建构过程，并在提高公民的环境知识水平和环境保护意识方面发挥了重要作用，但是在绿色思想和价值观的传播，对公民生态理性的培育，以及对公民环境保护素养的培育方面仍显不足，这对于提高和改善环境传播的效果也具有一定的创新意义。

第二章 电视媒体中环境价值观传播的理论逻辑和实践背景

　　知识社会学认为，在对某一时期或特定社会阶段的思想进行分析时，不仅要关注这种思想或思维方式本身，而且应该关注它所产生的整个社会背景。①环境公民身份理论诞生于 20 世纪中后期，它是人们在全球化背景下对环境风险和生态危机的一种反思，也是公民身份范畴向环境和生态议题的一种扩展，也是环境价值观的直接体现。20 世纪 90 年代后期，西方社会兴起了一股对环境公民身份的讨论热潮，加上环境运动的推动，环境公民身份这一理念也逐渐被一些政策决策者和企业管理者所认同。在中国，可持续发展和生态文明建设已经被提上国家发展战略的高度，党和政府也在努力推动环境治理的"善治"进程，普通公民在环境维权过程中，逐渐从过去单纯地争取自身环境生存发展权的"邻避运动"，发展到以环境政策倡导为主的维权运动，参与环境保护活动的公民也初步完成了从普通公民向"环境友好型公民"的身份转型，这都为环境价值观传播和环境公民身份建构准备了良好的实践基础。

第一节 环境价值观传播和环境公民身份建构的理论逻辑

　　环境价值观是人们认识和看待与环境相关的问题的态度、准则和行为方式。它包括与环境保护有关的伦理观念、法制观念、审美

---

　　① ［美］伯格·卢克曼：《现实的社会构建》，汪涌译，北京大学出版社 2009 年版，第 4~5 页。

观念以及对人与自然关系、环境保护与社会发展关系等方面的认知和态度。环境公民身份是环境价值观的直接体现，不同时期的环境公民身份状况直接反映了该时期的环境价值观状况。

巴特·范·斯廷博根认为，公民身份的历史可以描述为一种包容性不断增强的历史。① 而从知识维度来看，环境公民身份正是公民身份向生态环境领域的拓展。20 世纪 60 年代以来不断发生的环境运动，深刻推动了公民身份理念的发展，这些环境运动不仅是为了保护作为人类利益的环境，更是为了捍卫自然自身的权利，这就将公民身份的概念扩展到了生态环境的范畴。

一、环境公民身份的内涵、向度及特征

环境公民身份是一个不断发展的概念，它包含了鲜明的生态可持续性目标，具体而言，它的内涵、向度及特征如下：

（一）环境公民身份的内涵

关于环境公民身份的内涵，目前大多数研究者主张，不应把环境公民身份作为一种抽象的概念框架，而应该在更广阔的范畴中来理解它。如恩靳·伊辛认为，公民身份的本质存在于关系之中，是一种斗争的模式，是一种支配和赋权的制度。② 马克·史密斯和皮亚·庞萨帕主张，将环境公民身份理解为一种伦理—政治空间，其中，真理、良善和美德都被接受为暂时性的可公开争论的和应付诸民主审议的伦理价值。他们还将环境公民身份理论归纳为三大主题，即生态公民身份、权利与义务的关系和环境可持续性与社会正义。③ 巴特·范·斯廷博根更提出，应当把以参与为核心的责任观

① ［英］巴特·范·斯廷博根：《公民身份的条件》，郭台辉译，吉林出版集团有限责任公司 2007 年版，第 164 页。

② 郭忠华：《公民身份的当代概览——与恩靳·艾辛的对话》，载郭忠华《变动社会中的公民身份——与吉登斯、基恩等人的对话》，广东省出版集团、广东人民出版社 2011 年版，第 78 页。

③ ［英］马克·史密斯、皮亚·庞萨帕：《环境与公民权：整合正义、责任与公民参与》，侯艳芳、杨晓燕译，山东大学出版社 2012 年版，第 56 页。

念和关怀地球的观念结合起来。① 约翰·巴里则强调，环境公民身份是一个从"消极的"到"积极的"连续统一体，它不仅是一种内容广泛和主动参与意义上的公民身份，而且是一种现实抗拒和挑战意义上的公民身份，或者说是一种"批判性公民身份"。②

按照上述观点，环境公民身份的内涵实际上处于运动发展当中，它与某一时期人们对自身环境权利与义务关系的理解，以及基于这种理解而进行的斗争和行为等因素都密切相关。环境公民身份建构的理论基础是环境正义，它所强调的并不仅仅只是个体公民的自由主义的环境法权，而是力图在生态主义的向度上培育环境公民。

因此，我们可以这样理解环境公民身份，它是个体在特定的时空情境中，在某一共同体之下，为了获得在环境政治秩序中的成员资格，为了争取基本的环境生存权、发展权、知情权、参与决策权等权利，以及为了履行对生态环境及对未来子孙后代所应承担的基本责任与义务，而采取的一种旨在改善生态环境质量的斗争模式和赋权模式。

（二）环境公民身份的基本向度

环境公民身份是一个动态性的和发展性的概念，它的内涵与特定时期人们对于生态环境的认识密切相关，是环境价值观的具体体现，然而无论特定的时空情境发生如何转变，环境公民身份至少包括两个基本向度：

（1）生态可持续性的向度。生态可持续性是环境公民身份的重要内涵，也是环境传播中公民身份建构的一个具体向度。正如安德鲁·多布森所说的，环境公民身份提出的直接动因就是为了创建一种真正可持续发展的社会，为此必须要克服生态可持续性目标的

---

① ［英］巴特·范·斯廷博根：《公民身份的条件》，郭台辉译，吉林出版集团 2008 年版，第 170~173 页。

② 郇庆治：《西方环境公民权理论与绿色变革》，《文史哲》2007 年第1 期。

实现与公民的个体行为及态度之间的不协调和不一致性。① 生态可持续性下的环境公民身份建构活动，体现出一种生态现实主义的色彩，它强调在保持现代物质文明的基础上，建设一种绿色社会。② 具体而言，生态可持续性向度的环境公民身份又包括四个基本内容：

①基本的生态观念。这是公民环境认同形成的基础，它包括对于自然资源是否有限的态度，对于人类是否可以为了满足自身的需要而尽可能地利用资源的态度，以及对于动植物是否享有生存权的态度等，如"人类中心主义"或"生态中心主义"等。当前，中国已经确立了生态文明建设的目标，而生态文明背景下的环境公民身份建构要求人们认识到，自然资源和环境容量是有限的，人类不能为了满足自身需要而无限制利用资源，而且自然界的每一个物种都有生存与发展的权利，人类应当承担保护生态平衡的责任。

②对人类发展与环境保护关系的认知。这是公民环保行动的动机激发点。生态文明和可持续发展观之下的环境公民身份，要求人们正确认识并协调好人类发展与环境保护之间的关系，不能为了经济和社会的发展而牺牲生态环境利益，也不能为了经济发展而损害他人及子孙后代的利益。

③对公民的环境权利与义务关系的认知。具体包括公民对自身所应享有的环境权利和所应承担的环境责任的认知，这是环境公民身份的核心。生态文明和可持续发展观要求人们认识到自己对于生态环境所应承担的责任，努力履行自身的环境义务，并协调好自身的环境权利与环境义务之间的关系。

④与基本生态观相适应的环境伦理和价值观范式。主要包括可持续性、环境正义、责任以及信任等环境伦理。当前生态文明建设要求我们树立绿色消费和节约资源的价值观念，友善地对待生态环

① Dobson A. Citizenship and the Environment [M]. Oxford: Oxford University Press, 2003: 4.

② Dryzek J. The Politics of the Earth: Environmental Discourses [M]. Oxford: Oxford University Press, 2005: 169.

境，促进生态环境的良性发展，努力践行环境正义和生态民主的理念。

（2）公民参与的向度。公民的广泛参与是环境公民身份的另一个向度，这里的"公民"从狭义来看，指的是普通群众，而从广义来看，还包括一切相关的部门、群体和个人。公民参与的目的在于确保政府公正、合理地运用与环境问题相关的行政权力。如基思·福克斯认为，参与是公民身份的显著特征。① 斯廷博根也强调从参与的角度来理解生态公民的新态度。② 从公民参与的向度来看，环境公民身份也是公民身份在环境公共治理和决策中的体现与扩展。它要求作为个体的人领会到生态公共性，理解人的行动对于生态的影响，培育一种生态身份认同，继而"作为生态环境的一部分"积极参与并充分负责。具体而言，公民参与向度的环境公民身份包括三个具体层面：

①公民参与环境宣传教育。包括公民充实自身的环保知识，积极与其他人谈论有关环境保护方面的问题，参与环境保护的宣传教育，增进对生态环境的了解，参与有关环境保护的公益活动等。

②公民采取环境友善的行为。包括公民在日常生活中所采取的节约资源、保护生态环境、促进循环发展、践行低碳生活等有助于环境保护的行为。

③公民主动发挥民主监督的作用。包括公民积极向相关部门反映和曝光环境污染及破坏现象，主动参与重大项目的环境影响评价，为了解决日常环境污染问题而进行的投诉、上访等制度化的参与活动等。公民民主监督作用的发挥，是公民参与的高级形态，也是环境公民身份建构的目标之一。

（三）环境公民身份的特征

（1）平等性。平等性是环境公民身份的显著特征。基思·福

---

① Faulks K. Citizenship ［M］. London：Routledge, 2000：4.

② ［英］巴特·范·斯廷博根：《公民身份的条件》，郭台辉译，吉林出版集团 2008 年版，第 168 页。

克斯（Keith Faulks）认为，公民身份存在着一种内在逻辑，这种逻辑要求它所带来的各种利益必须得到更加普遍和平等的分配。①与其他主张个体之间权利与义务的平等的思想不同，环境公民身份还将对象扩展到自然环境和未来子孙后代，强调人与自然之间，当代人与后代人之间都应该和谐共存，并应享有资源的平等分配的权利。当然，环境公民身份的平等性也是相对的，并不主张实现绝对的平等。

（2）责任性。对公民环境责任与义务的强调也是环境公民身份的显著特征。与个体公民在共同体中所能享有的环境权利相比，环境公民身份更看重的是个体公民对于生态环境应承担的责任和义务，而培育具有良善德行的生态公民也成为环境公民身份建构的重要任务，这就与环境传播的社会教化功能产生了呼应。

（3）参与性。基思·福克斯认为，参与是公民身份的基本特征。②广泛的参与性也是环境公民身份的另一个重要特征，环境公民身份要求公民积极参与环境决策和管理的事务，尽量减少权力对于生态环境利益的侵蚀，从而保障环境决策中的公平和正义。环境传播是促成这种参与性的重要桥梁，而电视媒体则是重要的载体之一。

二、从自由主义到后世界主义的环境公民身份理论

环境公民身份（environmental citizenship）是产生于20世纪中后期的一种环境政治话题，是公民身份理论在环境维度的延续，20世纪90年代中后期，环境公民身份问题在西方国家产生了广泛的讨论，21世纪以后，公民身份及环境公民身份等思想逐渐传入中国。

自1949年马歇尔发表那篇著名的演说《公民身份与社会阶级》之后，公民身份作为一种包含了权利、责任与义务的成员身

---

① ［美］基思·福克斯：《公民身份》，郭忠华译，吉林出版集团2009年版，第2~3页。

② Faulks K. Citizenship［M］. London：Routledge，2000：4.

份的理论，便受到了世人的广泛关注。他认为，公民身份是赋予某一社会全体成员的一种地位，所有享有这一地位的人士在权利与义务方面是平等的。他还将之划分为民事权利、政治权利和社会权利三个阶段。① 然而，公民身份的相关思想并不是 20 世纪中叶以后才出现的，它有着源远流长的理论来源，甚至可以追溯到古希腊城邦时代。从理论脉络来看，公民身份理论有两大理论传统，即公民共和主义（civic republicanism）和自由主义（liberalism），它们对于环境公民身份概念及理论的形成都产生了较大的影响。

(一) 公民身份的两大传统

公民共和主义是公民身份最古老的思想来源，早在古希腊时期的雅典和斯巴达，作为城邦一员的公民就被认为应当认清自己在管理和保卫城邦等事务中应当承担共同的责任和义务，如柏拉图、亚里士多德等人。公民共和主义思想强调公民对于共同体的忠诚、奉献和义务，主张公民应当遵守共同的价值观和规则，在这种体制下，更广泛的公共利益要高于个人的利益和想法，而作为公民应当以美德和责任来积极参与公共事务，并且以自身的技能和智慧表现出对共同体的绝对忠诚，从而防止因权力的过度集中而导致的共同体和个体利益的受损。②

伴随着资本主义和民族国家发展而兴起的自由主义思潮是公民身份的第二大传统。彼得·雷森伯格认为，自中世纪晚期伊始，公民的美德价值逐渐受到以律师和政治理论家为代表的人们的质疑，而公民身份作为从属性的臣民关系得到强调。③ 在自由主义思想看来，公民是独立的、理性的个体，他们有能力决定自己的利益，现代公民必须服从共同体的法律制度，并以履行纳税的义务来换取国

① Marshall T H. Citizenship and Social Class, In Marshall T H, Bottomore (eds.), Citizenship and Social Class [M]. London: Pluto Press, 1992: 18.

② Arendt H. On Revolution [M]. New York: The Viking Press, 1965: 124.

③ Riesenberg P. Citizenship in the Western Tradition: Plato to Rousseau [M]. Chapel Hill: The University of North Carolina Press, 1992: 272.

家的保护，而国家和政府的首要目的是承认并保护个人的利益，并按照出生地等原则来赋予个体以公民的资格。自17—18世纪以来，自由主义公民身份便成为西方社会主导性的公民身份话语，例如洛克、密尔、弗里德曼、哈耶克、亚当·斯密等人都主张自由主义公民身份，而罗尔斯对公平和正义的思考则更进一步拓展了自由主义公民身份的理念。

此外，社群主义则是公民共和主义的现代遗产，它吸取了往昔公民共和主义的经典性思想，强烈反对自由主义注重原子式个人主义的核心思想，注重公民忠诚于社群和遵循共同的价值观的精神。例如巴特·范·斯廷博根就认为，自由主义观念的问题在于，它对于社群塑造个人身份以及更广泛意义上的道德与政治思想的重要性都缺乏足够的重视。[①]

（二）后世界主义思潮下的环境公民身份

公民身份是启蒙运动以来，西方社会现代化进程中的一个必要特征。然而，伴随着全球化的发展而带来的社会变迁过程，使得公民身份问题溢出了民族国家的范畴，移民问题、环境问题、性别问题以及地区性问题等都使得个体与共同体之间的关系无法在公民与国家的框架内得到解决，这就催生了全球公民身份（global citizenship）和后世界主义公民身份等思潮。其中，环境公民身份就是一个后世界主义的公民身份问题。

20世纪后半期，环境危机和环境运动的发展，促使人们不断反思自己对环境、其他种族以及子孙后代所负有的责任，例如安德鲁·多布森、约翰·巴里等人。安德鲁·多布森就认为，自由主义公民身份强调权利和授权，缺乏作为行动基础的根本性美德，而共和主义公民身份强调职责、责任和德行，实质上二者都植根于国家与公民之间的契约性关系，并在一个特定领土范围内的公共空间中发挥作用，而后世界主义公民身份不具有契约性和

---

① Steebergen B V. The Condition of Citizenship［M］. London：Sage, 1994：141-152.

地域性，同时运行于公共领域和私人领域，并强调职责、责任和德行。①

斯图尔德（F. Steward）认为，具有生态意识的公民身份意味着超越福利权利、财产权利、市场交换等物质关注的视界来理解其含义。② 事实上，它要求我们在非传统的背景下更加重视公民的环境责任和义务问题，代表了一种更深层次的公民身份理念。这种公民身份思想主张将个体与共同体的价值扩展到超越个人直接需要的范围之外，更多地考虑诸如森林的消逝、环境的污染与全球变暖等问题，关心自然资源随着时间发展的可持续性，结合贫困、不平等与再分配等传统的社会政策去思考环境问题。正如斯廷博根所说，环境公民身份是一种建立在所有生命体都有平等权利基础上的无所不包的范畴。③

从公民身份思想发展的历史进程来看，从公民共和主义到自由主义、社群主义，再到后世界主义的环境公民身份，公民身份的理论嬗变体现了从重视公民的职责，到重视公民的权利，再到实现公民权利与义务的平衡，这种螺旋上升式的演变过程体现了公民身份理论正在逐步深化。环境公民身份作为一种后世界主义公民身份，它对于生态可持续性和参与式民主性的双重关注，体现了在环境风险社会中，人们对于现代化进程中所出现的环境危机的一种积极反思，而培育具有生态意识的环境公民，并促进他们参与到环境事务和环境决策中，这也是环境公民身份理论对于解决环境问题的一种积极思考。环境公民身份并不是共同体对于个体的一种"赋权"，它更多地体现为个体对于自然生态的一种义务与责任，它的建构与实现需要发挥环境传播的社会教化功能。

---

① Dobson A. Citizenship and the Environment [M]. Oxford：Oxford University Press, 2003：83-140.

② Steward F. Citizens of Planet Earth, In Andrews G. (ed.) Citizenship [M]. London：Lawrence and Wishart, 1991：65-75.

③ ［英］巴特·范·斯廷博根：《公民身份的条件》，郭台辉译，吉林出版集团有限责任公司 2008 年版，第 173 页。

三、生态可持续语境下环境公民身份的理论诉求

环境公民身份要求个体认识到自身作为自然环境的一员对于环境所承担的义务，包含着鲜明的生态可持续性倾向。安德鲁·多布森、约翰·巴里等学者对此进行了深入的研究，他们认为生态可持续语境下环境公民身份建构的理论诉求至少包括以下三个方面：

（一）个体的生态理性和能动德行

生态可持续性语境下的环境公民身份建构首先要解决的是，个体公民的生态理性和能动德行问题。对此，安德鲁·多布森认为，环境公民身份源于个体与他所赖以生存的环境之间的实在性关系，由于个体的物质性实践活动必然会对环境产生一定的影响，为了实现生态环境的可持续性，就必须尽量减少自身的生态踪迹。他还建议，尽可能将生态可持续性的相关知识的传播与个体公民的实践性生活结合起来。① 而约翰·巴里则认为，可持续发展不仅包括环境保护，它还要求改变经济与社会中的某些结构因素，它针对的是破坏可持续发展原则的现象出现的深层结构性原因。他还主张，通过某些强制性的公共服务来培育"积极的"和参与的"公民绿色"。② 由此可见，环境公民身份有可能是建立在个体公民生态认知扩展基础上的自觉德行，也有可能是受到外力推动或约束的被动行为，其中，多布森强调的是具有生态理性和良好德行的环境公民的培养，而巴里则更看重的是辅助性的依从。

（二）对于生态环境的强制性义务

环境公民身份并不是个体享有的某些环境权利，它更多的是指公民如何通过限制自身的行为达到维持生态可持续性目标的强制性

---

① 郇庆治：《环境政治国际比较》，山东大学出版社 2007 年版，第 58 页。

② 郇庆治：《环境政治国际比较》，山东大学出版社 2007 年版，第 60 页

环境义务。多布森认为，环境公民身份的根本目标是实现生态空间中的公平分配，它要求个体公民具有环境正义、爱护、同情等德行，并承担相应的环境责任和义务。① 而巴里认为，环境公民身份是一种严格意义上的公民身份，个体不仅要承担起相应的环境责任，而且还要体现出对于生态环境的强烈的情感和自觉的环境保护德行，对此，国家在培育环境公民的过程中应当发挥积极的作用，而由绿色公民所创造的绿色国家是可持续公民身份的关键。② 由此可见，巴里更看重的是国家和政府对于生态可持续性原则的保障与承诺。

(三) 不断发展中的权利和义务

环境公民身份不是公民的一种自然权利，也不是一种既存性的事实，而是一种公民后天习得的和不断发展的权利和义务，它的发展取决于人们对于生态可持续性目标的理解。对此，多布森将之归纳为三点，即环境公民身份强调公民的权利，依托于公民政治空间的扩大化，致力于消除公共空间和私人空间之间的传统区分。③

总体而言，环境公民身份并不是一种自由主义的环境法权，而是强调如何培养环境公民，对此，国家应当成为可持续发展的支持者，而环境传播和环境教育则是环境公民培养的重要途径。

四、参与式民主语境下环境公民身份的理论诉求

参与式民主语境下的环境公民身份基于协商民主与生态理性的双重思考，或者说是西方自由民主政治理论的"协商民主转向"

---

① ［英］安德鲁·多布森：《政治生态学与公民权理论》，郭晨星译，载郁庆治：《环境政治学：理论与实践》，山东大学出版社 2007 年版，第 1~21 页。

② ［英］约翰·巴里：《从环境公民权到可持续公民权》，张淑兰译，载郁庆治：《环境政治学：理论与实践》，山东大学出版社 2007 年版，第 22~41 页。

③ Dobson A, Bell D. (eds.) Environmental Citizenship [M]. Cambridge, MA：MIT Press, 2006：6-7.

与环境主义的结合。① 环境公民身份的这种理论视角可以追溯到
20 世纪 60—70 年代的协商民主理论。约瑟夫·贝塞特（Joseph
Bessette）是协商民主理论最早的倡导者之一，他认为，公民参与
协商比代议制民主机制在制定政策方面更加公正和理性。② 而瓦尔
特·巴伯（Walter Baber）和罗伯特·巴特莱（Robert Bartlett）则
对参与式民主视角下的环境公民身份研究进行了梳理，他们认为，
不同流派对环境政治参与中的公民个体的界定、公民在民主协商过
程中的相互作用及相关制度设计的不同回答，体现了各自对环境公
民身份的不同理解。概括而言，相关理论诉求主要包括：

（一）具有生态理性精神的个体

　　无论是罗尔斯，还是哈贝马斯，甚至是波曼，他们都认为具有
生态理性精神的个体公民是实现协商民主的前提条件，而大多数公
民就环境议题进行协商，这样能尽量避免环境决策中不公正现象的
出现，虽然相关学者们在个体公民的生态理性认知及共识的形成上
有不同的看法。例如罗尔斯认为，具备高度生态理性的公民个体在
追求自身环境利益的同时，会自觉考虑到他人和子孙后代的环境利
益。哈贝马斯则认为，公民个体在生态理性的认知上存在差异，但
这种差异会随着人们环境意识的增加而减少，最终会形成被广泛接
受的公共理性。而波曼等人则认为，公民个体的环境政治参与很难
达到完全平等，但环境决策中协商民主的目标是解决共同的环境难
题，最终形成一个大多数人认可的意见便意味着环境决策协商的基
本成功。③ 由此可见，要提高环境决策中的公民参与水平，首先应

---

①　Baber W, Bartlett R. Deliberative Environmental Politics: Democracy and
Ecological Rationality [M]. Cambridge, MA: MIT Press, 2005: 3-4.

②　Bessette J. Deliberative Democracy: The Majority Principle in Republican
Government. In Goldwin R, Schambra W. (eds.) How Democratic is the
Constitution? [M]. Washington, DC: American Enterprise Institute, 1980: 102-
116.

③　郇庆治:《环境政治国际比较》，山东大学出版社 2007 年版，第 63～
65 页。

当培养公民的生态理性。

（二）关于公民环境决策参与的制度设计

环境决策中公民参与的制度设计是实现协商民主的保障。对此，罗尔斯设计了一个"有序社会"（well-ordered society）模式①，在这个模式中，公民个体不会成为生态环境破坏者，而国家也会主动承担起相应的环境守护责任。而哈贝马斯则提出了一个"理想语境"（ideal discourse situation）社会模式②，在这个模式中，虽然公民之间的生态理性存在差异，但平等参与的公民个体将服从于更有说服力的规范性诉求，并最终形成一种生态共识。而以波曼为代表的大多数协商民主理论家都认为，偏见和排斥在公民的环境政治参与中是不可避免的现象，罗尔斯和哈贝马斯的模式过于理性化，而将公民组织起来并引入更多的民主程序改革，将有助于被大多数人所认可的意见的实现。

总体而言，参与式民主语境下的环境公民身份理论要求培育公民的生态理性，并对环境政策及决策过程进行民主化改革，使得更多的公民可以参与到环境决策中，从而实现环境决策的协商。

五、环境价值观传播和环境公民身份建构的意义及场域

作为一种后世界主义的公民身份，环境公民身份的出现是对环境危机的一种回应，它的建构具有重要的意义。对此，马克·彭宁认为，环境公民身份不但有助于促进普通公民从单纯的消费者转变为具有环境意识的公民，而且还有助于促进普通公民对环境现状的认知与分析。③

---

① Rawls J. Political Liberalism［M］. New York：Columbia University Press，1993：15.

② Habermas J. Reconciliation through the Public Use of Reasons：Remarks on John Rawls' Political Liberalism［J］. Journal of Philosophy，1995（92）.

③ Barry J. Rethinking Green Politics［M］. London：Sage，1999：174.

（一）环境价值观传播和环境公民身份建构的意义

（1）有助于增进个体对环境问题的感知和意识。环境公民身份是在公民的各类环境抗争行为和环境保护行为中逐渐建构起来的，在这一过程中，普通公众从单纯的消费者，逐渐成长为理性的环境友好型公民，他们对环境问题的感知，在经历了一次次的实战训练后，变得更加迅速和准确，他们对于环境危机的分析也更加理性了。而且，随着政府和媒体广泛而深入的环境保护宣传教育，普通公众的环境知识迅速增长，他们的环境意识也逐步增强，这为绿色生态观念和价值观等绿色意识的形成奠定了良好的基础。中国人民大学等机构于 2003 年和 2011 年的两次全国性的入户调查的相关数据也显示，当前人们的环境知识显著增长，环境意识也随之增强。[①]

（2）有助于更好地处理经济发展与环境保护的关系。近年来，经济发展与环境保护的矛盾越来越突出，许多地方持续出现的环境污染现象，或多或少都与没能正确而有效地处理二者之间的关系有关。因此，如何协调好二者之间的关系成为摆在人们面前的一道难题。环境价值观传播和环境公民身份的建构不仅让人们更明确地认识到自己所拥有的环境权利，更让人们清楚地认识自己对于生态环境，对于他人以及未来子孙后代所应承担的环境责任。环境价值观传播和环境公民身份建构不断地提示公众，经济的发展绝不能以牺牲环境利益为代价，而保护环境又必须从个人做起，这就为协调好经济发展与环境保护之间的矛盾提供了一种可能。

（3）有助于实现个人行为与国家治理之间的联动。安东尼·吉登斯的《气候变化的政治》一书提醒我们，环境问题的解决不仅依赖于个体积极的环境保护参与行为，更有赖于保障型国家的建立和国家治理行为的展开。环境价值观传播和环境公民身份建构突破了公民的环境权利与环境义务之间的二元对立关系，它在私人领

[①]　洪大用、肖晨阳等：《环境友好的社会基础：中国市民环境关心与行为的实证研究》，中国人民大学出版社 2012 年版，前言第 12 页。

域与公共领域之间架构起了一道桥梁，使得解决环境问题的多元主体有可能通过这一桥梁实现沟通，这就使得环境保护中的个人行动与国家治理之间有了联动的可能性，而多元联动正是环境治理中善治形成的基础。由此可见，环境价值观传播和环境公民身份建构也有助于环境善治的实现。

（4）有助于环境友好型社会有序而合理的建设。环境公民身份建构也有助于生态文明和环境友好型社会的建设。当前，党和国家正试图将生态关心和绿色思维融入社会发展的总体规划当中，这充分体现在党的十七大、十八大和十八届三中全会等会议精神中。中国环境政治学家郇庆治认为，生态文明是一种基于模式多元原则的文明，也是一种基于成果分享原则的文明，更是一种基于行为合作原则的文明。生态文明反对现代文明的反自然性，但并不反对现代文明本身，它的目标是实现传统经济理性对社会与生态理性的服从。① 而建设环境友好型社会不仅是可持续发展的目标，更是生态文明的内涵要求。环境价值观传播和环境公民身份的建构能够协调经济发展与环境保护之间的关系，这就使得可持续发展成为了可能，它同时还能实现个人环保与国家治理之间的良性互动，这也为环境问题的解决提供了更多的可能性，因此，环境价值观传播和环境公民身份建构也是环境友好型社会建设的基础，它使得生态文明建设能够更加合理、有序地进行。

（二）环境价值观传播和环境公民身份建构的主要场域

根据布迪厄的场域理论②，整个社会是一个大的权力场域，这个场域又由多个小的场域（或称子场域）互相交织而构成。从场域的结构特征来看，不同子场域之间因力量的不同及对资本的占有不同，导致了它们在社会大场域中所处的社会位置和关系不同；而

---

① 郇庆治：《环境政治国际比较》，山东大学出版社 2007 年版，第 11～15 页。

② ［法］皮埃尔·布迪厄、［美］华康德：《实践与反思——反思社会学导引》，李猛译，中央编译出版社 2004 年版，第 144 页。

从场域的内部逻辑来看，这些子场域内部又存在一套自身的原则和规范，这些原则和规范又会影响到这一场域中不同要素的社会位置和力量。从环境公民身份理论发展的脉络来看，培育具有生态理性意识的环境友好型公民及促进公民的参与是环境价值观传播和环境公民身份建构的主要目标，而实现这些目标的主要场域如下：

（1）政治场域。这一场域中关于环境公民身份的各类政治活动和权力运作，形成了一种支配性的话语体系，在环境公民身份的合法化、制度化，以及相关建构活动的启动与动员方面，发挥了重要作用。政策和法律是这一场域中的两个关键要素，其中，环境政策对于可持续发展理念的强化，对于公民环境责任与义务的明确，对于公民参与的保障，为环境公民身份建构活动赋予了权威性；而环境法律对于环境保护的强调，对于公民环境权利与义务及公民参与等方面的制度性规范，为环境价值观传播和环境公民身份建构活动赋予了合法性。

（2）媒介场域。这一场域源于皮埃尔·布迪厄《关于电视》中对"新闻场"的研究，他认为，新闻场有着独立的、自身的法则，但同时又受到其他场域的牵制与推动。① 在环境价值观传播和环境公民身份的建构过程中，大众传媒是媒介场域的主要构成要素，而电视媒体又是最有影响的一种大众传媒形态。媒介场域遵循自身的逻辑和规律加以运转，它们对于人与自然关系的形塑、对于环境伦理和法规的传播、对于环境公民的教化、对于公民参与的促进等方面的编码方式，都影响了环境价值观传播和环境公民身份的建构过程，同时媒介场域还受到政治场域、经济场域、文化场域等诸多场域的影响和制约。

（3）学术场域。由于环境问题十分复杂，它的发现与解决都必须依赖于大量的环境科学知识、科学技术和科学活动的介入，尤其是环境科学家和环境社会学家，他们的智力发挥对于环境问题的解决，具有至关重要的作用。然而，鉴于本书的立意，环境价值观

---

①　[法] 皮埃尔·布迪厄：《关于电视》，许钧译，辽宁教育出版社2000年版，第46页。

传播和环境公民身份建构中学术场域的活动及其过程并不是本书的主题。

此外，公民是环境公民身份的主体，也是环境保护的重要推动力量，他们的生活方式和伦理观念直接影响了环境公民身份的建构进程。但是，在当前的环境价值观传播和环境公民身份建构活动中，公民主要依靠各类传媒来实现自己的环境话语权和表达权。因此，本书对于公民在环境价值观传播和环境公民身份建构中的参与式书写过程也进行了考察。

第二节　环境价值观传播和环境公民身份建构的实践背景

　　环境传播中为什么需要传播环境价值观并建构环境公民身份，这一问题实际上也是关于环境公民身份建构的合法性问题。所谓的合法性是指，权威与社会秩序被人们自觉性地认可与服从的一种性质与状态。[1] 20 世纪 90 年代末期以后，公民意识开始进入中国的法治进程和民主政治的建设范畴中，公民的主体地位逐渐凸显，这为环境价值观传播和环境公民身份建构奠定了一定的实践基础。而21 世纪以来，中国的环境政策出现了一系列变革与转型，如环境"善治"目标的提出、生态文明建设的明确等，这不仅为环境价值观传播和环境公民身份建构赋予了一定的合法性基础，同时也构成了环境价值观和环境公民身份建构的实践背景。

一、环境善治的目标与环境价值观传播

　　20 世纪 90 年代，面对着在资源配置中因市场和政府的双重失灵而带来的一系列的管理危机，西方政治学家和管理学家提出了治理（governance）的概念，他们主张用"治理"来代替"统治"，如法国学者让·彼埃尔·戈丹就认为，治理从一开始起便要与传统

----

① 俞可平：《治理和善治：一种新的政治分析框架》，《南京社会科学》2001 年第 9 期。

的政府统治概念相区别。① 1995 年，全球治理委员会在《我们的全球伙伴关系》的报告中提出，治理就是指各种类型的机构及个人管理事务的一系列过程和方式。它既包括各种正式的制度与规范，也包括人们所认可的各类非制度性安排。② 简言之，治理是政府与非政府及公民社会的互动与合作，其目的是实现社会秩序的有序发展。而善治（good governance）就是"好的治理"，即通过政府和公民之间的积极合作而实现的公共利益最大化的管理过程，它是治理的目标。俞可平认为，善治具有合法性、透明性、责任性、法治性、回应性、有效性这 6 个基本要素。③ 在环境问题方面，由于环境物品具有非排他性和非竞争性，它是最大的公共物品，而环境问题的解决既需要诉诸公权力，也需要普通公民的广泛参与。20世纪后半叶以来，世界各国开始重视环境问题并对之进行管理。

（一）从环境管理到环境治理与善治

从世界环境管理的范式变迁来看，环境管理的范式经历了从环境管理到参与式管理再到环境治理的变迁过程。20 世纪 50 年代西方国家开始将环境问题纳入政治和社会管理的范畴，60—70 年代主要是环境管理范式，80 年代以参与式管理为主，90 年代以后，环境治理逐渐成为环境管理的主流范式。④ 这一时期，随着"少一些统治，多一些治理"的政治目标在西方国家的确立，政府在环

---

① ［法］让·彼埃尔·戈丹：《现代的治理，昨天和今天：借重法国政府政策得以明确的几点认识》，《国际社会科学》（中文版）1999 第 2 期。

② The Commission on Global Governance. Our Global Neighborhood ［M］. Oxford：Oxford University Press，1995：2-3.

③ 俞可平：《治理和善治：一种新的政治分析框架》，《南京社会科学》2001 年第 9 期。

④ Reed M S. Stakeholder Participation for Environmental Management：A Literature Review ［J］. Biologicalcon Conservation，2008，141（10）；朱留财、陈兰：《西方环境治理范式及其启示》，《环境保护与循环经济》2008 年第 6 期；杨立华、张云：《环境管理的范式变迁：管理、参与式管理到治理》，《公共行政评论》2013 年第 6 期。

境治理中的角色和职能逐渐转变为"掌舵而不是划桨"，环境治理的善治目标也随之提出。尤其是在 1992 年的里约会议上通过的《里约宣言》，该宣言更是明确提出，应将环境问题放在全体相关公民参与的条件下处理，世界各国应当广泛提供环境相关信息，促进并鼓励公众了解和参与环境事务，让每个人都有机会参与决策过程。①《里约宣言》还确立了环境善治的基本原则，包括公众环境信息知情权、信息可得性、法治与合法性、透明性、责任性等，这就将环境善治的理念纳入了环境管理的范畴。2002 年，在约翰内斯堡召开的"可持续发展世界首脑峰会"上，与会各国更提出了创建"公私合作伙伴关系"（Public-Private Partnership）从而推动环境善治的提议，这标志着环境善治的理念已经获得了广泛的认可。

　　虽然中国在环境管理方面的起步较晚，发展也较西方国家相对滞后，但与西方国家相似的是，中国也大致经历了从环境管理到环境治理的转变。20 世纪 70 年代以后，环境问题逐步进入政治议程，80 年代以后，中国从治理"工业三废"开始着手对环境问题加以管理，但直到 21 世纪初，中国在环境治理方面一直采取的是针对污染及破坏现象的"末端治理"和"源头控制"方式。进入21 世纪以来，党和政府逐渐确立了科学发展观、生态文明建设等思想，并将实现环境善治作为环境治理的新目标。环境治理的善治目标的提出，要求中国的环境管理从单一的政府主导的环境管治，逐渐转变为在政府调控下的公民、第三部门、企业等多元主体参与的协作式治理，这也为环境公民身份的形成与建构起到了实质性的推动作用。

（二）环境善治的合法性原则与环境价值观传播

　　环境善治中的合法性原则指的是，公民对政府所制定的环境政

---

　　① The United Nations. The Untied Nations Rio Declaration on Environment and Development ［EB/OL］. （1992）. http：//www. Un. org/cybershool. bus/peace/ earth. summit. htm.

策、政府的环境决策以及所采取的环境治理措施表示认可、支持与服从。而只有在环境治理过程中，实现政府、公民、第三部门等多元主体之间的良性合作，才有可能让公民认可并支持政府的环境治理。当前中国因公民的环境维权而爆发的群体性冲突事件频繁发生，其中一个关键因素在于，政府所主张的环境治理的科学决策与公民所主张的民主决策之间存在着明显的矛盾。而在生态文明建设的大背景下，无论是环境价值观的传播，还是环境公民身份的建构，都主张提高公民的环境责任意识，培养品德高尚的环境友好型公民，协调公民的环境权利与责任之间的关系，这些建构活动有助于提升公民对于环境治理科学决策的认识，也有助于协调政府与公民之间的矛盾。由此可见，环境善治中的合法性原则与环境价值观传播和环境公民身份建构之间拥有共同的价值追求。

（三）环境善治的透明性原则与环境价值观传播

环境善治的透明性原则主要指的是政府环境治理信息的公开性。每一个公民都有权利获得与自身利益相关的政府环境政策信息，包括环境状况基本信息、环境立法与法律条款、环境政策制定与实施、环境行政预算及开支等相关信息。透明性要求上述信息能够及时借助各种传播渠道而被公民所获知，从而帮助公民有效地参与环境决策，并对环境治理过程加以监督。2008 年 5 月 1 日起试行的《环境信息公开办法（试行）》是中国政府在保障公民环境信息知情权的初步尝试。

（四）环境善治的责任性原则与环境价值观传播

环境善治的责任性原则指的是，人们应当对因自身行为而带来的对自然环境、对他人以及子孙后代的影响负责。在环境治理中，不仅公民个人要承担相应的环境责任与义务，政府及其管理人员、企业等都要承担相应的环境责任与义务。实际上，环境善治的责任性原则中也包含了对公众的回应性（responsiveness）的要求。而公民的环境责任与义务也是环境公民身份的重要构成，它是公民的一种强制性义务，同时它也要求国家和政府承担起建设绿色国家的责任。因此，环境善治的责任性原则也要求传播环境价值观、建构环境公民身份。

（五）环境善治的参与性原则与环境价值观传播

环境善治的参与性原则指的是，公民对涉及公共利益以及自身利益的环境治理及环境决策活动的参与。环境治理中公民参与的目的是为了制约政府的环境决策自由裁量权，确保政府在环境治理中公正、合理地运用权力，因此，公民的参与是实现环境善治的重要步骤。早在 20 世纪 60—70 年代，环境管理中公民参与的思想就已经形成了，1969 年美国在《国家环境政策法》中首次提出了公民参与的要求，之后其他国家也纷纷将公民参与作为一项原则写进了法律之中。而中国 2002 年颁布的《环境影响评价法》，以及 2006年 3 月 18 日起施行的《环境影响评价公众参与暂行办法》等，以法律的形式赋予了公民参与以合法地位。而公民参与实现的基础在于公民环境意识的提高，而培育大量具有强烈的环境意识，并具有生态理性和崇高德行的环境友好型公民，这是环境价值观传播和环境公民身份建构的重要目标和任务。

总之，环境善治的目标是环境价值观传播和环境公民身份建构的实践背景之一。只有提供一套保证公民享有充分的自由和权利的现实机制，才能促使公民与政府一道协同治理，从而促进环境问题的真正解决。而环境公民身份的确立与建构，是培育具有生态理性和参与意识的环境友好型公民的重要方式，是促进保障公民权利的现实机制的重要途径，也是生态文明建设的重要手段，因此，必须对之重视。

二、生态文明的建设与环境价值观传播

党的十七大以来，中国将生态文明建设放到了发展战略的高度，而党的十八大和十九大，又进一步强调要加强生态文明建设。这就要求我们遵循人与自然和谐发展的基本价值取向，并以此来调整人类的实践活动使之具有可持续性。而环境价值观传播和环境公民身份建构是培养具有生态理性的环境友好型公民的必要途径，它

有助于生态文明价值取向的确立和绿色思想的传播，也有助于公民生态文明意识的提高和生态理性的确立。总之，生态文明赋予了环境价值观传播和环境公民身份以合法性基础，也成为它的另一个实践背景。

（一）生态文明的涵义及提出

早在 1987 年，叶谦吉就呼吁进行生态文明建设，他在接受《中国环境报》采访时指出："生态文明是人类既获利于自然，又还利于自然，在改造自然的同时又保护自然，人与自然之间保持着和谐统一的关系。"[①] 此后，也有不少学者对生态文明的内涵进行探讨。如徐春认为，生态文明是人类文明的一种新形态，体现了人与自然的和谐状态。[②]

生态文明基于"人—社会—自然"三者之间的和谐发展，它的提出，体现着党和政府对于可持续发展理念的认识深化。党的十七大报告就将生态文明建设的目标与产业结构的调整、增长方式和消费模式的转型结合起来，党的十八大报告又进一步强调，党的十九大报告则将生态文明建设推到新的高度。

生态文明作为一种绿色文明，它不仅要求我们努力改善人与自然的关系，优化经济发展与环境保护的关系，更要求我们调整生产方式、社会管理方式、文化价值观以及生活方式，以可持续性为原则，来构造一个人与自然和谐发展的文明社会。20 世纪 70 年代以来，中国工业化进程加速，生态环境恶化和资源短缺等问题也日益严重，加上当前中国虽然在经济上已经逐渐进入了高度发达的消费社会，但在社会组织建构上却明显滞后，仍然不可避免地走上了西方国家"先污染，后治理"的发展老路，而生态文明建设的提出，正是对中国旧的发展模式和社会组织形式的深刻反思。

---

① 刘思华：《生态文明与可持续发展问题的再探讨》，《东南学术》2002 年第 6 期。

② 徐春：《对生态文明概念的理论阐释》，《北京大学学报》（哲学社会科学版）2010 年第 1 期。

（二）　生态文明对环境价值观传播的内在要求

大为·格里芬认为，生态文明是一种后现代文明，后现代思想，是环保运动的哲学和意识形态基础。① 它要求基于新的环境伦理和价值观范式，重建人类生产方式和生活方式，实现人与自然的和谐发展。而社会成员的价值意识和生态观念的更新是实现生态文明的基础，它要求公民成为具备生态价值观念的环境友好型公民，这就提出了环境公民身份建构的要求。具体而言，生态文明对于环境价值观传播的内在要求包括：

（1）人与自然和谐相处的生态理念。在生态文明的理念之下，人与自然之间是一个和谐共存的有机整体，人类既有合理利用自然资源的权利，同时更应当承担起保护生态环境持续发展的责任。而提高人类对自然的适应能力、利用能力和修复能力，实现人与自然的和谐发展，这不仅需要生态科技的发展，更需要人们生态价值观念的更新，环境公民身份的建构过程正是人们环境价值观和生态理性的培育过程，它是生态文明建设的内在要求。

（2）可持续性的社会发展模式。它反对工业文明对自然掠夺式的生产方式，要求实现经济的发展与生态环境保护的平衡。而基于生态可持续性的环境公民身份，也要求培育具有生态理性和高尚德行的环境公民，主张个体公民履行对生态环境的责任和义务，这有助于推动可持续性社会发展模式的形成。

（3）绿色的消费方式和理念。不同于工业文明"消费至上"的享乐主义价值观和消费方式，生态文明要求实现消费方式和理念的转换，建立从资源环境实际情况出发的适度消费和绿色消费的理念和方式。而环境价值观传播和环境公民身份建构通过对绿色生活方式的倡导来培育公民的生态理性，这也有助于建立生态文明所主张的绿色消费理念。

（4）公正合理的生态制度。生态文明还要求建立公正合理的

---

① ［美］大卫·格里芬：《后现代精神》，中央编译出版社 1998 年版，第 157 页。

生态制度，具体包括生态化的法律法规、基于合作原则的环境治理机制及考核体系等。环境价值观传播和环境公民身份主张公民积极参与到环境决策的过程中，对环境治理及决策进行监督，这也是公正合理的生态制度建设的一部分。

总之，生态文明是一种绿色文明，它要求实现人与自然的和谐相处以及经济和社会的可持续发展，它的关键在于实现社会成员的价值意识和生态观念的更新。而环境价值观传播和环境公民身份建构要求培育具有生态理性和高尚品德的环境友好型公民，并主张公民积极参与到环境治理与决策过程中，这有助于实现社会成员生态价值意识的更新，有助于推动生态文明建设的进程，因此，环境价值观传播和环境公民身份建构也是生态文明建设的内在要求。

三、环境传播的公共性诉求与环境价值观传播

"公共性"是从古希腊的"公共"一词中派生出来的，它在本质上是为公众的公共利益而服务，它是政治民主化的重要表征之一。公共性在汉娜·阿伦特和哈贝马斯那里都被看作是公共领域，汉娜·阿伦特认为，城邦就是一个公共领域，人们可以在其中进行参与和交流，而公共性则在公共领域中得以彰显。她还认为，公共性一方面意味着公开，另一方面它还是一个人们共同生活于其中的生活世界，需要人们的广泛参与。① 哈贝马斯更进一步认为，公共性的本来意义表现为一种民主原则，它要求每个人都有机会平等地表达自己的意见，并且当这些意见经过公众批判而形成一种公共舆论时，公共性才能实现。② 黄宗智则主张使用"第三领域"的概念，他认为，在中国，私人领域受到严格限制，而国家和社会之间也没有完全分离，在这种情况下，应当创建一个国家与社会都可以

① ［德］汉娜·阿伦特：《公共领域和私人领域》，刘锋译，载王晖、陈燕谷：《文化与公共性》，北京三联书店1998年版，第81页。
② ［德］哈贝马斯：《公共领域的结构转型》，曹卫东译，学林出版社1999年版，第252页。

参与其中的第三领域或第三空间。①

　　从理想状态来看，公共性的诉求主要表现为公开性、理性批判性和公共利益性的三者统一，但在实践中却经常出现分离现象。②在中国，由于新闻专业主义的理念推动以及知识分子的积极参与，大众传媒的公共性不再仅仅存在于应然状态，也具备了部分的实然性。在环境传播领域，作为一种关注环境议题，传播环境价值观和生态理性，并旨在改变社会传播结构和话语系统的传播实践，环境传播的公共性诉求也是人们对它的期望。加上环境本身具有典型的非竞争性和非排他性，是最大的公共物品，它关系到全人类的共同福祉，因而具有公共利益性。因此，环境传播的公共性诉求也有了实现的可能，这就构成了环境价值观传播和环境公民身份建构的第三个实践背景。具体而言，环境传播的公共诉求及对环境公民身份建构的要求如下：

（一）展现环境问题的公开性

　　这里的公开性是指，事物从被掩盖的状态中逐渐显示出它原来的形貌。由于被遮蔽的事物是无法显示其价值也无法表现其意义的，公共性首先就要求将这些原本被遮蔽的事物发掘出来，让人们意识到它的存在及重要性。在中国，自然环境一直作为被改造的对象而存在，而环境问题也一直受到经济发展问题的遮蔽，直到环境风险事件出现时，人们才意识到环境保护的重要性。而作为影响人们环境认知的重要方式的环境传播，它的首要任务便是赋予环境问题以一定的公开性，让人们能够认识到环境问题的现状，并树立合理的生态环境观念，从而影响人们的环境保护行为。在赋予环境问

---

① 黄宗智：《中国的"公共领域"与"市民社会"？——国家与社会间的第三领域》，载邓正来、J. C. 亚历山大：《国家与市民社会：一种社会理论的研究路径》，中央编译出版社 2005 年版，第 246 页。

② 许鑫：《传媒公共性：概念的解析与应用》，《国际新闻界》2011 年第 5 期。

题以公开性的过程中，环境传播中的公民身份建构问题也凸显出来，它以培育公民的环境理性以及促进公民的环境事务参与为任务，也是环境传播公共性的重要体现。

（二）关注环境公共事务，体现公共利益

这里的公共事务不仅是指与公权力相关的事务，更是指与公众相关的事务。环境问题的出现是工业社会以来，经济和社会发展与环境保护之间激烈矛盾的产物，它事关共同体所有成员的利益，它的公共性是不言而喻的。环境传播必须关注环境公共事务，并在传播中体现出一定的公共利益性，这是公众对于环境传播的公共性诉求。在环境传播表现公共利益的过程中，必须要解决"公众如何形成"① 的问题，而环境价值观传播和环境公民身份建构的目的在于赋予公民在共同体中生存与发展的相关环境资格，它既关系到公共事务问题，同时又体现出一定的公共利益性，因此，它也是环境传播公共性诉求的内在要求。

（三）创建一个理性批判的自由讨论空间

理性批判性是公共性的诉求之一，在环境传播中，它体现为是否提供了一个自由讨论的公共话语空间，是否参与并引发了公众有关环境公共事务的意见交流和讨论活动。而培养具有生态理性精神的公民，是这个公共话语空间和平台得以搭建的基础。环境公民身份建构正是一种培育生态文明和环境价值观的实践活动，它致力于培育公民的生态理性并提高公民参与环境事务的能力，是理性批判性形成的基础。因此，环境传播的公共性诉求也呼唤对环境价值观的传播和对环境公民身份的建构。

总之，环境善治目标的提出、生态文明建设的推动，以及环境传播公共性的诉求，都需要环境价值观传播和环境公民身份建构的

---

① 潘忠党：《传媒的公共性与中国传媒改革的再起步》，《传播与社会学刊》（香港）2008 年第 6 期。

加入，它们共同形成了环境价值观传播和环境公民身份建构的实践背景。

第三节　环境传播与环境公民身份建构的关系重塑

从环境传播的发展历程来看，其主要功能包括传递基本信息、揭示人与自然的关系、教化公民、动员环保行为等，而从环境价值观传播和环境公民身份建构的目标来看，培育具有生态理性的公民，并促进公民的环境决策参与，是当前环境公民身份建构的主要任务。因此，环境传播和环境公民身份建构二者之间存在密切的互动关系。

一、环境传播的变迁：从公民环境意识启蒙到公民参与的理念重塑

从环境传播的发展历程来看，自 20 世纪 60 年代，环境传播在西方社会诞生以来，它经历了从唤起人们对于环境风险的认知，发展到重视公民参与，改变环境传播的社会结构和话语系统的变迁过程，在这个过程中，公民越来越成为环境传播中的重要因素，而环境价值观的形塑则一直是环境传播的重要内容。

1962 年，蕾切尔·卡逊（Rachel Carson）出版了一本反思人类使用杀虫剂而造成生态灾难的著作——《寂静的春天》，一石激起千层浪，环境问题正式走进人们的视线。1969 年以后，《纽约时报》《时代周刊》《生活》《国家地理杂志》等著名的媒体，开始定期报道环境问题，以唤起人们对于环境问题的认识，进行公民的环境意识启蒙成为环境传播发展之初的重要理念。安德斯·汉森（Anders Hansen）考察了以大众传媒为主的环境传播对于公众环境意识的影响，他发现，20 世纪 60 年代公众在媒体的影响下开始关注环境问题，70 年代初公众环境意识达到顶峰，随后便逐渐回落，直到80 年代中期以后，随着环境报道的增加和传播方式的变革，公众对

于环境问题的关注又慢慢增加。① 赫兹伽德（M. Hertsgaard）也认为，1988 年是环境传播与公众意识关系的重要年份，这一年媒体进行了大量关于环境破坏造成的令人恐惧的后果的报道，从而唤起了人们对于温室效应的危机感，以及对于由工业生产而排入大气中的烟雾所造成的地球暖化的警觉。②

20 世纪 90 年代以后，在可持续发展观的影响下，环境传播的价值取向发生变化，人与环境的关系逐渐转变为环境与发展的关系，环境问题也成为全人类的共同任务，而环境友好型公民的培养和教育成为环境价值观传播的重要任务。随着全球生态灾难、环境秩序、环境伦理等进入环境传播的视野，公民的环境责任与义务意识以及公民参与等成为环境传播的重要议题，环境传播的社会教化功能更加突出。进入 21 世纪以后，在传播科技的推动下，环境传播的形式更加多元化，越来越多的普通公民进入环境传播领域，通过自己参与活动影响了环境传播新的结构性特征的形成。

虽然中国的环境传播进程要晚于西方，但也大致经历了从呐喊到"揭黑"再到理性传播的过程。尤其是 21 世纪以来，随着科学发展观和生态文明建设的确立，环境友好型公民的培养也成为环境传播的重要任务。在这一过程中，公民参与意识也有了显著增加，越来越多的公民主动参与到环境传播的过程中，推动了环境价值观的传播。而在环境传播的变迁过程中，公民意识的日益增加和公民参与的增多，也是环境公民身份正在形成的一个重要指标。

二、环境传播与环境公民身份建构的互动与互构

环境传播和环境公民身份建构之间有着共同的价值追求，也存在着密切的互动，二者相互推动，相互促进，具体表现为：

---

① Hansen A. The Media and the Social Construction of the Environment [J]. Media, Culter and Society, 1991, 13 (4).

② Hertsgaard M. Convering the World: Ignoring the Earth [J]. Greenpeace, 1990 (213).

（一）　环境传播对环境公民身份建构的推动

一方面，环境传播对环境价值观的传播和环境公民身份建构具有积极的推动作用，这种作用主要表现在知情、表达、动员以及环境公民培养等方面：

（1）推动公民环境信息知情权的实现。公民的环境信息知情权是环境公民身份的重要构成部分，也是公民履行自身环境责任、积极参与环境事务的基础。环境传播通过对各类环境基本信息的报道，对环境状况的报告，对环境污染和破坏事件的曝光，对环境决策和立法过程的报道，对环境知识和环保科技的介绍等，扩大了公民的环境信息知情权，推动了公民的环境伦理和环境理性的形成，实现了对环境友好型公民的培养。

（2）扩大公民的环境意见表达权。公民的环境意见表达权和话语权是公民参与的表现之一，也是环境公民身份的重要维度。在环境传播中，传统传媒、新媒体以及其他环境传播的渠道和平台，营造了一个个可供各类意见自由讨论的"绿色公共领域"和公共话语空间。在这个公共话语空间里，公民得以阐明自己对于环境风险和环境事务的认知及态度，表明自己的环境权利主张，实现自身对于环境决策过程的监督和参与，并能通过传播实践的形式来履行自己的环境责任和义务，这就实现了环境公民身份的赋权，加速了环境价值观的扩散和传播。

（3）提高公民的环境保护动员能力。在环境传播中，传播主体通过运用各种传播手段和方式，扩大了可持续发展理念和环境保护的社会影响力，提高环境保护活动及行为的社会动员能力，加速了这些环境价值观的传播，从而形成了环境公民身份建构的良好基础。在环境传播的作用下，更多的公众产生了生态理性和绿色意识，形成了环境公民身份的认同感，他们愿意并主动加入生态文明建设和环境公民身份的建构活动，进一步促成了新的环境公民身份建构活动的形成。

（4）促进环境友好型公民的培养。所谓的环境友好型公民指的是这样一类公民，他们的各种活动都以环境的承载能力为基础，以遵循自然规律为准则，竭力保护自然环境和生态平衡，倡导经济、社会与环境的平衡、协调发展。① 环境友好型公民是当前生态文明之下公民的理想形态，也是现阶段环境价值观的主要诉求，是环境公民身份建构的重要目标。环境传播通过对环境议题的科学、理性的阐释，影响了公民对于环境形势的判断以及对于自身环境权利与义务的认知，培养了公民的环境理性和绿色思想，使公民的环境伦理和生态观念上升到自身的环境友善行为，促进了公民对于环境宣传教育和环境决策民主监督的参与，推动了环境公民身份建构的进程。

（二）　环境公民身份建构对环境传播的促进

另一方面，环境公民身份建构活动对于环境价值观的传播和生态文明建设也有积极的促进作用，这种作用主要表现在对环境传播内容、平台、方式、内涵的促进与完善等方面。

（1）丰富环境传播的内容。环境公民身份是公民为了争取相应的环境权利和义务而采取的一种斗争模式和赋权模式，环境公民身份的相关建构活动往往蕴含着丰富的传播价值，是生态文明建设的重要内涵，这就为环境传播提供了新的议题，丰富了环境传播的内容。

（2）深化环境传播的内涵。当前的环境价值观传播和环境公民身份建构活动不仅主张争取不同地区、不同人群之间的环境利益及机会选择的平等性，更主张要实现不以伤害后代人的环境利益为代价的社会发展，这充分彰显了环境正义的精神，符合生态文明和环境价值观的诉求，深化了环境传播的内涵。而在某些重大的环境公共事件当中，公民的某些环境保护主张甚至会演化为相应的政策倡导行为，使得环境传播的内涵从监测和反映环境风险，延伸到了改变环境政治格局的领域，这就进一步深化了环境传播的内涵。

（3）推动环境传播方式的多样化。在环境价值观传播和环境公民身份建构过程中，只有不断探索新的科学的传播技巧和方式，

① 陈彩棉：《环境友好型公民新探》，中国环境科学出版社 2010 年版，第 39 页。

才能完成对生态理性和绿色生活方式的倡导，促使公民在主张自身环境权利的同时，更加重视并主动承担起相应的环境责任和义务，成为一个具有生态理性的品德高尚的公民，这在客观上丰富了环境传播方式，推动了生态文明的进展。

（4）促进环境传播平台的多元化。在环境价值观传播和环境公民身份的建构过程中，为了更方便地表达自身对于环境事务的态度及权利主张，越来越多普通公民借助于传播科技的发展，积极探索新的传播渠道和平台，大众媒体、网络、手机、平板电脑及其他移动终端等都被运用到环境传播中，推动了环境传播平台的多元化。

在环境传播过程中，电视媒体作为一支重要的力量，推动了生态文明建设和环境价值观的传播进展，也推动了环境公民身份的建构过程。

第三章 公民环境意识的形成与电视 媒体的环境价值观形塑

美国环境社会学家约翰·汉尼根（John A. Hannigan）认为，科学和大众传媒作为现代社会的两个要素，它们对于环境风险、环境意识、环境危机以及环境问题的解决办法等问题的建构具有极其重要的作用。① 自20世纪70年代末期以来，政府的环境意识和环境责任感逐渐增强，环境政策渐趋"绿化"。而在中国环境政治逐渐"绿化"的转型过程中，环境传播获得了快速发展的契机，环境传播中的公民意识逐渐觉醒，生态文明建设逐渐深入人心，环境价值观传播和环境公民身份建构也逐渐成为环境传播的重要内容，并形成了一套相对完整的环境价值观编码方式。

第一节 中国公民环境意识的形成

公民的环境意识表现为人们作为"公民"对于自身的环境权利与义务的一种心理认同与理性自觉，它是环境价值观传播和环境公民身份建构的基础。公民的环境意识由人们对环境问题的感知和态度，对解决环境问题的态度，为解决环境问题而采取行动的意愿，以及为这一活动做出多大程度的贡献的意愿等要素构成。生态文明建设需要人们树立"绿色意识"的环境价值观，如形成可持续发展和生态文明的绿色思想，培育自身的生态理性意识，努力履

---

① Hannigan J A. Environmental Sociology: A Social Construction Perspective [M]. London: Routledge, 1995: 40-57.

行自身的环境责任与义务，实践绿色消费和绿色生活方式，以及积极参与环境事务等。

不同于西方国家环境传播是从环保类新社会运动开始的方式，中国的环境传播是从政治话语系统的"绿化"首先开始的。随着中国政府环境政策的变革和环境治理思路的调整，环境传播作为一种重要的社会教化方式逐渐受到重视，一批环境记者和环保 NGO（非政府组织）逐渐成为环境传播的重要力量，公民的环境意识也随着环境传播的发展逐渐觉醒。20 世纪 70 年代以后，党和政府开始正视环境恶化问题，环境传播得以起步。90 年代以后可持续发展理念进入意识形态和环境传播之中，环境传播快速发展，2003年以后生态文明建设的步伐加快，政治话语和环境政治加速了"绿化"转型，并呈现出可持续发展和生态现代化相结合的结构性特征。在这种"绿化"转型的过程中，环境传播获得了极大的发展机会，生态文明的环境价值观得以传播，环境公民意识也逐步觉醒。一批环境记者和普通公民不仅努力践行节能环保的绿色消费理念，更主动要求承担起更多的环境责任，他们逐渐成长为具有绿色思想的环境友好型公民。

一、20 世纪 70 年代：中国环境传播的起步

中国的环境传播发端于 20 世纪 70 年代末期，它是在环境政治话语的"绿化"和环境破坏的社会现实的双重推动下得以起步的。

（一）政治领域环境意识的觉醒

环境问题作为一种严重影响人类社会的生存危机，是 1972 年以后才逐步进入中国人的视野范畴的。1972 年 6 月 5 日，联合国人类环境会议在瑞典首都斯德哥尔摩召开，中国政府首次派遣代表团参会。之后，政治领域的环境意识逐渐觉醒，环境保护和环境治理逐渐进入国家政治话语体系。1973 年，中国第一次全国性的环保会议召开，虽然并未引起媒体及公众的广泛关注，但会议通过了中华人民共和国成立后第一份环保类法规——《关于保护和改善

环境的若干规定（试行草案）》，确立了环保"32 字方针"①，凸显了国家和政府对于环境风险问题已经有了初步的认知，并且政府对于自身所应承担的环境责任意识有了更加清晰的认识，政治领域的环境意识得以觉醒。1974 年，国务院成立环境保护领导小组及其办事机构，次年，该小组将《关于环境保护的 10 年规划意见》及其具体要求下发到各省、市、自治区和国务院各部门，并要求参照执行。虽然政治领域的环境意识已经初步觉醒，但是，在 20 世纪 70 年代，由于"文革"混乱局面的延续，第一次全国环境保护会议的相关精神和规定并未得到真正的贯彻执行，政府环境政策的变化也没有引起媒体和大众的关注。

（二）环境传播的起步与公民意识的启蒙

20 世纪 70 年代前期，大众传播中的生态议题仍然被有关阶级斗争和解决温饱问题的问题所遮蔽，普通公民也尚未形成基本的环境公民身份认同。这一时期，中国的环境传播尚处于启蒙阶段，一批关注环境问题的科普读物，如《寂静的春天》《只有一个地球》等的翻译出版，以及一些环境类专门期刊的创刊，如《环境保护》（1973 年创刊），成为了环境传播与公民意识"启蒙"的先锋军。

环境传播的正式起步与公民意识的初步形成是在党的十一届三中全会之后，随着 1978 年将"环境保护"写入《宪法》以及国家对工业"三废"综合治理等环境工作的全面推进，环境传播得以正式起步。而经过政府的环境宣传，普通公民对于工业"三废"等环境知识也有了初步的认知，公民的环境意识逐渐萌芽。尤其是 1979 年 3 月 3 日，新华社发送了一条由记者傅上伦、李忠诚，通讯员李一功等人合作采写，由黄正根执笔的电讯稿《风沙紧逼北京城》，这篇稿件显示出部分环境记者的公民意识逐渐觉醒。在这篇文章的开头，记者写道：

---

①　即"全面规划，合理布局，综合利用，化害为利，依靠群众，大家动手，保护环境，造福人民"。

春天到来，生活在首都北京的人们，总想出去观赏一下明媚的春光。可是这时的北京却常常是风沙"迷人"，大风一起，大街小巷尘土飞扬，扑面而来的风沙吹得人睁不开眼睛。一旦尘暴袭来，首都上空更是一片灰黄，白昼如同黄昏。在城外，人们可以看到，永定河北岸，大红门以南，已经出现一片沙丘。这些情况表明，风沙已经在紧逼北京，大有"兵临城下"之势……①

这篇稿件是在新华社老社长穆青的授意和修改下完成的，记者运用诗意性的语言描绘了北京城风沙漫天的景象，率先向广大受众进行了环境风险和社会责任意识的宣传。在这篇文章中，记者还写道："实现四个现代化，要有一个现代化的环境。科学技术和先进设备可以引进，使人心旷神怡的优美自然环境只能靠我们来创造它。"字里行间流露出朴素的"绿色"思想，吹响了生态保护的第一声号角，各大报社、广播台纷纷转载，客观上起到了环境意识的社会"启蒙"作用。

二、20世纪80年代：环境传播中的公民意识觉醒

20世纪80年代以后，中国环境政治和社会话语系统的"绿色"程度明显提升，环境传播的力度随之加大，值得一提的是，这一时期电视媒体开始加入环境传播的大军，公民的环境意识也逐步觉醒。

（一）环境传播的初步发展

20世纪80年代以后，中国的环境问题日益突出，人口的急剧膨胀、环境的巨大破坏、资源的过度浪费等问题在环境传播中得到

---

① 黄正根：《一篇没做完的大文章：采写〈风沙紧逼北京城〉的回顾与思考》［EB/OL］.［2011-7-1］. http：//jjckb. xinhuanet. com/2011-07/01/content_318967. htm.

了正视，环境价值观传播和环境公民身份建构的问题也被纳入环境
传播的范围之内。1981—1983 年，国务院出台了两项环保工作规
定①，进一步明确了环境保护的重要性，并将环境技术改造纳入环
境保护的政治话语范畴。1983 年底到 1984 年初的第二次全国环境
保护会议召开之后，环境保护被纳入基本国策的范畴，"三建设、
三同步、三统一"②的战略方针也作为制度性规范被确立下来。随
后，环境管理部门的地位进一步提升。这些都反映出，20 世纪 80
年代以后，中国政治话语和社会话语系统在"经济发展—环境保
护"关系问题的认知上不再仅仅考虑经济发展，环境保护的因素
也成为重要参考，环境权责意识更加科学化，而政府的环境责任意
识明显增强，环境保护已经上升为政治议程中的重要议题，国家作
为生态保障型国家的服务者和管理者的地位也进一步突出。

　　政策经由大众传媒的传播，从而对公民的环境意识产生影响，
这种作用效果应该是十分明显的。20 世纪 80 年代，随着政府环境
意识的增强和环境政策的演变，环境传播得到了初步发展，并且初
步介入环境价值观传播和环境公民身份建构的范畴。1981 年 12 月
31 日，中央电视台制作播出了中国第一档自然环境类栏目——
《动物世界》，主持人赵忠祥用他那富有磁性的声音，向全国观众
介绍大自然中的各类生命形式，让人们从电视屏幕上重温人与自然
间本应有的和谐，唤醒了人们的环境意识。1984 年 1 月，中国第
一份环境类专业报纸——《中国环境报》诞生，这份报纸承担起
向人们告知环境污染现象、表彰治理功绩、号召大家共同保护环境
的宣传教化功能，也标志着环境新闻作为一个独立的报道领域在我
国出现。同年，国家环保总局和联合国环境署联合主办的综合性期
刊《世界环境》创刊，该刊物将国内外的先进环境技术、环保政
策等介绍给中国受众，拓展了人们对环境保护的认知。1986 年，

----

①　即 1981 年的《关于国民经济调整时期加强环境保护工作的决定》和
1983 年的《关于结合结束改造防治工业污染的几项规定》。

②　即经济建设、城乡建设同步规划、同步实施、同步发展，实现经济
利益，社会效益和环境效益的统一。

中国环境新闻记者协会在北京成立，这意味着中国环境传播已经有了一个共同体组织。在这一共同体的推动作用下，环境传播在建构基本的生态观念、塑造合理的公民环境权利与社会责任之间的关系、培养适应时代要求的环境公民方面都进行了一些初步探索。

（二）公民意识的觉醒

1987 年 2 月，中国参加了由挪威首相布伦特兰夫人主持的第八次世界环境与发展大会，大会提出的"满足当代人的基本需要，而不损害后代人利益"[①] 的理念和环境价值观首次传入中国，改变了中华人民共和国成立以来，中国政府和公民对于环境保护的认识，也影响了公民环境意识的形成。

20 世纪 80 年代以来，一批环境保护先驱者积极通过文本和影像生产的形式，主张公民的环境生存权和发展权等权利的实现，并呼唤公民承担起更多的环境责任。如作家沙青率先感受到了"大自然的沉重呼吸"，用生态报告文学的形式呼唤公众环保意识的觉醒，而报告文学家徐刚则诗歌式的笔法对中国的森林砍伐、水土流失等环境问题，以及植树节仪式化、作秀化等社会现象，进行了深刻的反思，他的《伐木者，醒来!》一文为绿色伦理的确立鼓与呼，被誉为"中国的蕾切尔·卡逊"。此外，《中国青年报》的"三色大火"系列报道则跳脱了一般环境报道局限于微观环境议题的窠臼，从整体的角度，深刻反思了人类面对经济发展与环境之间的关系问题时反复出现的短视现象，表现出了反对"人类中心主义"的强烈生态意识。而汪永晨的广播新闻《救救香山的红叶》和《还昆明湖一池清水》、张健雄的《崩溃的黄土地》、岳非丘的《只有一条江》、杨兆兴的《沙坡头世界奇迹》、陈桂棣的《淮河的警告》、黄宗英的《天空没有云》及《没有一片树叶》等，也从维护生态平衡的角度出发，深刻反思了人类的愚昧、贪婪和罪恶。这些环境报道作品的出现，不仅让更多的普通公民受到了绿色思想和

---

① World Commission on Environment and Development. Our Common Future [M]. New York：Oxford University Press, 1987：43.

意识的洗礼，传递了朴素的保护环境的价值观念，而且显示出这一时期，环境传播中的公民意识已经觉醒。

三、20 世纪 90 年代：环境传播中的公民意识发展

中国的环境传播在 20 世纪 90 年代发展迅速。这一时期，可持续发展不仅成为主导性思想，而且一大批环境保护者和环境保护机构的出现，将环境价值观传播和环境公民身份建构推向深入。

（一）环境传播的快速发展

20 世纪 90 年代，中国环境传播得到了一次空前的发展机会，可持续发展的理念逐渐主导了环境传播的过程，并加深了环境传播对价值观传播和公民身份建构的介入程度。1992 年，在联合国环境与发展大会即"里约会议"（也称"地球首脑会议"）上，"可持续发展"被参会各国广泛接受为总体发展战略，中国政府也向大会递交报告并阐明了关于可持续发展的基本立场和观点，新华社、《人民日报》、《科技日报》、《中国环境报》等多家媒体随行采访。1992 年 8 月，党中央和国务院批准了《环境与发展十大对策》，随后全国各大媒体纷纷开设专版或专栏，积极探讨环境保护与可持续发展问题，环境价值观和环境公民身份的相关理念得到了初步传播。

除了对"里约会议"的传播与报道外，1993 年开始的"中华环保世纪行"活动也是中国环境传播史上的一个关键事件。这一活动由全国人大环境与资源保护委员会联合中宣部等 14 个部委共同开展，《人民日报》、新华社、中央电视台等 28 家新闻媒体参与报道，在全社会产生了强烈的反响。有人认为，这一活动全面提升了中国环境传播的地位，[①] 这一评论是十分贴切的。随着"中华环保世纪行"成为一项持续性活动被坚持下来，每年该活动都会围绕一个主题，组织记者深入调研和实地采访。目前，该活动已经深

---

① 陆红坚：《环保传播的发展与展望》，《中国广播电视学刊》2001 年第 10 期。

入各地市，深刻影响了公众对于环境问题的认知，传递了可持续发展的环境价值观。

环境报道数量的增加和环保类节目的增多，这说明环境传播已经成为大众传播的一个重要领域。据"自然之友"的抽样调查显示，1994 年平均每份报纸刊登环境新闻 125.2 条，而到 1999 年则增长到 630.3 条，① 中国环境新闻的数量增长明显。

大量环保专栏和节目的出现，也显示这一阶段中国的环境传播得到了快速发展。1997 年 1 月，广西电视台在省级台中率先开办环境类专栏《生存空间》，集中报道经济发展过程中的资源、环境及人口问题。同年 3 月，国家环保局宣教中心与国际环境影视集团合作成立中国环境教育影视资料中心（EETPC），免费为各大电视台提供环保影视资料片，从而提高了环保类节目的质量。1997 年到 1998 年，数十家中央及地方主流媒体，配合环保总局组织的淮河沿岸企业污染排放大检查行动，推出了大量的监督性报道，在社会上产生了较大的影响。1999 年，许多媒体针对 1998 年的特大洪水灾害进行反思，环境新闻的类型从污染报道拓展到生态保育，也诞生了诸如《长江上游仍在砍树》《川西天然林的浩劫》《让沙尘暴来的更猛烈些吧》等获奖作品。这一年，中央电视台在"全国环境日"推出特别节目《为了绿色家园》，对长江源纪念碑揭幕仪式进行了直播报道。2000 年以后，中央电视台的环境节目逐渐增多，除了传统的《动物世界》《人与自然》等节目之外，又兴办了《环保时刻》《环保新干线》《地球故事》等节目。而地方台的环境类节目也如雨后春笋般涌现，如中国教育电视台的《环境聚焦》、湖北电视台的《幸运地球村》、北京电视台的《绿色经济》、江苏电视台的《绿色报告》、广西台的《生存空间》、凤凰卫视的《我们共有一个地球》等。其中，广西台的《生存空间》播出了保护野生动物的 60 分钟特别节目《生灵的浩劫》《"美食"的悲哀》

---

① 杨东平、王力雄：《中国报纸环境意识：1997 年》，载郝小林、徐庆华：《中国公众环境意识调查》，中国环境科学出版社 1998 年，第 188~223 页。

《善待我们的朋友》《共有的家》，获得了 2000 年全球环境媒体报道奖（国际自然保护联盟和路透基金会联合设立），这也是中国媒体首次获得这类奖项。这些作品都共同传递了可持续发展的理念和环境价值观，让环境保护深入人心。

环保 NGO（非政府组织）的兴起是这一时期环境传播中的重要事件，它们成为环境传播的重要力量。1993 年 6 月 5 日，梁从诚、杨东平、梁晓燕和王力雄等人发起了中国民间环境研讨会"玲珑园会议"，次年 3 月 31 日，自然之友成立，该机构也成为最早在民政部注册的民间环保组织。1996 年，著名记者汪永晨牵头创办了以新闻记者为核心成员的环保 NGO（非政府组织）"绿家园志愿者"，该组织多次举办环保讲座，成为培养环境记者和环境保护志愿者的摇篮。

（二）公民意识的发展

在环境传播的快速发展过程中，环境保护的观念逐渐深入人心，为环境价值观的传播和环境公民意识的培养创造了良好的基础。1992 年，中国召开了第一次全国环境教育工作会议，推动了环境教育体系的制度化与规范化。而随着中国环境教育体系的不断完善，环境公民意识也得到了极大发展。

每当环境风险发生时，环境记者和公民记者都争相发声，把一个个区域性的环境议题扩大为全国性公共议题，在曝光环境危机的同时，也彰显了生态伦理和环境正义，完成了将公民从普通的"消费者"转变为具有绿色思想的环境友好型公民的过程，实现了环境价值观的迅速传播和公民环境意识的极大发展。如中央电视台的陈响元、四川电视台的彭晖、深圳电视台的刘宇军等人自 1998年以后多次进入可可西里地区，拍摄制作了大量的反盗猎纪录片，唤起了人们保护藏羚羊的意识。而以汪永晨为代表的一批环保记者，他们不仅报道环境新闻，更发起了一系列环保活动，身体力行地探索着如何成为一名优秀的环境友好型公民，他们的行为促进了环境传播结构的变化，是践行环境公民身份的一种努力。值得一提的是，环保 NGO（非政府组织）也承担起了培养环境公民的责任，成为建构环境公民身份的重要力量，如"自然之友"、"绿家园志愿者"等，在这些组织的努力下，中国公民的环境意识得以强化。

四、21世纪以来：环境传播中的公民意识强化

21世纪以来，随着中国环境政治的"绿化"转型及党和政府的政策推进，可持续发展和生态文明等观念逐渐成为主导性的环境价值观，节能环保、低碳城市、绿色家园等逐渐成为环境传播的重要议题，而在党和政府政策层面的积极推进下，中国的环境传播逐渐上升到国家传播的战略层面①，环境传播得以蓬勃发展。

（一）环境传播的蓬勃发展

21世纪以来，随着中国政府环境政策日益"绿化"，环境传播遇上了"千载难逢"的发展机会。2003年，在党的十六届三中全会中，"科学发展观"作为一种新环境范式被提出来，它强调在实现经济发展的同时，要统筹人与自然的和谐发展，坚持走生态良好的文明发展道路，是中国政府对可持续发展观的一种解读，也是政府面对持续上升的环境压力的一种回应。同年，国务院印发《中国21世纪初可持续发展行动纲要》，明确提出利用大众传媒和网络广泛开展环境教育，环境价值观的传播加速。2004年以后，国家在全社会范围内推动节约能源和提高能源利用率的改革，"资源节约"和"环境友好"被作为一种绿色生活方式介绍给广大民众和企业组织，环境价值观的传播介入公民的行动维度。2010年以后，党和政府又大力推进生态文明建设，生态文明主张人与自然之间和谐共存，强调生态伦理和环境正义，以实现经济和社会的可持续发展为目标，是一种绿色文明。党的"十七大""十八大""十九大"更将生态文明建设和"美丽中国"建设联系在一起，全面推进相关制度改革，深化环境治理。环境政策的改变为环境传播的

① 郭小平：《环境传播：话语变迁、风险议题建构与路径选择》，华中科技大学出版社2013年版，第70页。

发展创造了良好的条件，在此驱动之下，中国环境传播出现了蓬勃发展的局面，具体表现为：

1. 环境传播的领域向"大环境"的拓展

环境理念的变化也带来了环境传播领域的拓展，随着科学发展观和生态文明思想的确立，人们对于环境问题的认知更加宽泛，环境传播的领域也不断拓宽。不同于 20 世纪 70—80 年代以"爱国卫生运动""工业三废治理""保护环境呐喊"为主的环境传播活动，也不同于 90 年代以环境"揭黑与曝光"为主的环境传播活动，①21 世纪以来的环境传播在领域方面有了较大的拓展。环境传播由过去的"小环境问题"发展到"大环境问题"，由单纯的环境保护宣传活动拓展到探讨环境与政治、经济、法制、科技、文化、生活等各方面的协调发展。如 2003 年 10 月 27 日，《新民晚报》在"绿色家园"版上刊登了《环境也是生产力》一文，以维也纳的发展为例，深刻反思了中国城市发展的问题。② 2007 年，中央电视台社会与法频道的《中国法治报道》栏目与长江流域水资源保护局联合开展的大型媒体活动——"长江行动"，聚焦长江沿岸的生态问题和节能减排问题，在全社会形成了广泛影响。而在 2008 年的北京奥运会期间，中国还将"绿色奥运"的理念贯穿始终，并借助媒体的全方位报道，传播了绿色环保的价值观念。③

2. 环境传播的形式向公民参与等多样化发展

21 世纪以来，环境传播有了较大的发展。20 世纪 70 年代，环境传播的主要形式是政府的环保宣传和大众传媒的环境报道，而21 世纪以来，大众传媒与环境执法部门、环保 NGO、普通公民等联动传播的情形越来越普遍。如 2003 年《中国青年报》的张可佳和中央人民广播电台的汪永晨，在报道都江堰杨柳湖工程和怒江建

---

① 陈玉、王大勇：《建立环境新理念下的媒体报道新视角》，《编辑之友》2009 年第 2 期。

② 李立峰：《顺服和保护它，回报出乎意料之好：环境也是生产力》，《新民晚报》2003 年 10 月 27 日。

③ 郭小平：《环境传播：话语变迁、风险议题与路径选择》，华中科技大学出版社 2013 年版，第 70 页。

坝工程中，积极争取与非政府组织，如联合国教科文组织驻京办事处、"绿家园"组织等，进行联动与合作。而天津电视台的《绿色地球村》节目还经常组织市民考察城市中的环境污染问题，并开展"环保金点子行动"，鼓励市民参与到环境决策过程中。此外，不少热心于环境保护的公民记者还借助于互联网、手机等新媒体力量，参与到环境传播的过程中，成长为"绿色"公民。如曝光黄冈毁林事件的打工仔李清平、通过网络博客记录厦门 PX（对二甲苯）事件进程的厦门市民连岳、借助行为艺术和身体叙事反对垃圾焚烧厂项目的普通业主樱桃白、持续关注全国各地环境污染问题并拍摄《中国污染》的知名摄影记者卢广等。

　　3. 环境传播的渠道与组织机构更加多元化

　　21 世纪以来，中国环境传播的渠道日益多元化，除了传统的报纸、广播电视、书籍、期刊以外，互联网、手机和社交媒体等新媒体形式，也越来越多地被运用到环境传播中，扩大了环境传播中的公民参与力度。此外，环境传播组织机构也更加多元化，除了国家环保总局、地方环保局等行政管理机构及其组织之外，各类媒体和环保 NGO（非政府组织）等也成为重要的环保组织，进一步扩大了环境传播的影响。例如环保部的微信公众号"环保部发布"于 2016 年 11 月 22 日上线，2018 年 3 月 22 日更名为"生态环境部"，该微信公众号设置了"空气质量""环保矩阵""污染举报"等专栏，除了定期发布各类环境质量信息和环境治理政策之外，还将全国各地的环保部门的微信公众号纳入矩阵中，方便用户获取信息，值得一提的是该公号开辟的"12369"污染举报热线自动匹配地理信息，让用户可以随时举报污染问题，增加了公民环境保护的参与感。

　　4. 大众传媒环境传播及环境报道的常态化

　　大众传媒环境传播及环境报道的常态化，也是近年来中国环境传播蓬勃发展中的突出现象。据统计，每年 3—4 月是大众传媒环境报道较为集中的时期，以植树节、地球日、爱鸟日等纪念日活动为主线，大众传媒会制作大量的环保题材内容，而 6 月则是环境报道的最高峰，伴随着世界环境日的到来，媒体的环境报道达到顶

峰，到了 10 月以后，环境报道又会有一个小的反弹。① 这一现象
也说明，环境传播已经成为中国大众传媒的一个常态性议题。而环
境专栏的开辟也是环境传播常态化的表现。如《人民日报》《南方
周末》等具有全国性影响的报纸相继开辟了"绿版"，《中国青年
报》、"中青在线"与"绿岛志愿者"合作建成"绿网"，而中央
电视台和各省市电视台也制作播出了大量的环境保护类专题、专栏
和纪录片等节目。2010 年 5 月 19 日，环保部宣传教育司还与中国
广播电视国际经济技术合作总公司签署《绿色传媒战略合作框架
意向》，正式启动"共担环保重任，打造绿色传媒"的工程。在新
媒体方面，网易和财新网专门开辟了环境类数字新闻报道板块。

（二）公民意识的强化

在环境传播的影响下，可持续发展的生态观念与中国传统文化
中的朴素生态主义汇流，共同构成了当前最主要的生态价值观，公
民不再作为单纯的经济建设者的形象出现，环境保护成为可持续发
展观赋予公民的新社会责任。而经过了圆明园防渗膜事件、深港西
部通道事件、北京输电线路工程事件、六里屯垃圾焚烧厂事件、厦
门 PX 项目事件、番禺垃圾焚烧项目事件、上海松江区居民的反对
垃圾焚烧事件、广东茂名 PX 项目事件等许多环境维权运动的洗礼
之后，普通公民的环境意识得以强化，他们的维权呼声也日益高
涨。面对这种情形，2006 年，环保总局发布《环境影响评价公众
参与暂行办法》，把公民参与作为一种制度性安排写入规章制度。
2007 年，又相继颁布《环境信息公开办法（试行）》《突发事件
应对法》等法规，通过立法的形式保障了公民的环境信息知情权。
此后，各级环保部门也基本做到了及时公开污染指数，公布重大环
境公共事件，完善污染举报平台等相关传播活动。

而随着环境公民权利与责任合法性地位的确立，中国公民的环
境意识也逐步强化。2003 年由中国人民大学和香港科技大学等机

---

① 郭慧：《科学发展观与我国的环境新闻报道》，《新闻战线》2006 年
第 4 期。

构联合开展的中国综合社会调查（城市部分）①，2007 年由联合国开发计划署、国家环保总局和商务部共同发起的"中国环境意识项目"调查②等相关调查结果都显示，超过 80% 的人都对环境问题的严重性有了清晰的认识，并表示愿意参与环境保护。尤其是《2013 年中国城市居民环保态度调查报告》更显示出我国公民的环境意识相比从前有明显增强，有 77.2% 的人认识到环境保护优于经济发展，超过 90% 的人表示愿意将垃圾分类，有 63.5% 的人愿意为环保组织捐款，77.1% 的人愿意为环保组织做义工。③

总之，经过 40 多年的发展，中国的环境传播获得了极大的发展，借助各种渠道和形式，环境议题的生产与"绿色"意义的开掘得以进行，而随着可持续发展理念和生态文明建设战略地位的确立，环境价值观的传播日益深化，公民的环境意识逐渐强化，环境公民身份建构的诉求也日益增强。

第二节　新环境范式的书写：传统电视媒体的环境价值观建构

在现代社会中，电视媒体是人们最重要的信息获取渠道之一。而由以电视媒体为代表的大众传媒所建构起来的一套符码系统，深刻地影响了人们的认知，李普曼称之为"拟态环境"，吉登斯则称之为"共同知识"（mutual knowledge）。电视媒体对环境问题的描述方式和报道框架，对于经济发展与环境保护之间关系的表意呈现，对人们环境权利与义务的解释方式，对于绿色公共空间的建

---

① 洪大用、肖晨阳：《环境友好的社会基础——中国市民环境关心和行为的实证研究》，中国人民大学出版社 2012 年版，第 17 页。

② 中国环境意识项目办：《2007 年全国公众环境意识调查报告》，2011 年 7 月 6 日，百度文库（http：//wenku. baidu. com/link？url = EF7b4PHHKMTVs UlKrPtE7XxdrMJzlcueWHMX-A1LI6WyCYj7O9N3F7DmkfJ1kXd　4VF ＿ ATN0WsEru8 fJI0NWY7-JYXvKLLEOOY ABKCw4OYz7）。

③ 预见于事：《环保部自废"公众参与"的利器，怎不弱势？》，2013 年 7 月 11 日，网易-网易论坛（bbs. news. 163. com/bbs/shishi/336580940. html）。

构，都直接影响了人们对于环境现状的认知和态度，以及对于绿色公民身份的认同。正如安东尼·吉登斯所指出的，符码之间有着千差万别的意义关联形式，各种符号秩序和与之相联系的话语形态是意识形态在制度方面的焦点。[1] 通过这种表意维度的符码建构，电视媒体形塑了一套关于环境公民身份的解释性规则。因此，要探讨电视媒体中环境公民身份的建构过程，就必须分析电视媒体在环境议题方面的符码建构方式。

在中国，电视媒体仍然是第一大媒体，尤其是中央级电视媒体拥有绝对的权威性，它们不仅是官方意识形态及话语体系建构和传播的重要场域，而且是影响公众认知和公众议程的重要因素。电视媒体通过引导式解读的符号编码方式，参与形塑了公民对于环境问题的认知过程，影响了他们对于人与自然关系的认识，以及对于人们自身环境权利与义务的判断。同时，电视媒体还通过文化消费的方式，将绿色思想、绿色消费和绿色生活方式等"绿色"意象"售卖"给公众，从而完成了对环境价值观的建构。

一、传统电视媒体中环境价值观建构的总体概况

传统电视媒体是环境价值观和环境公民身份建构的重要场域，而它对价值观的建构过程，是通过引导式解读的方式来完成的。这在中央级电视媒体的新闻类节目中体现得更为显著，例如《新闻联播》。由于本书旨在观察当前我国的传统电视媒体如何在常规性新闻报道中呈现环境议题并建构环境价值观念，因此选定一个代表性栏目作为考察对象并不会妨碍上述目标的达成。

选择《新闻联播》主要基于以下原因：第一，《新闻联播》是中国电视新闻栏目中收视率最高、影响力最大的一档栏目。目前，中央电视台以其 98.2% 以上的人口覆盖率，[2] 成为受众接触面最广

---

① [英] 安东尼·吉登斯：《社会的构成：结构化理论大纲》，李康、李猛译，北京三联书店 1998 年版，第 98 页。

② 蔡赴朝：《深入推进广播影视改革发展为实现中华民族伟大复兴中国梦贡献力量》，《光明日报》2013 年 12 月 25 日第 7 版。

泛的媒体，而《新闻联播》作为一档已创办 30 多年的节目，它也是当前中国影响力最大的一档电视新闻栏目。据 CSM 调查数据显示，2010 年、2011 年、2012 年中央级频道的收视份额分别为 35.9%、35.9%和 37.8%，而在常态新闻节目中，综合频道的王牌节目《新闻联播》仍是观众收视首选。① 毫无疑问，当前在中国大陆地区，还没有哪一档节目的政治意义和影响力能超过《新闻联播》。第二，《新闻联播》是整个中国宣传系统中最具有象征意味的意识形态符号，也是国家官方意识形态最重要的话语空间之一。《新闻联播》对内容的安排、播报的方式、出场人物的排序、镜头长短等，都被视为最具权威性的官方话语发布，就连主持人的发型和着装，也深深影响着中外人士对于国家时局的判断，而每晚 7：00 准时观看《新闻联播》也成为许多人的一种生活习惯。因此，分析《新闻联播》的环境价值观编码方式具有重要的符号意义。第三，除了政治意义之外，《新闻联播》还被视为中国电视新闻栏目的优秀范本之一，它是众多集纳型新闻栏目，尤其是地方新闻栏目模仿的对象之一，这在某种程度上也是中国新闻业界对于该栏目的一种认可。因此，以该节目为分析对象可以达到"举一反三"的效果。

而之所以选择 2003 年以来的环境新闻报道，是因为 2003 年以后，面对反复发生的环境公共事件，中国政治话语系统的"绿色"转型趋势更加明显。这一时期，党和政府不仅将生态文明建设提到了发展战略的高度，而且也出台了一系列法律法规为公民的环境信息知情权和参与决策权提供合法性保障，可持续发展的生态理念更是成为当前社会的主流话语。在这种社会背景下，传统电视媒体也在环境传播中突出了对环境价值观的建构，环境价值观建构进入了一个快速发展的新时期。

由于《新闻联播》的环境价值观的书写方式和建构方式深刻影响了其他电视媒体的环境传播行为，为了解读这一方式，本书选

---

① 包凌君：《2012 年新闻节目收视回顾》，《收视中国》2013 年第 2 期。

取了 2003—2014 年的《新闻联播》作为样本①，样本量达 1794 份（参见表 3-1 和图 3-1）。

表 3-1 **2003—2014 年《新闻联播》环境报道样本**

年份（年）	2003	2004	2005	2006	2007	2008	2009	2010	2011	2012	2013	2014	总计
样本数量（条）	128	63	176	177	217	85	127	186	216	115	183	120	1793

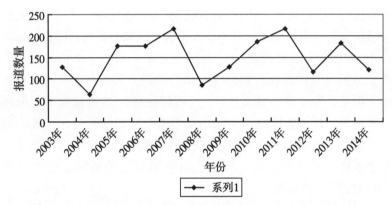

图 3-1 2003—2014 年《新闻联播》环境议题报道数量变化趋势

所谓原生类环境新闻及纯环境信息是指，自然发生的环境现象，如天气变化、自然灾害、各类疾病、自然风光介绍、动植物迁徙等。而次生类环境新闻及信息是指，由于人类的活动或者人类行为的影响或干扰而发生的环境问题及现象。在传统电视媒体的环境公民身份建构过程中，由于原生类环境新闻及纯环境信息并不包含明显的环境公民身份编码过程，因此我们在搜集样本时排除了相关的新闻，而主要以各类次生环境新闻为主。根据所获取的样本，我们发现，以《新闻联播》为代表的传统电视媒体更加偏重于对环

---

① 由于研究时间的限制，在实际操作过程中，本书的研究样本截至2014 年。

境治理与生态建设、环保活动与环保人物、环保产业与科技、环境观念与知识以及环境污染与破坏等环境议题的报道，且大多数报道是围绕重要的环保会议和环保活动展开的。如 2013 年 5 月 10 日有关环保活动的报道就达到了 4 条之多，这说明当前传统电视媒体的环境公民身份建构仍然具有明显的运动式宣传的特点。

从图 3-1 中我们也可以发现，《新闻联播》在次生类环境新闻的报道量方面也存在着明显的波动，波谷主要集中在 2004 年、2008 年等年份，而巧合的是在这些年份中往往出现了其他的重大新闻事件，如 2004 年的宪法修订、雅典奥运会，2008 年的冰雪灾情、汶川地震、北京奥运会等。这也表明传统电视媒体在环境公民身份的建构过程容易受到政治话语系统和仪式性传播任务的双重影响。

在环境公民身份建构的符号系统运用方面，《新闻联播》越来越灵活化、多元化，除了运用传统的纪录片影像和主持人出镜播报等视觉传播方式以外，图表、图示、图片、字幕、照片、动画、PPT（演示文稿）以及多窗口播报等多媒体视觉传播符号，也被用来进行环境公民身份的符号释义和意义表征。

为了进一步分析《新闻联播》环境公民身份的具体编码方式，本书又针对已经获取的样本进行了系统抽样。方法如下：本书选择 2003 年的第一个完整星期的星期一（即 2003 年 1 月 6 日）作为起始点，并以 8 天作为间隔，连续抽样，直至 2014 年最后一个完整的星期为止，共抽取 543 天。在 543 天之内，《新闻联播》共播出 340 条次生类环境新闻，本书以此为研究样本。3 名编码员参与了样本的收集与编码，信度分析值为 95%。在具体分析方法方面，本书以 SPSS for Windows 19.0（"统计产品与服务解决方案"软件）作为基本分析工具，并从频数（frequency analysis）、卡方（Chi-square analysis）与相关性（correlation analysis）三个方面展开分析。为了研究《新闻联播》环境公民身份建构的多个面向，本书建构了如下类目：

（1）议题内容。

在环境报道的议题内容方面，本书建构了以下几个类别：①环境污染和破坏行为报道；②环境治理和生态建设报道；③环保人物和环保活动报道；④环境法规和环保执法相关报道；⑤环保产业和科技报道；⑥环保观念和知识相关报道；⑦生物多样性保护相关报道；⑧环境会议和环境提案，主要包括各部门所召开的环境保护类会议的报道，以及各级人大、政协等相关部门的代表所提出的环境问题相关提案的报道；⑨其他，即其他各类与环境问题相关的报道。

（2）报道形式。

电视新闻节目的报道形式深刻影响了环境公民身份建构的话语形塑过程，对此，本书建构了以下几个类别：①消息；②专题；③评论；④其他。

（3）消息来源。

消息来源指的是新闻资讯或线索的提供者，以及在报道中以直接或间接的方式表达意见或观点的人员。有的报道明确交代了新闻来源，有的报道没有明确指出，但可以通过记者或主持人的叙述来推断消息来源。本书将消息来源细化为三个子类目，即消息来源的类型、话语被引述者和意见的多元程度①。

其中，"消息来源的类型"指的是新闻线索从哪里获得，本书建构了以下几个类别：①党政机关及其工作人员；②专业技术人员或其他社会精英人士，如各类专家、学者、科技工作者等；③事业或商业机构；④环保 NGO（非政府组织）或第三方治理组织；⑤普通公民；⑥其他人员。"话语被引述者"指的是报道中观点、意见被直接或间接引述的相关人员，本书建构了以下几个类别：①党政机关及其工作人员；②专业技术人员或其他社会精英人士，如各类专家、学者、科技工作者等；③事业或商业机构；④环境NGO（非政府组织）或第三方治理组织；⑤普通公民；⑥其他人员。另外，若在某一篇报道中同一人的话语多次被引用，仅以一人计算；若在报道中话语或意见被表述为某一类人，如"不少居民

---

① 夏倩芳、张明新：《社会冲突性议题之政党形象建构分析——以〈人民日报〉之"三农"常规报道为例》，《台湾新闻学研究》2007 年第 4 期。

反映"，则计算为一次。而"意见多元程度"反映的是多方意见被引述时，观点是否存在冲突，或者是否与主题存在冲突。本书将其细化为以下几个类别：①无多元意见被引述；②意见引述一致；③意见引述不一致但不冲突；④意见引述不一致且有冲突。

（4）解决环境问题的主体形象建构。

对解决环境问题多元主体的选择及形象建构是环境公民身份媒介建构的重要维度。对此，本书将解决环境问题的主体细化为：①国家及政府机构；②环保 NGO（非政府组织）；③各类相关经济体，如企业、公司等；④普通公民；⑤其他，当样本中出现多个主体时，将根据其重要程度来判断，如果程度相似，则计算为双主体或多主体。

在大众传媒对解决环境问题的主体形象建构方面，本书又具体细化为行为层面的形象和价值层面的形象两种，其中，前者考察的是主体的行为是主动的还是被动的，本书将之建构为以下类目：①施动者，主要指的是行动者的行为是主动进行的；②受动者，指的是行动者的行动是被动进行的；③其他，如某地方政府通过投资和消费引导，加大对节能环保产业的支持力度，为百姓带来更多碧水蓝天，政府即属施动者（主动），普通公民则为受动者（被动）。而后者关注的是媒体对这一主体的行为的价值评判，本书将相关类目建构分为：①正面；②中性；③负面。

（5）环境公民身份的建构方式。

环境公民身份是个体在特定的时空情境中，为了获得在环境政治秩序中的成员资格，为了争取基本的环境生存权、发展权、知情权、参与决策权等权利，以及为了履行对生态环境及对未来子孙后代的所应承担的基本义务，而采取的一种旨在改善生态环境质量的斗争模式。本书根据环境公民身份的内涵确立了以下变量：基本生态观念、对人类发展与环境保护关系的态度、对公民的环境权利与义务关系的态度，以及环境伦理及价值观范式。

在基本生态观上，本书建构了以下类别：①坚持"人类中心主义"；②坚持"生态中心主义"；③主张可持续发展及生态文明；④其他生态观念；⑤无明确的生态观念。

在人类发展与环境保护关系的建构上，本书建构了以下类别：①环境保护优先；②经济发展优先；③寻求经济发展与环境保护的平衡；④无明确态度。

在对公民的环境权利与义务关系的建构方面，本书建构了以下类别：①侧重环境权利，如"公民有基本的生存权"等；②侧重环境义务，如"公民应该发挥主动，从我做起，从身边的小事做起"；③二者的平衡，既重权利又不忽视义务；④无明确态度。

在环境伦理及价值观范式的建构方面，本书从问题呈现的模式和价值观的叙述模式两个变量入手，针对问题呈现的模式，本书建构了四个基本类别：①没有问题被呈现；②呈现已经解决的问题；③呈现解决中的问题；④呈现尚未解决的问题。而在价值观的叙述模式上，本书建构了以下类别：①数据模式，即除了日期以外，通过大量的数据信息来表述事实，本书的具体判断标准是将那些达到或超过 6 个数字/200 字、10 个数字/500 字、15 个数字/1000 字、20 个数字/2000 字的样本，判断为数据模式；②细节/案例模式，即用细节描写或相关案例的方式来说明问题；③二者的混合；④概述模式，即通篇采用概括、介绍的方式来表述问题，常用于成果和经验的介绍；⑤其他，即不明显表现上述任一种叙述模式。①

围绕上述类目，本书尝试回答以下问题：

RQ1　《新闻联播》环境议题报道是如何建构基本生态观念的？

RQ2　《新闻联播》环境议题报道是如何形塑人类发展与环境保护关系的？

RQ3　《新闻联播》环境议题报道是如何建构公民的环境权利与义务关系的？

RQ4　《新闻联播》环境议题报道是如何对环境公民身份建构所需的基本环境伦理及价值观范式进行编码的？

---

① 夏倩芳、张明新：《社会冲突性议题之政党形象建构分析——以〈人民日报〉之"三农"常规报道为例》，《台湾新闻学研究》2007 年第 4 期。

二、普通公民与各类精英的话语权争夺

环境作为一种最典型的公共物品，它关涉共同体成员的公共利益，虽然环境政策制定和环境问题管制在保障型国家的建设中占有重要地位，但是政府执法资源的有限性也决定了政府不可能解决所有的环境问题。正如尼古拉斯·卢曼（Niklas Luhmann）指出的，环境问题本身明确地显示出政治力量需要完成很多任务，但实际上政府能力何其有限。① 这就需要发掘各类民间组织和普通公民的潜力，促进民间行为体和普通公民介入环境政策的形成和执行过程。对此，约翰·德赖泽克将当前的环境问题解决（environmental problem solving）方法归纳为，交给专家的行政理性主义，交给人民的民主实用主义和交给市场的经济理性主义。② 在理想状态下，无论是政府及其组织，还是各类民间组织，无论是各类精英，还是普通公民，都应当享有一定的话语权。而在《新闻联播》中各类主体的话语权争夺十分明显。

（1）普通公民和各类精英作为消息来源的话语权争夺。

电视媒体中普通公民和各类精英之间的话语权博弈状况，首先表现在消息来源维度。消息来源的类型和话语被引述的状况，不但体现出记者的价值判断，而且还反映出相关人员的媒介近用权与话语权，涉及传播公平和话语多元的重要因素。而解决环境问题的不同主体作为消息来源，被卷入环境公民身份的话语建构过程的程度，也是电视媒体环境正义的一种话语表征。

从消息来源的类型来看，党政机关、普通公民和环保 NGO（非政府组织）分别作为消息来源的状况，深刻影响着电视媒体在环境公民身份主体形象建构维度的价值判断和编码方式。目前在《新闻联播》的环境议题报道中，党政机关及其工作人员仍然是最

---

① Luhamann N. Ecological Communication［M］. Chicago：University of Chicago Press，1989：85.

② ［澳］约翰·德赖泽克：《地球政治学：环境话语》，蔺雪春、郭晨星译，山东大学出版社 2012 年版，第 75~135 页。

主要的消息来源，在 340 篇新闻报道中，231 篇的消息来源是党政机关及其工作人员，占 68.0%，而专业技术人员和社会精英人士是《新闻联播》环境报道的第二大话语主体，相关报道有 29 篇，占 8.5%，这也说明《新闻联播》仍然是受精英话语所控制的权力场域。

　　然而普通公民和环保 NGO（非政府组织），能够作为官方媒体的消息来源进入话语权的生产过程中，这本身就是环境公民身份建构取得的重大成就。在所有的样本中，有 26 篇环境报道的消息来源是事业或商业机构，占 7.6%，6 篇的消息来源是环保 NGO（非政府组织），占 1.8%，9 篇的消息来源是普通公民，占 2.6%，39 篇的消息来源为记者或其他人士，占 11.5%（参见表 3-2）。虽然这些主体所占的比例仍然比较低，但是环保 NGO（非政府组织）和普通公众能够成为《新闻联播》的消息来源，这本身已经说明我国环境治理的主体出现了多元化趋势。

表 3-2　　《新闻联播》环境报道的消息来源分布统计（N＝340）

消息来源类型	频率	百分比
党政机关及其工作人员	231	68.0
专业技术人员或其他社会精英人士	29	8.5
事业或商业机构	26	7.6
环保 NGO	6	1.8
普通公民	9	2.6
其他人员	39	11.5
合　　计	340	100.0

　　不同主体的话语被引用程度，体现出他们的话语权状况。由于电视新闻的现场感较强，因此话语引述的情况较多。这些主体或是通过出镜的方式直接表达自己的观点，或是经过记者和主播的话语转述完成观点的表达。在所有的样本中，有 330 篇新闻引述了相关人物的话语（占 97.1%，N＝340），且在所有样本中，134 篇报道

引用了党政机关及其工作人员的话语（占 39.4%，N＝340），36 篇引用了专业技术人员或其他社会精英人士的话语（占 10.6%，N＝340）。这进一步说明，政治精英和知识精英在环境公民身份的话语建构中具有话语主导权，而相应地，其他主体尤其是普通公民和环保 NGO，则很少有机会直接实现话语和观点的表达，此外，公民参与的状况在这些报道中更鲜有体现。有 23 篇引用了事业或商业机构相关人员的话语（占 6.8%，N＝340），4 篇引用了环保 NGO 或第三方治理组织相关人员的话语（占 1.2%，N＝340），14 篇引用了普通公众的话语（占 4.1%，N＝340），16 篇引用了其他人员的话语（占 4.7%，N＝340）（参见表 3-3）。

表 3-3　《新闻联播》环境报道的话语引述分布（N＝340）

话语引述的类型	频率	百分比
党政机关及其工作人员	134	39.4
专业技术人员或其他社会精英人士	36	10.6
事业或商业机构	23	6.8
环保 NGO	4	1.2
普通公民	14	4.1
其他人员	16	4.7
引用 2 类以上人物话语	103	30.3
无话语引述	10	2.9
合　计	340	100.0

话语被引述的可能性，直接表征了该主体的媒介近用权和话语权的实现程度。从话语引述的可能性上来看，在有话语引述的报道中（共计 330 篇），党政人员、技术人员、商业机构、环保 NGO（非政府组织）和普通公民这五类人群的话语被引述的可能性分别为 40.6%（134 篇，N＝330）、8.8%（29 篇，N＝330）、7.9%（26 篇，N＝330）、1.8%（6 篇，N＝330）、2.7%（9 篇，N＝330），党政人员的话语被引述的可能性显著高于普通公民与其他

人员，而技术人员、商业机构和普通公民之间的差异性较小。

　　话语引用的多元化程度反映出电视媒体中话语权争夺与博弈状况的激烈程度。绿色公共领域要求建构一个公共话语空间，让各种形式的生态理念和价值观能够进行话语交锋，它还格外强调要为反工业主义的话语提供一个观点自由表达的场域。这样看来，《新闻联播》显然离"绿色公共领域"的目标有较大的距离。当然，作为主流意识形态话语生产的重要场域，《新闻联播》能够在话语引述多元化的进程中迈出一步，从而为各类话语提供一个表达的机会，这也是它在环境公民身份建构方面的一种表态。

　　具体而言，当前《新闻联播》在话语引述方面，仍然以单一话语引用为主，多元话语引用的情形还比较少，仅有 103 篇报道引用了 2 类及以上人物的话语（占 31.2%，N＝330）。在所有话语被引述的样本中，引述 2 类人物话语的有 71 篇（占 21.5%，N＝330），引述 3 类人物话语的有 25 篇（占 7.6%，N＝330），而引述 3 类以上人物话语的仅有 7 篇（占 2.1%，N＝330）（参见表3-4）。

表3-4　《新闻联播》环境报道的话语被引频次分布统计（N＝330）

话语引述	频率	百分比
1 类人物被引述	227	68.8
2 类人物被引述	71	21.5
3 类人物被引述	25	7.6
超过 3 类人物被引述	7	2.1
合　　计	330	100.0

　　意见的多元化程度还反映在话语引述时是否发生相矛盾或相冲突的状况，这也是不同主体间话语交锋的直接体现。然而《新闻联播》似乎并不倾向于展现激烈的话语交锋，多数新闻（212 篇，62.4%）并未引述多元意见，而在引述了多元意见的报道中，有 82 篇报道（24.1%）引述意见与原有立场一致，36 篇报道（10.6%）引述意见与原有立场不一致但并不冲突，仅有 10 篇报道

（2.9%）引述意见与原有立场不一致且存在冲突（参见表3-5）。

表 3-5 环境议题的意见多元程度（N＝340）

意见引述情况	频率	百分比
无多元被引述	212	62.4
意见引述一致	82	24.1
意见引述不一致但不冲突	36	10.6
意见引述不一致且有冲突	10	2.9
合　计	340	100.0

　　通过上述分析可以发现，以《新闻联播》为代表的传统电视媒体在环境公民身份的话语建构和意义生产过程中，大体为不同的主体提供了一个意见交流的机会，不同主体也积极利用这一机会进行观点和意义的表达，而且普通公民和环保 NGO（非政府组织）已经有机会进入传统媒体的环境公民身份的意义生产过程中。

　　然而，不同主体在传统媒体中的话语博弈过程中，仍然存在着严重的力量不对等状况。这一方面体现为环境报道的消息来源过于集中，目前传统媒体在环境公民身份的话语生产过程中，仍然将党政机关及其工作人员视为最主要的消息来源和意见表达者，普通公民和环保 NGO（非政府组织）成为消息来源和意见表达者的概率比较小，他们在媒体上的声音也比较微弱。另一方面这种力量不对等还体现在意见的多元化程度上，目前以《新闻联播》为代表的传统电视媒体在环境公民身份建构的过程中，仍然以单一意见的传播为主，党政机构及其工作人员作为消息来源时，倾向于引述一致或无冲突的意见，而非党政机构及其工作人员作为消息来源时，意见引述不一致且有冲突的情况则大为提升。

　　（2）不同主体的媒体形象建构与话语权争夺。

　　普通公民与各类精英之间的话语权争夺，还体现在传统媒体对相关主体形象的话语生产和建构上。一般而言，媒体将话语主体的形象建构为正面和中性的，更有利于这些主体的话语和观点被受众所接受。

当前，以《新闻联播》为代表的传统电视媒体更倾向于将国家及政府机构定位为解决环境问题的主体，这些主体一般是以施动者的形象出现在相关环境议题报道中的，而且他们的形象以正面形象和中性形象为主，例如在 2013 年 7 月 20 日的《河北保定：发展绿色产业　建低碳城市》这一报道中，解决环境问题的主体就是作为地方政府的河北省保定市，通篇报道的叙述模式和报道框架为，保定市政府通过出台税收减免政策和实行资金补助等方式，重点扶持了一批环保节能产业，从而达到了发展绿色产业、建立低碳城市的目的，地方政府作为施动者的正面形象"跃然纸上"。这样的话语建构模式还广泛出现在环境治理和生态建设、环保人物和环保活动等相关议题上。

而普通公民、环保 NGO（非政府组织）等作为解决环境问题的主体地位似乎并没有得到明显的体现。在所有 340 篇新闻报道中，6 篇报道未指明解决环境问题的主体（1.8%，N＝340），160篇报道将解决环境问题的主体定位为国家及政府机构，占 47.1%，国家和政府应该是解决环境问题的保障性力量，这是毋庸置疑的，这一数据也基本符合实际情况。

而在《新闻联播》的环境议题报道中，各类相关经济体（包括第三方环境治理经济体）、普通公民、各类环保 NGO（非政府组织）及其他主体，被定位为解决环境问题的主体的比例分别为18.8%（64 篇，N＝340）、7.4%（25 篇，N＝340）、0.6%（2 篇，N＝340）和 10.6%（36 篇，N＝340）。此外，有 47 篇报道认为解决环境问题的主体是多元的（13.8%，N＝340），国家、各类经济体、普通公民、环保 NGO（非政府组织）及其他社会力量都应该贡献力量，它们对于解决环境问题主体的建构也是较符合实际的（参见表 3-6）。

表 3-6　　　　**解决环境问题的主体分布统计（N=340）**

主　体	频率	百分比
国家及政府机构	160	47.1
环保 NGO	2	0.6
各类相关经济体	64	18.8
普通公民	25	7.4
其他主体	36	10.6
多元主体	47	13.8
无主体	6	1.8
合　计	340	100.0

　　以《新闻联播》为代表的传统电视媒体在解决环境问题主体的行为形象建构方面，行动者主动解决环境问题成为《新闻联播》环境议题最常用的手法，这通常表现为主体主动进行环境治理、生态建设、保护生物多样性、发展环保产业和科技等。在 340 篇新闻报道中，除了 6 篇报道（占 1.8%）没有明确点明解决环境问题的主体之外，有 239 篇报道的主体被建构为施动者，占 70.3%，有 91 篇报道的主体被建构为受动者，占 26.8%，而这类报道主要集中在针对环境风险和污染破坏行为进行相关的环境治理和环境执法等方面。

　　在解决环境问题的主体的价值形象建构方面，将主体的价值形象建构为正面形象的有 197 篇，占 57.9%（N=340），这主要集中在环境治理和生态建设、环保产业和环保科技、环保人物和环保活动等议题方面；而将主题的价值形象建构为客观中立形象的有 112 篇，占 32.9%，主要集中在环保观念和知识、生物多样性保护、环境会议和环境提案等议题内容方面；将主题的价值形象建构为负面形象的只有 25 篇，占 7.4%，主要集中在环境污染和破坏、环境法规和环保执法等议题内容方面。这一结果也符合《新闻联播》等电视新闻节目"以正面宣传为主"的一贯方针，而客观中立的主体价值形象的增多也说明，《新闻联播》的环境报道正在向着专业主义的方向进行试探。

以上发现似乎都表明，以《新闻联播》为代表的传统媒体在环境价值观的话语建构过程中，仍然将形象建构的重心放在党政机构身上，他们不仅被树立为主动解决环境问题的正面形象，而且还被赋予了更多的话语权。各类经济体、环保 NGO（非政府组织）和普通公民的声音在传统媒体的环境价值观建构中的声音还是很微弱的，虽然他们也在一定程度上被赋予了表达权和话语权，他们的观点和意见也能透过主流媒体被编码和传播，他们作为环境友好型公民的实践者的形象也生动地被媒体的各种象征符号被生产出来，但是我们并不能高估这种话语赋权。此外，还有一个值得注意的现象是，各类相关经济体（包括第三方环境治理经济体）作为环境问题解决主体的地位，在《新闻联播》的环境报道中已经有了较为明显的体现，这说明当前政治话语系统中强调的"国家尝试将社会资本和社会力量纳入生态环境保护和生态建设的过程，鼓励环境污染的第三方治理"等观念，已经在媒介话语系统中得到较为明显的建构和体现。

三、新环境范式和生态伦理的话语形塑

新环境范式和生态伦理的话语形塑是传统媒体环境公民身份建构的另一个重要维度。具体而言，它包括对基本生态观念的话语形塑，对经济发展与环境保护关系的形塑，以及对新环境伦理及价值观范式的话语形塑等三个方面。

1. 基本生态观的话语形塑与权力表征

传统媒体在生态观念的话语形塑与意义表征方面，比较常见的有"人类中心主义""生态中心主义"以及"可持续发展和生态文明"的生态观念等。其中"人类中心主义"始终把人类放在世界的核心位置，并认为人类生来就有权利管辖自然万物，是一种传统生态观念；"生态中心主义"则与之相反，它将自然和生态放在首要位置，认为人类对自然的破坏常常导致灾难性后果，并认为动植物与人类同样有着生存权的生态观念；而"可持续发展和生态文明"却是当下最流行的观念，它反对在现代化过程中出现的反自

然性的现象，强调社会发展的可持续性，主张实现人与自然的相对和谐。虽然它不可避免地带有一些生态乌托邦的色彩，但它所主张的消除现代化所带来的环境污染理念却具有十分重要的现实意义。

　　通过对《新闻联播》相关样本的分析，我们发现传统电视媒体在基本生态观的话语生产和权力建构方面，虽然有超过一半的报道没有提出明确的生态观念，共占到了56.5%（192篇，N＝340），但是在提出明确生态观的报道中，传统媒体所着力形塑的解释性规则是"可持续发展和生态文明"的生态观念，相关报道共有107篇，占31.5%。另外，还有33篇报道以"生态中心主义"为基本生态观念（9.7%），7篇报道透露出"人类中心主义"的基本生态观念（2.1%），仅有1篇报道为其他生态观念（0.3%）。而卡方分析也表明，以《新闻联播》为代表的传统媒体在基本生态观的生产方面，呈现出议题内容与基本生态观念之间的显著关联（参见表3-7）。

表3-7　　议题内容与基本生态观的相关性分析（N＝340）

议题内容	基本生态观					合计
	人类中心主义	生态中心主义	可持续与生态文明	其他生态观念	无明确的生态观念	
环境污染和破坏	0 (0.0%)	9 (20.5%)	0 (0.0%)	0 (0.0%)	35 (79.5%)	44 (100.0%)
环境治理和生态建设	4 (4.2%)	8 (8.4%)	44 (46.3%)	0 (0.0%)	39 (41.1%)	95 (100.0%)
环保人物和环保活动	1 (2.0%)	5 (10.2%)	18 (36.7%)	1 (2.0%)	24 (49.1%)	49 (100.0%)
环境法规和环保执法	0 (0.0%)	2 (11.1%)	1 (5.6%)	0 (0.0%)	15 (83.3%)	18 (100.0%)
环保产业和科技	1 (1.6%)	0 (0.0%)	19 (29.7%)	0 (0.0%)	44 (68.7%)	64 (100.0%)

续表

议题内容	基本生态观					合计
	人类中心主义	生态中心主义	可持续与生态文明	其他生态观念	无明确的生态观念	
环保观念和知识	0 (0.0%)	2 (18.2%)	4 (36.4%)	0 (0.0%)	5 (45.4%)	11 (100.0%)
生物多样性保护	1 (5.0%)	7 (35.0%)	1 (5.0%)	0 (0.0%)	11 (55.0%)	20 (100.0%)
环境会议及提案	0 (0.0%)	0 (0.0%)	11 (64.7%)	0 (0.0%)	6 (35.3%)	17 (100.0%)
其他	0 (0.0%)	0 (0.0%)	9 (40.9%)	0 (0.0%)	13 (59.1%)	22 (100.0%)
总计	7 (2.1%)	33 (9.7%)	107 (31.5%)	1 (0.3%)	192 (56.5%)	340 (100.0%)

（P=0.017）

通过上述数据我们可以发现，"可持续发展和生态文明"的生态观念集中在环境治理和生态建设、环保人物和环保活动、环保产业和科技三大类别；"生态中心主义"的生态观念集中在环境污染和破坏、环境治理和生态建设、生物多样性保护三大类别；而"人类中心主义"的生态观念则被建构得最少，仅仅零散地分布在环境治理和生态建设、环保人物和环保活动、环保产业和科技、生物多样性保护等议题内容方面。

2. 经济发展与环境保护关系的话语形塑与意义生产

传统电视媒体对于经济发展与环境保护关系的话语生产与意义建构，是环境范式与生态伦理建构的重要维度。而《新闻联播》在相关问题的话语形塑方面，有143篇报道没有明确的态度（42.1%，N=340），有99篇报道体现了较为鲜明的生态现代化主张（29.1%）。"生态现代化"则是20世纪60年代以后出现的，它认识到人类并不是世界的中心，但同时又指出了"生态中心主义"的乌托邦特征，它强调在经济发展与环境保护之间寻求一种平衡，尽量做到二者兼顾。约翰·德赖泽克就认为，应当尝试实现生态环境关切与传统政治思维的结合，在最大限度地保持工业文明物质成果的基础上建设一种绿色社会。① 随着绿色思想的广泛传播，越来越多的人认识到了"人类中心主义"的浅薄与自私，他们主张理性看待人类与自然之间的关系，并提出人类的发展应该是可持续性的，如加勒特·哈丁（Garrett Hardin）、安德鲁·多布森等人。而传统电视媒体在"经济发展—环境保护关系"的话语意义生产过程中，也越来越多地流露出对生态现代主张的偏好。此外，还有 80 篇报道主张优先考虑环境保护问题（23.5%），18 篇报道主张经济发展优先（5.3%）。这种现象也表明传统电视媒体在相关话语的生产中，并没有绝对的标尺，随着议题内容的转移和主体形象的变化，对于经济发展与环境保护的所有关系，均有可能出现在主流媒体的话语表征和意义生产过程中。

而卡方检验也显示，传统电视媒体的议题内容与它在"经济发展—环境保护关系"的话语形塑方面是相关性不显著（P = 0.076）。其中，那些环境治理和生态建设的议题，以建构"经济发展与环境保护之间平衡关系"的生态现代化主张为主，相关比例达到 47.4%（45 篇，N = 95），其次为环境保护优先的主张，约占 23.2%（22 篇，N = 95）；那些环境污染和破坏的议题，以建构"环境保护优先"的"生态中心主义"为主，相关比例为 40.9%（18 篇，N = 44），其次为无明确态度（26 篇，59.1%，N = 44），环境法规与环保执法、生物多样性保护等议题也呈现出类似的特征；单纯主张"经济发展优先"的"人类中心主义"的观点在议题中较少出现，零星地分布于环境治理和生态建设、环保人物和环保活动、环保产业和科技、环境会议及提案等议题中，总体比重仅占 5.3%（参见表 3-8）。

---

① Dryzek J. The Politics of the Earth：Environmental Discourses［M］. Oxford：Oxford University Press，2005：169.

表 3-8　　议题内容与"经济发展—环境保护关系"的
相关性分析（N＝340）

议题内容	经济发展—环境保护关系				合计
	环境保护优先	经济发展优先	二者平衡	无明确态度	
环境污染和破坏	18（40.9%）	0（0.0%）	0（0.0%）	26（59.1%）	44（100.0%）
环境治理和生态建设	22（23.2%）	4（4.2%）	45（47.4%）	24（25.2%）	95（100.0%）
环保人物和环保活动	10（20.4%）	5（10.2%）	15（30.6%）	19（38.8%）	49（100.0%）
环境法规和环保执法	7（38.9%）	0（0.0%）	0（0.0%）	11（61.1%）	18（100.0%）
环保产业和科技	8（12.5%）	6（9.4%）	18（28.1%）	32（50.0%）	64（100.0%）
环保观念和知识	4（36.4%）	0（0.0%）	3（27.2%）	4（36.4%）	11（100.0%）
生物多样性保护	9（45.0%）	0（0.0%）	0（0.0%）	11（55.0%）	20（100.0%）
环境会议及提案	2（11.8%）	2（11.8%）	8（47.1%）	5（29.3%）	17（100.0%）
其他	0（0.0%）	1（4.5%）	10（45.5%）	11（50.0%）	22（100.0%）
总计	80（23.5%）	18（5.3%）	99（29.1%）	143（42.1%）	340（100.0%）

（P＝0.076）

这说明，《新闻联播》在"经济发展—环境保护关系"的话语生产中没有绝对的标尺。相对来说，在论述环境污染和破坏、环境法规和环保执法、生物多样性保护等议题时，更倾向于主张环境保护优先，而在环境治理和生态建设、环保产业和科技、环境会议及提案等议题中，更倾向于主张经济发展与环境保护的平衡与协调，而经济发展优先的主张并不常见，这体现了生态可持续发展的理念已经深入传统电视媒体人的内心。

3. 新环境伦理和价值观范式的话语形塑与意义建构

传统电视媒体对于新环境伦理及价值观范式的话语形塑与意义建构，主要体现为对环境正义以及可持续发展的意义生产与话语建构。环境正义的概念源于美国社会的环境正义运动，它揭示了各群体的环境利益与责任在社会领域中的不对等分配的问题，由于该问题带有普遍性，因而很快成为一种重要的环境伦理和价值观范式。在可持续发展的话语形塑方面，自 1987 年《布伦特兰报告》颁布以后，事实上"可持续性"便已经进入了世界各国的政治话语体系，并成为最受认可的环境政治话语模式。当前，中国政府也明确提出了可持续发展和生态文明建设的精神，并通过威权式话语生产的方式，将之写入了"十七大""十八大"和"十八届三中全会"等重要报告中，因此，可持续发展的环境伦理范式也就被赋予了"天然性"的合法性基础。

电视媒体对可持续发展的新环境伦理及价值观范式的叙述模式，也影响到了相关范式被认可和接受的程度。而这里的"叙述模式"主要是指记者在新闻文本中所采用的具有典型意义的拍摄手法和行文手法，一般而言一档栏目的叙述模式具有连续性。由于可持续发展的理念是十分抽象和模糊的，电视媒体在话语建构的过程中对可持续发展的描述越细致、越具体、越形象，越有助于人们的理解，从而使受众更有可能出现正向认同式解码。

在新环境伦理及价值观范式的话语建构过程中，以《新闻联播》为代表的电视媒体以呈现那些正在解决和尚未解决的问题为主。其中，呈现正在解决的问题的报道为 180 篇（52.9%，N = 340），呈现尚未解决的问题的报道为 104 篇（30.6%，N = 340），呈现已经解决的问题的报道为 48 篇（14.1%，N = 340），而无问题被呈现的仅有 8 篇（2.4%，N = 340）。在价值观的叙述模式方面，数据模式是《新闻联播》环境报道最常使用的叙述模式（120 篇，35.3%，N = 340），其次是概述模式（106 篇，31.2%，N = 340）。采用细节/案例叙述模式的有 49 篇（14.4%，N = 340），采用数据和细节/案例混合叙述模式的有 55 篇（16.2%，N = 340），其余 10 篇（2.9%，N = 340）为其他叙述手法。

　　总体而言，传统电视媒体在新环境伦理和价值观范式的话语建构过程中，无论是在基本生态观的意义生产上，还是在经济发展与环境保护之间关系的话语表征上，仍有接近一半的报道并无明确的态度，这似乎表明传统电视媒体在环境公民身份建构的过程中，并没有将新环境伦理和价值观范式的话语形塑放在相对重要的位置。

四、公民的环境权利与社会责任的话语生产

　　对公民的环境权利与社会责任的性质及其相互关系的把握，是环境公民身份建构过程中各种权力争夺的焦点，也是环境范式书写的重要内容。而传统电视媒体对于公民的环境权利与环境义务之间关系的判断，又是媒介话语在环境公民身份建构上的重要表征。在环境范式书写方面，长久以来形成了公民共和主义、自由主义以及新环境和生态范式等不同类型。其中，公民共和主义环境范式在话语生产的过程中侧重于公民的环境责任，更加看重的是个体的环境"德行"（Virtue），并着力渲染个人为了共同体利益而做出牺牲的必要性。而自由主义环境范式在话语生产的过程中则更看重公民的环境权利，强调个体作为政治体制成员的资格获准，并认为人们被赋予环境生存权和发展权是环境公民身份建构的核心。然而，新环境和生态范式则认为，公民的环境权利和环境义务对于环境公民身份建构本身而言，都是十分重要的，应当在公民的环境权利和环境义务之间寻求平衡，单纯强调任何一方并不能真正实现环境公民身份的建构。

　　当前，以《新闻联播》为代表的传统电视媒体在对公民的环境权利和环境义务的建构方面，超过半数的报道仍然没有明确的主张（178 篇，52.4%，N = 340），这说明，传统电视媒体在环境公

民身份的话语建构和意义生产过程中，建构的重心并不在于对公民环境权利与义务关系的意义生产方面。而在有明显的环境权利与义务的意义生产的所有报道中，传统电视媒体以偏重环境义务和责任的解释性规则的编码为主，如偏重公民的环境责任与义务的相关报道有122篇，占到了35.9%（N=340），而主张公民的环境权利和义务二者间平衡的报道仅有20篇（5.9%，N=340）。此外，侧重于公民环境权利获得的报道数量也不多，共计20篇（5.9%，N=340）。这种现象也说明，当前传统电视媒体在环境公民身份的话语建构过程中，仍然受到威权式政治体制的深刻影响，虽然执政党已经标榜要建设生态文明，但是"集体利益高于个人利益"的思维已经深入传统电视媒体话语生产的各个流程，整个社会的毛细血管中流淌的仍然是集体主义的话语。

此外，以《新闻联播》为代表的传统电视媒体在对公民的环境责任和义务的话语生产方面，还采取了绿色意象的生产和售卖的方式。在《新闻联播》中，无论是个体公民，还是环保企业，他们总是以"乐于奉献的环保卫士"或"绿色公民"的形象出现，例如在2012年5月18日的报道《"环保卫士"孟祥云》中，《新闻联播》就塑造了一个"坚守自己的价值观，勤勤恳恳工作在环保一线，即使身患癌症，仍然坚守岗位忘我工作，坚持治污排查工作"的环保卫士的形象。而在2010年6月2日的报道《巧用盐碱滩 种出新产业》中，也塑造了一个主动转变观念从普通盐工转行成采用生态科技科学种植的"绿色农民"的形象。而在对环保企业的话语建构中，绿色意象也是最常被使用的象征手法。通过这种话语生产方式，电视媒体在环境公民身份的媒介建构过程中，传达了"个体应当树立可持续发展的思想，主动承担环境责任，并推动绿色消费和绿色生活方式的转型"的观点。

总体而言，传统电视媒体在公民环境权利与义务的话语生产过程中，已经做到了对公民的生态环境责任与义务的强调，但对于公民的环境权利以及公民的理性参与给予的重视仍然不够。这种话语生产方式虽然能在一定程度上获得普通公民的认可，但要真正打动他们，并让他们主动付诸环保行动，难度却很大。

当前，传统电视媒体通过对环境价值观和环境公民身份的各种相关元素进行符号编码，逐渐形成了一套关于环境价值观的相对固化的话语生产和意义建构方式。这套意义生产方式侧重于对可持续发展和生态文明的基本生态观的建构，侧重于对新环境伦理和价值观范式的生产，侧重于对生态现代化所主张的协调经济发展与环境保护关系的形塑，侧重于对公民的环境责任和义务的强调，有助于推动环境知识的增长和环境意识的提高，有助于促进公民绿色身份认同的形成。但是它在赋予各类经济体、普通公民、环保 NGO（非政府组织）等主体以话语权，在吸引各方力量参与环境治理，以及动员公民参与环境事务等方面，都显得相对不足，也不利于新环境范式的扩散，需要引起注意。

第三节　环境政策的扩散：微博空间中的环境价值观建构

美国学者罗尼·利普舒茨（Ronnie D. Lipschutz）认为，环境难题是由各种形式的权力运作引起的，因而要解决的话，也必须借助其他权力运作形式。① 在我国，政府是解决环境问题的主力军，而环境政策的传播则是环境治理的重要环节，在环境治理方面，从中央政府到地方政府一直在不断探索。2007 年，江苏无锡首创的"河长制"，成功推进了当地的水污染治理工作。

"河长制"的政策核心在于，创建污染治理由地方行政一把手负责的四级"河长"体系，由各省、市、县、乡主要负责人担任"河长"，承担起水污染治理的主要责任，"河长"的职责范围包括制定污染治理的主要目标，在规定期限内完成水污染治理的任务，接受公众的监督和问责等。2016 年 12 月 11 日，中共中央办公厅、国务院办公厅印发了《关于全面推行河长制的意见》，要求自 2017

---

① ［美］罗尼·利普舒茨：《全球环境政治：权力、观点和实践》，郭志俊、蔺雪春译，山东大学出版社 2012 年版，第 246 页。

年1月1日起在各地全面推行"河长制"。2017年3月22日，习近平总书记进一步指出，河川之危、水源之危是生存环境之危、民族存续之危，强调保护江河湖泊，事关人民群众福祉，事关中华民族长远发展。① "河长制"是当前生态文明建设的重要措施，全面推行"河长制"不仅是环境政策传播的重要步骤，而且显示了政府在环境治理问题方面的责任和担当。为了探索环境政策在微博空间中的扩散轨迹和方式，本书以"河长制"作为个案，对微博空间中的环境价值观建构现状进行了解读。

澳大利亚学者约翰·德赖泽克（John Dryzek）认为，行政理性主义的主要制度和实践包括专业性资源管理机构、污染控制机构、规制性政策工具、环境影响评价、专家顾问委员会、理性主义的政策分析技术等。② 事实上，在生态治理方面，行政理性主义已经成为各国的共同选择，而"河长制"这种"地方一把手挂帅"的做法，是一种创新性的行政理性主义制度实践，比较契合中国环境治理"政府主导型"和"政府依赖性"的社会现实。

本书运用Python软件对新浪微博上的"河长制"内容及相关评论进行了数据挖掘，时间范围为2016年12月11日—2017年9月9日，之所以选择2016年12月11日作为起始之日，是因为当天是中共中央办公厅、国务院办公厅印发《关于全面推行河长制的意见》的日子，具有标志性意义。通过数据挖掘，本书共获取内容样本8094条，评论样本5304条。本书运用内容分析法和Tableau软件对相关数据进行了分析和处理，以期了解微博空间中环境政策的扩散轨迹和公众的反应。

一、宣传主导的传播模式

罗杰斯（Rogers）认为，扩散是革新经由特定的渠道在一个社

---

① 陈雷：《坚持生态优先绿色发展　以河长制促进河长治》，《人民日报》2017年3月22日第10版。

② ［澳］约翰·德赖泽克：《地球政治学：环境话语》，蔺雪春、郭晨星译，山东大学出版社2012年版，第75~80页。

会系统的成员之间进行传播。① 一种新事物在社会中的推广与传播过程呈"S"形曲线，并将经历知晓、劝服、决定、确定四个阶段，在创新推广初期，传播速度较慢，公众处于知晓阶段；中期由于大众传媒、意见领袖等多方因素的介入，传播速度加快，劝服和决定相伴而生；后期则趋于饱和稳定，创新最终被确定下来并获得社会认同。目前，西方在政策扩散研究方面已经形成了全国互动模型（The National Interaction Model）、区域扩散模型（The Regional Diffusion Model）、领导—跟进模型（Leader-Laggard Model）、垂直影响模型（Vertical Influence Models）四种比较成熟的理论模型。②基于我国特殊的政治体制，李希光教授提出，政策扩散模型主要包括早期的"直线传播模式"和"波形传播模式"，以及加入媒介中介后发展出的"宣传模式""新闻发布模式""窗口模式"和"压力模式"。③荆学民教授则认为，我国政治传播具有"政治宣传""政治沟通""政治营销"三种形态，这三种形态在发展上既有时间意义上的历史顺序关系，又有空间意义上的交融关系。④ 作为一种新型环境政策，"河长制"目前处于创新推广的初期，采用的主要是政治宣传为主导的传播模型，大众传媒和意见领袖正在逐步介入，公众仍处在知晓状态。

1. 传播数量波浪式上升

从发博数量来看，虽然"河长制"不如其他热门话题的发文量大，但作为一种新的环境治理政策，它仍然牵动着人们的神经。总体来看，2016 年 12 月—2017 年 8 月，新浪微博上关于"河长制"的内容总体呈现增长趋势，但也出现了一些明显的波动。政

---

① 　Rogers E M. Diffusion of Innovations［M］. New York ：The Free Press，1995：5.

② 　朱亚鹏：《政策创新与政策扩散研究述评》，《武汉大学学报》（哲学社会科学版）2010 年第 4 期。

③ 　李希光、杜涛：《超越宣传：变革中国的公共政策传播模式变化——以教育政策传播为例》，《新闻与传播研究》2010 年第 4 期。

④ 　荆学民、段锐：《政治传播的基本形态及运行模式》，《现代传播》（中国传媒大学学报）2016 年第 11 期。

策出台后的第一个月，微博发文出现了一个小的爆发期，随后的两个月相关话题明显减少，直到 2017 年 3 月，相关舆论突然爆发，迎来了一个高峰，当月发博数量达到了 1452 条。相关话题爆发的原因在于，时值"两会"期间，"河长制"作为一种创新性的水污染治理模式首次被写入当年的政府工作报告之中，并在政府议程和媒介议程的双重合力作用下成功进入公众议程之中。2017 年 4 月，相关话题热度减退，发博数量明显减少，5 月以后逐步上升，一直到 8 月出现了第二个高峰，当月发博数量达到 1716 条（参见图 3-2）。这一波动趋势也符合政策推广初期的规律，说明该议题已成功进入公众视野。

图 3-2　微博空间中"河长制"的舆论走势　（单位：条）

2. 传播内容偏重对政策的宣传与解读

从发博内容来看，2016 年 12 月以来，相关内容大体集中在"河长制"的相关通知及部署、政策解读、"河长"的职责及义务、各地落实"河长制"的相关举措等方面。其中，政策解读类内容最多，有 151 条微博内容是网友转发的"图说：河长制是怎么回事，都在这张图里了"，56 条内容是"划重点！60 个热词，教你读懂政府工作报告"。

在环境政策推广的初期，公众急切需要了解政策和制度的具体内容，并评估其带来的相应影响。而在"河长制"的内容传播中，无论是普通公民，还是环保 NGO 都自发地传播"河长制"的相关信息，这是一个良好现象，不仅体现出普通公民的环保意识增强，也映射出公民的生态理性和环境责任意识初步形成，是环境价值观的重要体现。

2017 年 3 月 21 日，环保 NGO 的"绿家园江河信息"做了一个全国和地方的环境信息、曝光、评论的信息汇总，并附加上了相关链接，共计 22 条，方便人们阅读。3 月 22 日，重庆理工大学绿色天使环保协会发布微博纪念 2017 年"世界水日"和"中国水周"，并呼吁大家行动起来做"河长"。3 月 23 日，岳阳市江豚保护协会发布微博介绍该协会举行的"落实绿色发展理念，全面推行河长制"主题宣传活动。一个深圳的网友将自己的微博名命名为"中国环保万里行"，并在 2017 年 6 月 5 日（"环境日"）积极发布关于"河长制"的消息，希望"更多的百姓勇担重任"。知名博主"司马平邦"发布微博称："河长制并不是新发明，而古已有之，现在重提河长制，确实河流在环境和社会中的主体，证明中国的环境污染问题之严重，需要统筹解决，因为河长要管的区域可能跨越多地，这算是环保上的创新。"知名公益博主、头条文章作者"独行真谏"发布微博对"健全'河长制'考核指标体系，建立公众参与机制"的新闻进行回应。身份为"山东省公益环保联合会职员"的头条文章作者"拨云见晴空"发布了 8 条有关河长制的微博。腾讯文学签约作家"霜华真人风青玄"发文："河长制真是很好的，实干当先吧。"

这些都反映出，目前微博空间中的"河长制"传播呈现良性发展趋势，政府机构及时发布相关信息，新闻媒体和普通公民争当环境政策的解读者，环保 NGO 积极宣传"河长制"及环境保护知识，多种力量共同加入，在客观上起到了宣传和推广"河长制"的目的。

3. 传播范围分布于广泛但不均衡

从发博区域来看，全国 34 个省、直辖市、自治区和港澳台地区均有覆盖，说明"河长制"的政策传播已经抵达各地。其中，四川省数量最多，达到 1245 条，这可能与该省水资源异常丰富、人们对于水污染治理也更加关注有关。山东紧随其后，达到 930 条，江苏第三，共 627 条，广东和陕西位列第四和第五，发文数量分别为 553 条和 504 条（参见表 3-9）。

表 3-9 **2016 年 12 月—2017 年 9 月不同地区关于**
"河长制"的微博发表数量

地区	微博发布数量	地区	微博发布数量	地区	微博发布数量
北京	412	黑龙江	43	湖北	185
天津	130	吉林	105	湖南	222
上海	183	辽宁	23	广东	553
重庆	395	江苏	627	广西	35
河北	110	浙江	386	海南	49
河南	162	江西	151	四川	1245
山东	930	安徽	268	贵州	114
山西	61	福建	293	云南	418
陕西	504	甘肃	37	青海	46
内蒙古	42	宁夏	59	新疆	37
西藏	6	香港	13	澳门	2
中国台湾	2	海外	22	其他	224
共计	8094				

可以发现,虽然全国各地均发布了"河长制"相关微博,但是在数量分布上仍然存在显著的差异,东部地区和西南地区的发文数量明显高于西部地区和北部地区,地理分布的不均衡可能与当地的水资源量和污染程度有一定的关系。

值得注意的是,港澳台地区也有少量关于"河长制"的微博,而海外也有 22 条相关微博,这说明港澳台地区和海外也有部分人士对中国内地的水污染治理新举措有所关注。例如,来自台湾地区的臻宏美业贸易有限公司董事长"玉山顶上一棵葱"于 2017 年 6 月 28 日发微博响应"河长制";国际环保组织"绿色和平"于 2017 年 6 月 27 日发布微博建议"应加强流域水污染联防连治,明确'河长'权责,加大对违法行为的处罚力度"。德国学者马丁·耶内克(Martin Jänicke)和克劳斯·雅各布(Klaus Jacob)认为,对于政策扩散过程机制的理解，需要我们深入分析各种跨国组织以及国际力量、国家因素以及政策革新的特征之间的复杂互动过程。① 在当今各国环境政策日趋相似的背景下，一个有效的环境政策和治理措施极有可能在国际上广泛传播，因此在分析与考察环境政策的扩散过程中，也必须将域外经验和国际因素纳入进来。而"河长制"开始引发港澳台地区及海外人士的关注，也说明该政策有其特殊意义，有可能成为水污染治理的中国经验。

4. 多元主体争夺话语权的局面已经形成

从微博发言主体的身份来看，除了有 38 条无法确认之外，其余 8056 条均有比较明确的身份标识，大体可以分为 6 大类别：政府机构、新闻媒体、企业机构、环保组织、微博认证用户、普通用户。其中，企业机构指的是某一企业的官方微博，而微博认证用户则指的是经过新浪微博官方认证过的博主，他们的可信度较高，并且包含了部分知名博主和大 V。

在数量分布方面，政府机构的发博量最高，达到 3483 条，占 43.2%；普通用户发博量位居第二，数量为 1444 条，占 17.9%；新闻媒体、环保组织紧随其后，分别为 1160 条和 1128 条，占 14.4% 和 14.0%；企业机构和微博认证用户的发博数量均不是很多，分别为 459 条（占 5.7%）和 382 条（占 4.8%）（参见图 3-3）。这说明，在"河长制"传播过程中，政府机构仍然是微博空间中最主要的发声群体，拥有最大的话语权，但是话语权的政府机构独家垄断局面正在被打破。普通公民、新闻媒体和各类环保组织的话语权份额正在逐渐提升，而这三者的总和已经超过了政府机构。在新浪微博空间里，民间力量与政府机构正在上演"平分秋色"的格局，这种多元主体争夺话语权的局势有助于"河长制"在民间舆论场和公众议程中的传播和扩散。

① ［德］马丁·耶内克、克劳斯·雅各布：《全球视野下的环境管治：生态与政治现代化的新方法》，李慧明、李昕蕾译，山东大学出版社 2012 年版，第 83 页。

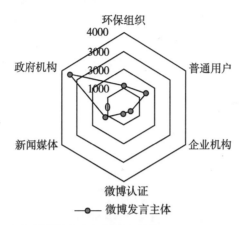

图 3-3　河长制微博发言主体的发文数量（N = 8056）　（单位：条）

二、低程度的关注与低水平的参与

网友的点赞、转发与评论都显示了他们对微博内容的态度，是一种重要的公众议程衡量指标。其中，转发和点赞更多地表现了公众对于某个话题的关注与认同，而评论则是更直接的意见表达，更具反馈效果。

1. 公众的关注与认同程度比较低

从点赞数量来看，超过半数的微博属于无人点赞和转发的状态，分别为 5300 条（占 65.5%，N = 8094）和 5814 条（占71.8%，N = 8094），1313 条微博点赞数量只有 1 条（占 16.2%，N = 8094），994 条微博转发数量只有 1 条（占 12.3%，N = 8094），点赞和转发数量超过 100 条的微博分别为 7 条（占 0.09%，N = 8094）和 4 条（占 0.05%，N = 8094），这说明公众对于"河长制"的相关内容关注与认同的程度还比较低。

但是也有部分微博的受众关注程度很高，这些微博大多是对"河长制"相关内容的解读。这说明当前受众对"河长制"还不太了解，急需获取相关信息。例如，转发数量和评论数量最多的一条微博是账号为"中国日报"发布的"#直击两会#划重点！60 个热

词，教你读懂政府工作报告……"该条微博的转发数量达到了
3821 条，点赞数量达到了 2533 条，相关评论也有 201 条（评论数
量位居第二）。

转发数量排名第二的是微博号为"应试宝考研"发布的微博，
转发数量为 627 条，点赞数为 311 个，评论数量为 34 条，相对来
说也比较高。但是该条微博为考研知识点的介绍，转发、点赞和评
论的大多数是参加考研的学生，不具有参考性。

2. 积极评论及参与相对不足

网友的评论最能体现普通公民的真实态度，是公众议程的重要
构成。从"河长制"的相关评论来看，绝大多数微博处于无评论
状态，共计 6644 条，占 82.1%（N=8094），评论数量仅 1 条的微
博有 695 条，占 8.6%（N=8094），这一数据表明，目前公众对于
"河长制"的认知还不太充分，缺乏积极的评论和相关参与（参见
图 3-4）。

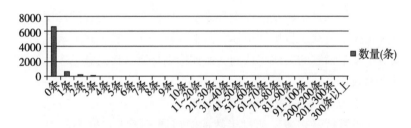

图 3-4　河长制评论数量统计（N=8094）

其中，评论数量最多的一条为微博账号为"市场信息报"发
布的："【水绿色环境】3 月 22 日，世界水日，今年我国纪念世界
水日的宣传主题是'落实绿色发展理念，全面推行河长制'，让受
污染的湖泊变得清澈，让断流的河流再次流动……"这条微博的
转发数量为 3 条，点赞数量为 0，而 361 条评论实际上是由 12 位用
户累计评论的结果。这一数据也说明，目前"河长制"微博的公
众参与程度实际上很低。

3. 多元意见的理性交流

通过数据挖掘共获得"河长制"的相关评论 5304 条，剔除转发的系统自带的评论、无关的评论以及空白评论等无效评论之后，有效评论为 2854 条，有效率为 53.8%，这一比例并不是太高，再次说明公众对"河长制"的关注较有限。对所获得的有效评论进行语义分析后发现，超过一半的公众持中立态度，具体为 1564 条，占 54.8%，N = 2854，持肯定态度的评论有 650 条（占 22.8%，N = 2854），否定态度的有 640 条（占 22.4%，N = 2854）（参见图 3-5）。

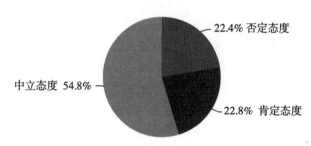

图 3-5 微博评论态度分布图（N = 2854）

虽然有效评论数量不多，但值得肯定的是无论网友的态度是赞成还是反对，绝大多数评论都是理性而客观的，很少有非理性的情感宣泄和无理谩骂，这也使得微博空间有可能成为一个关于"河长制"的多元意见自由交流的公共领域。网友评论大致可以分为以下几个类型：

（1）对"河长制"表示好奇。如网友"伊非"评论道："河长制，让人想起秦代的'百夫长'什么的"，网友"名字不宜取太长"称"以后还会出现保长嘛"，网友"再盛三碗"认为"长江河长，想想都霸气"。网友"立羽口鸟龙抬头"笑称"下次弄个山长"。这些评论均显示目前仍有相当多的人对于"河长制"的内容、设置的目的、"河长"的职责等不太了解，他们对于"河长制"的关注完全出于好奇。这也说明当前环境政策的传播不够深入，人们对政策的认知尚不充分，更谈不上进一步的接受和认可。

（2）对"河长制"的执行表示赞同和认可。如网友"haiyang

蓝天"认为，"河长制能更好地管理河流了。"网友"笑点低泪点也低"称："希望河长能像爱护孩子一样爱护河流。"网友"每日一测评"认为这是"好事，以后环境保护责任人就有了"。网友"不闻世事的小学生"表示："河长制出现一段时间了，由地方的治河创新到中央政策再到成为一种指导思想，也是经历了挺长的一段时间，说明这种创新得到了认可。"上述评论流露出人们对这项政策的期待和认可。

（3）对"河长制"的政策执行表示质疑和担忧。例如网友"吉林铁蛋儿爸爸"认为"千万别报希望"，网友"best 家鸭"表示"不看好"，网友"燃烧的呆子"认为"我真不信能落实，真的"。网友"976 窗外有蓝天"认为河长制"治标不治本"。网友"3 浩 SAI"认为"效果谁定好坏，河长又不是吃这水的"。网友"刘邦村长"认为"不治源头永远治不好"。网友"陈熊飞 V 号"提出"静待效果如何？不甚乐观"。网友"大漠无垠"认为河长制"不靠谱……不信几年以后验证结果"。网友"江南白云"提出："河长制度的作用怎样？龙江小区的里圩河，2010 年的报道说黑臭河变景观河了；2013 年南京实施河长制度，鼓楼区长曹路实亲自担任里圩河长。现在，曹区长已经是秦淮的曹书记了，里圩河呢？是景观还是黑臭？答案就在现场，居民还在期盼！"这些评论也透露出人们对"河长制"这一新型环境政策存在一种"人在政存、人去政息"的担忧，并对地方政府的执行能力不信任。

（4）认为应当加强对"河长制"执行的监督和管理。网友"Serinmu"表示："绝对支持！！！前提是把治污费的价值体现出来，而不是一年几个亿几个亿几个口号烧完钱就没有然后了。"网友"冰仔 so"认为："广州实施河长制几年了，河涌污染还不是一个样，没有有力的监管，一点作用都没有。佛山只会学广州，是没有前途的。"微博账号"济阳环保"发微博："只有在科学监测、摸清家底、分清责任的基础上，一手抓督导考核问责，让各级各地河长戴上制度的紧箍；一手抓保障体系和政策疏导，让抓牢抓实的河长不吃亏、得好处，才能真正落地实施，达到用河长制实现河长治。"上述评论同样显示这些公民对政府环境治理能力及现状的不满意，而希望引入监督机制这本身也是他们积极参与环境决策的一种建言。

（5）建议引入第三方监管机构、建立评估和考核机制。如微博账号"韩志鹏委员"认为"最好由第三方评估"。微博账号"广西日报"提出："建立和完善定期考核、日常抽查、社会监督、责任落实等制度。亮明态度底线，问责追究绝不'躲猫猫'，才能倒逼各位河长为实现水更清岸更美负其责、履其职。"微博账号"德州环境"认为："'河长制'能否发挥实效，关键在于防治责任的真正细化，组织形式的条分缕析，以及责任主体的精确锁定。长期以来，江河湖泊的生态保护，由于涉及水资源保护、水域岸线管理、水污染防治、水环境治理等多方面内容，多部门权责交叉，时常陷入九龙治水、治而无功的尴尬境地。"上述评论显示出这些公民对环境治理有较深刻的认识，已形成生态理性和环境价值观。

三、提高环境政策传播效果的对策建议

经过一年多的传播和推进，普通公民对于"河长制"相关政策已经有了一定的认知，部分公民对于政策的推行表示赞同，但是无论是从发文数量来看，还是从网友评论来看，"河长制"离真正进入公众议程还有相当一段距离，甚至还有不少公民对这项政策的前景表示担忧，民间舆论场的这种较低程度的回应与官方和媒体积极的政策宣传之间存在一定的断层。

公共政策理论认为，政策创新通常会受到"交流渠道、资源的可获得性、个人目标与组织目标的相关性、创新政策的制度"[①]等因素影响。而目前造成环境政策很难进入公众议程的原因主要有：第一，环境政策的传播内容偏理性，缺乏一定的话题性和情绪触动性，很难引发社会的广泛关注，从而出现了前文所述的网友对"河长制"的好奇，再加上环境保护行动中常见的"公地悲剧"和"搭便车效应"，致使很多人仍然认为环境污染治理离他们很远，

---

① 朱亚鹏：《政策创新与政策扩散研究述评》，《武汉大学学报》（哲学社会科学版）2010 年第 4 期。

因此环境政策的社会关注度不太高；第二，环境政策的传播内容以政策的介绍、解释为主，缺乏对政策执行的监管信息的传播，以及对评估与考核内容的报道，影响了普通公民对环境政策的信任度，这从部分网友提出的加强监督和管理、引入第三方监管机构、建立评估和考核机制建议可见一斑；第三个原因在于近年来政府在环境保护方面的公信力下降。由于环境治理并非一朝一夕便可见成效，而污染与破坏则往往更具冲击力，造成了部分公民对政府环境治理能力的不信任，这从网友对"河长制"的质疑和担忧的评论中可以窥见。

微博空间是舆论的重要场域，也是进入公众议程的重要通道。要提高环境政策的传播效果，提升环境政策在公共议程中的关注度和参与性，可以从如下方面着手：

1. 多元方式传播环境政策，降低信息的可获得性

在账户选择方面，除了政务微博、媒体微博之外，还应积极与环保 NGO 的微博、环保积极分子等进行互动，互通互联，建立起多元化的传播矩阵，实现创新联动，做到聚合传播①，增强用户对政策的接触力度，降低相关信息的可获得性。

在传播手段方面，应力求运用多元化、圈群化、视听化的表达方式，提高用户的兴趣度。在发布政策信息时，尝试转换视角，直面问题，运用多元化的叙事手段和新的技术形式，实现从单一、单向的稿件提供向互动、交互发布模式的转变。除了文字、图片等传统传播形式外，网络流行语、流行表情、短视频、微动画、微博热度话题、@形式的交流互动等手段都可以应用到传播中，进一步接轨青年一代的微博使用习惯，以更轻松的传播方式向用户传递政策信息，尝试与用户建立起基于"共情"的"群圈"关系，提高环境政策的社会关注度。

2. 强化对执行过程和监督反馈的传递，全方位传播环境政策

在环境政策的传播过程中，除了对政策的内容进行解读、传递

---

① 张淑华：《新媒体语境下政策传播的风险及其应对》，《当代传播》2014 年第 5 期。

各项通知安排之外，还应传递政策的执行过程、执行效果、监督反馈等相关信息，同时还需要畅通公民参政议政的通道，让普通公民拥有参与污染治理的途径，这样才能促进环境问题的解决。在环境政策的扩散过程中，可以运用大数据分析做好政策相关舆情的收集和监控，准确地把握公民的信息诉求，强调上下、内外以及不同领域间的协同，全方位传播环境政策，让公民真正理解环境政策的意义，并积极加入污染治理和环境保护的行动。

3. 增强对政策执行的监督和反馈，提升政府公信力

在政策的创新扩散中，公民将根据自身的经验和利益取向，对环境政策的内容、目标、程序、质量等相关内容进行评价和监督。而将公民参与和舆论监督环节引入环境政策的传播，也将最终影响到环境政策的执行及该政策的能效。[1] 目前微博空间中有关"河长制"的负面评论大多集中在质疑该项政策的执行力度、质疑政府和官员的不作为以及怀疑政府的决心和毅力等方面，长此以往必将影响政府公信力，从而陷入塔西佗陷阱。

要提升政府公信力，首先要尊重公民的知情权，保证所传递的信息的时效性和真实性。其次，要提升政府的回应性和执政过程的透明度。研究表明，新媒体时代地方政府公信力的维持和提升与政府的回应性和透明度密切相关，回应性和透明性对地方政府公信力有显著的积极影响[2]。再次，要加强对环境政策执行过程的监督，通过协商的方式解决争议，加速热点事件的解决。最后，要建构公民参政议政的途径和通道，积极听取公民的合理意见。可以利用微博的开放性、便捷性、联动性，建立畅通的民主参与渠道，鼓励公民参与环境保护，提升环境政策执行所带来的归属感和价值认同。

总之，目前微博空间中的"河长制"传播尚未形成规模化，也不能同其他热门话题形成竞争，而普通公民的参与度还比较低，

---

① 杨晨光：《政务新媒体走向政策传播 3.0 时代》，《网络传播》2017年第 3 期。

② 马得勇、孙梦欣：《新媒体时代政府公信力的决定因素——透明性、回应性抑或公关技巧？》，《公共管理学报》2014 年第 1 期。

负面评价偶有出现，这些说明在微博空间中，环境政策的传播仍然停留在宣传推广的阶段，并未深度影响公众议程，这也进一步桎梏了环境价值观在微博空间中的扩散。在河长制的后期传播过程中，需要进一步调整传播方式、完善传播内容，扩大这一创新性环境治理政策的公众基础。

第四节　绿色公共领域的建构：视听新媒体的环境价值观"赋权"

麦克卢汉认为，信息媒介的特征直接影响到它们参与形塑的社会关系的性质。在环境价值观的传播过程中，视听新媒体技术的出现，帮助人们进一步突破了自身交流的局限性，正是借助这些方式，"各种社会关系得以跨越广袤时空而获得更为持久地存在"①。信息存储方式的便捷性、大容量，信息交流方式的互动性、共享性，信息内容的分散性、去中心化，视听新媒体的这些传播特征使得环境价值观和环境公民身份的媒介建构得以突破传统媒体和官方话语的局限，而通过对绿色公共领域和反工业主义话语的"赋权"，视听新媒体正在实现对环境价值观的多元意义建构。

一、绿色公共领域的"赋权"性建构

绿色公共领域也被称为环境公共话语空间，是关于环境议题的政治型公共领域。罗伯特·考克斯认为，绿色公共领域建构涉及"内部"信息知情权、专业信息渠道近用权、替代性行政介入权和公民行动权这四种权利。② 而道格拉斯·托格森（Douglas Torgerson）认为，绿色公共领域的话语特征表现为对工业主义假设

---

① ［英］安东尼·吉登斯：《社会的构成：结构化理论大纲》，李康、李猛译，生活·读书·新知三联书店 1998 年版，第 382 页。

② Cox R. Environmental Communication and Public Sphere［M］. London：Sage，2006：107-109.

的挑战，① 它直接面对的是行政管理领域，而后者则是一个以专业技术精英为主导的，为现代化提供整齐的、可预测性的服务的领域。② 由此可见，绿色公共领域是与国家权威主义话语体系或技术精英主义话语体系相对抗的，是一种以绿色思想或绿色意识为主体的话语空间，它倡导从生态想象与生态伦理的角度赋予生命价值以"绿色"意义，或者说从生态中心主义伦理视角来解释与日常生活相关的行为与价值。而视听新媒体一方面以其共享性和去中心化的传播特征，突破了传统媒体和权威对于话语权的控制，另一方面又以其虚拟性和开放性，突破了个人身份的约束和限制，消解了权威对于个体的控制，从而促进了"绿色公共领域"的形成。

（一）视听新媒体的公民环境知情"赋权"

视听新媒体对绿色公共领域的"赋权"性建构首先表现在对公民的环境信息知情权的"赋权"方面。视听新媒体以信息存储方式的便捷性、大容量，信息交流方式的互动性、共享性，信息内容的分散性、去中心化等传播特征，打破了权力对于信息的垄断，在视听新媒体技术的支持下，每个公民都有机会寻找到自己所需要的信息，这就实现了对公民环境信息知情权的"赋权"。近年来"雾霾天气"成为常态，人们对于空气质量报告的知情权要求剧增，2012 年以后不少公民开始自发地在网络上发布各类机构发布的空气检测数据以及相关图表、图片，面对这种情形，环保部也迅速建立起了专门的全国城市空气质量实时发布平台，公布全国各地主要城市每天的空气质量（AQI）报告、实时监测数据、站点空气质量、24 小时变化趋势、县级环保模范城市等相关数据，并将相关数据信息制作成可视化的媒介产品，各地环保部门也在

---

① Torgerson D. Expanding the Green Public Sphere：Post-colonial Connections ［J］. Environmental Politics，2006，15（5）.

② Torgerson D. The Promise of Green Politics：Environmentalism and the Public Sphere ［M］. Durham，NC：Duke University Press，1999：10-11.

其官网和官方公众号上公布空气质量报告和环境状况公报。相关环境信息的公开，对于保障公民的环境信息知情权起到了一定的积极作用。

（二）视听新媒体的公民环境表达"赋权"

视听新媒体对于公民环境话语表达权的"赋权"，也是新媒体"赋权"作用的一个表现。这种表达"赋权"重构了人类的关系，使得生态主义话语与工业主义话语之间有了对话和交锋的平台，从而创建了一个绿色公共领域。在这个空间里，无论是标榜现代文明的经济价值和经济理性的传统工业主义话语，还是主张反思现代性的生态主义话语，都可以充分地利用既有的符号系统来进行意义的表征和争夺。在这个绿色公共领域里，视听新媒体俨然成为一个关于环境议题的多元意义生产空间，在这个空间里专业网站、网络论坛、网络视频播放平台、网络电视台、微博、微信、QQ群（腾讯即时聊天工具）等，都被用来作为环境传播的平台，公民的环境表达权有了实现的可能。例如，网名为"悄悄爱烘焙"的网友就在土豆网开辟了名为《Greennovate：一起拯救地球》的系列视频"豆单"（土豆网的视频播放列表），这里的"Greennovate"是一个环保组织，它的名字是由 Green（绿色）和 innovate（创新）两个单词结合而成，活动者介绍他们创建该视频的愿望是"希望通过创新的方式来推动可持续发展等环保理念"，而相关视频也在创新绿色理念的传播方式方面做出了探索，该视频"豆单"以 3 分钟左右的简笔动画为主，透过幽默风趣的影像和犀利的语言，传递了该组织对绿色思想和绿色生活方式的见解。仅在 2013 年，该网友就在"豆单"上发布了 21 个环保主题视频，其中《N 种方式拯救地球》时长 3 分 52 秒，用简笔动画的形式表达了作者对可持续发展的呼吁，"我们可以创造一个绿色的未来，只要每个人都多考虑一份对环境、对社会的影响，积极的发问：产品是否环保，商家有没有绿色的生产方式，有没有回收措施，激励政府制定绿色的政策等，相信我们可以用公民意识创造一个可持续的未来"①。而《一起污染吧》则使用反讽的手法，通过 3 分 03 秒的动画，批判了当前人们的污染行为，内容新颖、有趣，很符合新生代网友的"审美"方式。由于"Greennovate"传播的绿色理念也受到了网友们的欢迎，不少网友主动在人人网、豆瓣网等网络论坛和社区平台上，分享并评论该小组的相关视频，而这些活动也在客观上起到了传播绿色思想的作用。

（三）视听新媒体的公民环境行动"赋权"

除了知情权和表达权的"赋权"外，视听新媒体还实现了对公民环境行动的"赋权"。在视听新媒体构建的绿色公共领域里，文字、声音、视频、数据、图表、图片、绘画作品、行为艺术、身体叙事甚至是游行示威等各类符号，都被用来诉说环境问题，召唤环境保护行为，环境公民身份的建构方式更加开放和多元。在广州市的广佛地铁线路中，地铁移动电视媒体在一档名为《开课啦》的节目中持续不断地播放一个宣传绿色出行的 3 分钟宣传片。影片通过 Flash 动画的形式，用一系列数据、图表和图示形象地展示了乘坐地铁出行对环境保护的贡献，鼓励人们乘坐地铁出行。这种传播方式将地铁公司的企业形象宣传与环境保护的理念传播结合在一起，并鼓励人们付诸行动，十分新颖。

为了取得在绿色公共领域里取得环境话语的主导权，政府组织、企业组织、环保 NGO（非政府组织），甚至是个体公民，都积极争夺"一席之地"，他们通过建立官网、开通官方微博、微信、客户端等方式来体现自己的"在场"，而不少环保活动也依靠新媒体来打响知名度、扩大影响力，一场没有硝烟的"话语争夺战"已经打响。2008 年 5 月，一个名叫李清平的平凡打工者从深圳返回老家湖北，他看到红安县一村庄出现大肆砍伐天然林并以种上速

---

① 悄悄爱烘焙 . 2013 年 Greennovate 视频：N 种方式拯救地球［EB/OL］.（2013-8-24）. http：//v. youku. com/v_show/id_XNTQ2OTIzNjU2. html.

生林作为代替的现象，于是便向有关部门和媒体反映这一情况。但这一事件并未引起重视，无奈之下，他只好求助于网络，他在自己的博客上写下《请紧急制止湖北省红安县觅儿寺镇李家畈村大举破坏天然林》等一系列文章，并拍摄相关视频上传到博客。他的博客日志发布后受到了网友的力挺，并掀起了一股议论风潮，许多环保人士加入调查的行列，而多家媒体也竞相转载，随着事件的发酵，黄冈市政府不得不在网上发布通告公布事情真相。在这一事件中，传统话语空间被工业主义话语所掌控，而视听新媒体则打破了这一权力结构，它通过赋予普通公众以话语权的方式，完成了绿色意义的生产和传播。

二、反工业主义话语的意义生产

工业主义话语强调经济发展的绝对权威和合法地位，主张自然环境为经济发展"让路"，而视听新媒体则创建了一个反抗和挑战工业主义话语的场域。在这个空间和场域中，无论是生存极限主义宣扬的"地球极限"理念，抑或生态理性主义所主张的通过民主政治或经济理性的方式解决环境问题的意义生产，还是生态现代化和可持续发展所倡导的协调人与自然之间的张力，甚至是绿色激进主义所流露的重建生态政治秩序愿望，各类反工业主义的话语通过对象征性资本和支配性话语资源的争夺，实现了意义的生产。在这个过程中，环境公民身份的新媒体"赋权"也悄然实现。

在番禺垃圾焚烧厂项目事件中，视听新媒体充分发挥了反工业主义话语意义生产的功能。一位网名为"Kingbird"的业主联合自己的家人起草了一份《番禺生活垃圾焚烧发电厂起诉书》，他将这份起诉书发布到相关业主网络论坛（即"江外江论坛"）上，号召大家一起来行动。而业主"樱桃白"除了通过线下行为艺术的方式进行环境抗争外，她还将自己带着防毒面具坐地铁的行为艺术经历写成了一篇幽默风趣的博客，发表在"江外江论坛"上，而她的帖子被网友们疯狂转载，来自天涯、新浪微博和开心网等知名网站的网友将她称为"史上最牛环保妹妹"。

　　虽然各种形式的网络管制正在增加，但是相对于传统媒体来说，新媒体仍然拥有相对宽松的传播环境，这为各类思想的交锋提供了一个相对"民主的"平台和公共空间。尤其是那些以聚众式传播见长的社交媒体，如微博、微信等，它们在环境传播和生态思想的交锋中扮演着重要角色。例如，2013 年 2 月，浙江省瑞安市一名叫金增敏的企业家在自己微博上发帖，表示愿意出 20 万元邀请当地环保局长下河游泳，一条微博"激起千层浪"，网友们纷纷发帖"围观"，多地出现了邀请环保局长下河游泳的帖子，引起了主流媒体的关注，并让环境治理成为公众议程中最重要的议题。而在什邡和启东事件中，李承鹏、韩寒、李开复、刘春、任志强等意见领袖，也在微博上发表评论和转发信息，引发了更多公民的关注。

　　而在 2011 年的南京梧桐保护事件中，微博充当起了绿色思想与工业主义话语之间激烈交锋的"公共空间"，并最终让反工业主义的环保话语取得了意义争夺的胜利。2011 年 3 月 9 日，南京太平北路由于修建地铁三号线，有关单位将沿线的 40 余棵法国梧桐的枝叶相继砍去，只留下植株主干以供迁移，引起不少市民的争议。有网友将梧桐树被砍前后的照片通过微博转发给了黄健翔，而黄健翔也随即在自己的微博上发布了一条"救救南京梧桐树"的帖子，得到了大批网友和粉丝的力挺。仅在黄健翔发微博的当天，该条信息就被网友转发了 7000 次以上，并有超过 4000 条的跟帖和评论。与此同时，黄健翔还呼吁微博名人姚晨、赵薇、郑渊洁、王菲、孟非、乐嘉、陆川等人共同关注这一事件。接着，孟非也在网易微博上发帖呼吁。而在他发帖的同一天，新浪微博也大张旗鼓地进行了相关倡议活动，超过 13000 名网友通过微博积极参与。这场由微博发起和推动的"梧桐保卫战"在全国产生了巨大反响，很快，海峡对岸的国民党立委邱毅也从微博上获悉此事，并发起提案，希望通过海基会、海协会等平台进行协商对话。随后，南京市委市政府也选择通过微博平台与市民多次对话。不久后，移树工作被全面叫停。南京市委市政府还充分听取市民意见，并邀请各方专家重新论证优化相关方案。在这次环境公共事件中，新媒体营造了一个相对民主的"公共空间"，让公民的绿色思想和主张得以充分表达，从而也实现了环境公民身份的建构。

三、环境抗争和维权的意义扩散

视听新媒体通过"弱连接"的方式将用户连接在一起，在拓展个人的"社会资本"的同时，也为环境抗争与维权的意义生产和扩散搭建了一个良好的平台。这里的"弱连接"（weak ties）是与"强连接"（strong ties）相对而言的，美国学者马克·格兰诺维特（Mark Granovetter）认为，"弱连接"是一般的熟人、点头之交等关系，虽然它不如"强连接"作用于个体的力量强大，但是更能扮演不同的团体之间的"桥梁"（bridge）作用，从而拓展获取资源和传递信息的渠道。因此，人们之间的"弱连接"能丰富人们的社会资本。① 而"社会资本"在布迪厄（Pierre Bourdieu）那里指的是真实资源和虚拟资源的综合，它通过一个由制度化程度不一的、相互熟识或认识的人所组成的、具有持续性的网络，而加诸于个人或群体之上。②普特南（Putnam）也认为，社会资本就是社会连接，以及伴随而生的规范及信任。③

视听新媒体技术尤其是互联网和移动互联网技术，增强了人们之间的联系，极大地拓展了人们的社会资本。近年来，中国互联网发展迅速，据第41次中国互联网络发展统计报告显示，截至2017年12月，我国网民规模达到7.72亿，手机网民规模为7.53亿，在上网设备方面，通过台式电脑和笔记本电脑接入互联网的比例分别为53.0%和35.8%，平板电脑上网使用率为27.1%，使用上述

① Granovetter M S. The Strength of Weak Ties ［J］. American Journal of Sociology, 1973, 78 (6).

② Bourdieu P, Wacquant L J D. An Invitation to Reflexive Sociology ［M］. Chicago：University of Chicago Press, 1992：119.

③ Putnam R D. Turning in, Turning Out：The Strange Disappearance of Social Capital in America ［J］. Political Science and Politics, 1995 (28).

三种设备上网的比例均有所下降，而手机上网使用率为 97.5%，电视上网使用率为 28.2%，二者均有所上升（参见表 3-10）。① 从理论上说，这些网民被"连接"在一起，形成了一张巨大的"社会关系网"，视听新媒体的影响力可见一斑。

表 3-10　　　　　　　　**2000—2015 年中国网民数量**

	互联网络用户			手机网民		
	用户规模	新增用户	普及率	手机用户规模	新增用户	上网使用率
2017 年	7.72 亿	4074 万	55.8%	7.53 亿	5734 万	97.5%
2016 年	7.31 亿	4299 万	53.2%	6.95 亿	7550 万	95.1%
2015 年	6.88 亿	3951 万	50.3%	6.20 亿	6303 万	90.1%
2014 年	6.49 亿	3117 万	47.9%	5.57 亿	5672 万	85.8%
2013 年	6.18 亿	5358 万	45.8%	5 亿	8009 万	81.0%
2012 年	5.64 亿	5090 万	42.1%	4.20 亿	6440 万	74.5%
2011 年	5.13 亿	5580 万	38.3%	3.56 亿	5285 万	69.3%
2010 年	4.57 亿	7330 万	34.3%	3.03 亿	6930 万	66.2%
2009 年	3.84 亿	8600 万	28.9%	2.33 亿	1.2 亿	8%
2008 年	2.98 亿	8800 万	22.6%	11760 万	6720 万	无统计
2007 年	2.1 亿	7300 万	16%	5040 万	无统计	无统计
2006 年	13700 万	2600 万	无统计	1700 万	无统计	无统计
2005 年	11100 万	1700 万	无统计	无统计	无统计	无统计
2004 年	9400 万	1450 万	无统计	无统计	无统计	无统计
2003 年	7950 万	2040 万	无统计	无统计	无统计	无统计

① 中国互联网络信息中心. 第 41 次中国互联网络发展状况统计报告［EB/OL］. （2018-3-5）. http：//www.cnnic.net.cn/hlwfzyj/hlwxzbg/201803/P020180305469130059846.pdf.

续表

	互联网络用户			手机网民		
	用户规模	新增用户	普及率	手机用户规模	新增用户	上网使用率
2002年	5910万	2540万	无统计	无统计	无统计	无统计
2001年	3370万	1120万	无统计	无统计	无统计	无统计
2000年	2250万	1360万	无统计	无统计	无统计	无统计

数据来源：CNNIC

　　沙（Shah）、夸克（Kwak）和赫伯特（Holbert）认为，以获取信息为目的的信息传播行为有助于增加人们的社会资本，而以娱乐消遣为目的的使用行为则会减少社会资本。① 在当前的 Web2.0时代，用户可以随时上传和下载自己生产的各种内容和应用（UGC模式），而根据自己爱好和使用习惯的不同，网民们又被纳入了不同的群体，从而形成了无数个小的"次级网络"，而新媒体技术又为这些"次级网络"之间搭建起了一座座"桥梁"，因此，从理论上来讲，全球所有接入网络的用户都被连接在一起，这也是对"弱连接"和社会资本的最大程度的拓展。

　　在厦门PX项目事件、番禺垃圾焚烧发电争议事件、南京梧桐树保卫事件等诸多突发性环境风险事件中，环境保护行为者们利用新媒体平台传播迅速便捷、信息公开及影响力大等特点，积极发出自己的声音，而视听新媒体尤其是社会化媒体，在扩大事件的影响力、促使环境维权和抗争事件从单个的环境议题上升到公共议题的过程中发挥了重要作用。

　　而在日常的环保行动中，视听新媒体在扩散事件的影响力等方面也有十分突出的表现。"爱我百湖"是武汉市比较有影响力的环

---

　　① Shah D V, Kwak N, Holbert, R L. Connecting and Disconnecting with Civic Life: Patterns of Internet Use and the Production of Social Capital [J]. Political Communication, 2001, 18 (2).

境保护活动主体，相关环保行动开始于 2010 年，目前已经吸引了超过 5000 名市民参与日常的"护湖行动"。笔者自 2013 年 10 月以来就加入了该组织的"江北群"，并持续对之进行观察和记录，经过几年的持续观察，发现虽然该组织并不是一个成熟的环保 NGO（非政府组织），所有的志愿者只是在共同理想的支持下，通过松散的组织形式连接在一起的，但该组织的志愿者们却非常积极，他们不仅在线下开展巡湖、调查、宣传等日常环保活动，还积极利用新媒体平台宣传绿色环保理念，志愿者们利用网络论坛、QQ 群（腾讯即时聊天工具）、微博、微信等新媒体平台和社交媒体工具，积极扩大环保行为的影响力。

QQ 群（腾讯即时聊天工具）在"爱我百湖"活动中发挥了重要作用，目前"爱我百湖"行动已经组建了 30 多个 QQ 群，除了用来通报近期的活动安排、传递相关环境政策及环境报道信息、曝光污染破坏现象之外，志愿者们还利用 QQ 群（腾讯即时聊天工具）相互分享环境污染治理的经验，有时候志愿者们还会围绕一些特定的主题发起相关讨论，不少志愿者还主动将相关信息转发到自己所在的其他 QQ 群（腾讯即时聊天工具）、微博和网络论坛等网站，这就在无形中扩大了该组织的社会资本。如：2013 年 12 月 28 日，志愿者们就在江北群等 QQ 群（腾讯即时聊天工具）中围绕武汉电视台最新一期的《电视问政》节目中关于湖泊污染和空气污染的问题展开了激烈的讨论。当天上午 9 点 58 分，由网名为"汤仁海 熊猫侠"的网友在江北群发出第一条信息之后，网友纷纷发言，讨论一直持续了近两个小时，网友们从湖泊问题谈到了雾霾问题，充分表达了自己对环境污染的看法。两天后，《长江日报》的记者金涛又在该 QQ 群（腾讯即时聊天工具）中发表了由他撰写的关于志愿者"柯大侠"的随笔文章《你我同行 下一个十年更精彩——柯大侠环保十周年纪随想》，这篇文章受到了网友们的高度赞誉，并被转发到了武汉论坛的"爱我百湖"板块。然而，QQ 群（腾讯即时聊天工具）也存在着成员之间相互关系较弱，人员流动性较大，成员活跃度不稳定等弱势，在未来的行动中，"爱我百湖"必须考虑如何克服 QQ 群（腾讯即时聊天工具）的弱势，创建一种管理方式更加科学的网络社群。

　　社会动员能力的提升也是新媒体对环境公民身份"赋权"作用的重要表现，"地球一小时"是"世界自然基金会"（WWF）发起的一项呼吁减少温室气体排放的全球性活动，该活动号召大家在每年3月的最后一个星期六晚上的8：30—9：30熄灯1小时。2010年3月27日，软件巨擘微软MSN（微软网络服务）也主动要求参与该活动，MSN（微软网络服务）除了连续六天在旗下的"必应搜索"首页推出环保专题之外，还通过旗下的其他搜索引擎、网站、邮件、MSN（微软网络服务）聊天工具等向用户号召进行"关灯1小时、下线1小时"的活动，MSN（微软网络服务）的加入发挥了新媒体"弱连接"的作用，大量网友响应号召加入了"地球一小时"活动，扩大了整个活动的社会动员能力和影响力。

　　总之，视听新媒体作为环境价值观建构的重要场域，不仅为环境保护行为提供了沟通和交流的平台，而且为环境公民身份进行"赋权"，它的相对自由和"弱连接"的特性，极大地拓展了环境保护行动者的社会资本，它建构起了相对自由的绿色公共领域，从而完成了对反工业主义权威话语和反技术精英话语的意义生产，传播了绿色思想和绿色价值观，也扩大了环境保护行为的动员能力。

第五节　环境传播与环境公民身份建构的互动

　　从中国环境传播发展的历程来看，环境传播与环境公民身份建构之间存在密切的互动关系，二者相互推动，相互促进。一方面环境传播激发了环境公民身份建构活动的产生，另一方面环境公民身份建构活动又推动了环境传播的发展，而在二者的互动过程中，政府、媒体、公民是三个最重要的影响因素，它们共同推动了环境传播与环境公民身份建构的互动进程。

　　一、环境传播中的政府、媒体、公民互动及对环境公民身份建构的激发

　　美国环境社会学家汉尼根（Hannigan）指出，环境问题建构的

关键活动或任务包括三个环节，即问题的聚合、呈现与竞争。① 无论是在日常的环境宣传和报道中，还是在环境公共事件的公民维权运动中，环境传播通过对绿色思想的传播、绿色生活方式的倡导及环境维权的理性引导，培育了公民的环境理性，培养了环境友好型的"绿色"公民，推动了环境公民身份的建构进程。2012 年以后频繁出现的全国性"雾霾天气"引发全民关注是一个典型的案例。

（一）公民环境权利的抗争与媒体的理性引导

近年来，中国的环境公共事件频繁发生，并引发了各类以邻避运动为主的环境维权和抗争行动②。由于环境公共事件的影响范围广、社会关注度高，包括电视媒体在内的大众传播媒介纷纷对之进行报道。在此过程中，大众传媒逐渐形成了自身的环境公民身份建构编码模式，成功地对公民的环境参与行为进行了引导，培育了公民的环境理性。

2012 年以后，"雾霾天气"逐渐成为举国关注的环境污染现象，北京等地的公民自发进行空气质量监测，并将数据上网共享。一些公民还通过手机、DV（数字视频）、相机等移动设备，将自己所拍摄到的雾霾天气的相关照片和视频发布到网络上，并对雾霾现象及其成因展开了大量的讨论。人们在讨论中明确表明了自身的环境生存权和知情权等环境权利主张，一场有关雾霾问题的舆论战就此打响。

包括电视媒体在内的大众传媒在这场有关雾霾的环境传播中发挥了重要功能，它们将单纯的环境风险议题上升为关系到共同体成员资格获得与保障的社会性议题，并通过对公民环境权利和

① Hannigan J A. Environmental Socilogy: A Social Constructionist Perspective [M]. New York: Routledge, 1995: 40-51.

② 丘昌泰：《从"邻避情结"到"迎臂效应"：台湾环保抗争问题与出路》，《政治学论丛》2002 年第 17 期；何艳玲：《"中国式"邻避冲突：基于事件的分析》，《开放时代》2009 年第 12 期；黄煜、曾繁旭：《从以邻为壑到政策倡导：中国媒体与社会抗争的互激模式》，《台湾新闻学研究》2011 年第 10 期。

环境责任的理性解读与形塑，培育了公民的环境理性精神和参与意识，推动了环境公民身份建构的进程。在这个过程中，大众传媒不仅将"PM2.5"（细颗粒物）这个大气环境化学的专业术语形塑为绿色表征的一个原型意象，使之变成了妇孺皆知的词汇，同时还通过对一个个"反绿色"意指概念的象征与修辞，将环境风险事件形塑为一种严重威胁人类生存的"纯粹恶"事件，从而引发人们对环境污染现象产生深恶痛绝和反感。例如，在2012年6月11日的武汉"黄雾"事件中，"灰黄色烟雾""呛人""全城生炉子""狼烟"等诸多"反绿色"的意象被用来形容这次怪异的天气。在2013年初的北京"雾霾围城"事件中，《南方周末》等国内媒体纷纷使用"十面霾伏""PM2.5爆表"作为标题，委婉地表达了对公众环境生存权遭到挑战的现实的担忧与不安。而境外媒体则通过对"脏""恶劣""令人窒息""毒气室"等意指概念的意义生产，引发了人们的"恐怖诉求"，如2013年1月13日的《纽约时报》将北京形容为"机场里的吸烟区"，同一天出版的德国《明镜》周刊认为北京是"全球最脏的城市之一""这里的空气闻起来就像篝火"，而一天之后的英国《经济学人》杂志，则将两天前的北京形容为"空气疯狂的一天"，"2000万人在中国首都感觉到窒息"。① 此外，大众传媒还广泛运用一些极端性的形容词来加深人们的环境忧患意识，如"十年一遇""史上最严重的"等，这些修辞意象的使用，触发了人们对于环境危机的反思，深化了人们对于绿色思想的认同，提出了"绿色"公民培养的问题。

面对公民日益增长的环境信息知情权需要，中国政府作出了积极回应，各级环保部门除了迅速在官网上开通了空气质量检测专栏，方便人们即时查询相关信息之外，还积极出台各种政策保障环境信息公开。此外，包括电视媒体在内的大众传媒也通过新闻和服务的形式，在第一时间发布空气质量报告，保障了公民的环境信息

---

① 阴卫芝、唐远清：《外媒对北京雾霾报道的负面基调引发的反思》，《现代传播》2013年第6期。

知情权，切实推进了环境公民身份建构的进程。

（二）媒体的环境伦理反思与政府的积极回应

在环境传播中，大众传媒除了引发人们对于环境污染现象的关注外，还引导人们对既有的环境伦理和生态观念，对经济和社会发展模式，对环境政策及其执行等进行反思。在 2013 年初的雾霾事件中，大众传媒就不断对雾霾产生的原因进行追问，质疑与拷问了当前的环境伦理和价值观范式的合理性，从而成功地将环境公民身份建构变成了公共议程中的焦点问题。例如：《人民日报》2013 年 1 月 15 日的报道《再现蓝天　不能只靠"应急"》一文，除了对北京、南京、重庆地区的雾霾现状进行报道之外，更犀利地指出，应急措施固然重要，但只有政府严厉举措，各地联动发力，才能破解灰霾问题。[1] 这就将雾霾议题从单纯的生态危机转移到公共议程当中，开掘了环境议题的政治意义和公共意义，完成了环境公民身份建构的议题聚合。而 2013 年 3 月 5 日的《新华每日电讯》上刊载的《既然同呼吸　只能共命运》一文指出，不管何种原因，燃煤、汽车尾气等被认为是人为污染的主要因素，而雾霾频发也不简单的是环保的问题，"不能头痛医头，脚痛医脚"，文章还借助多位全国人大代表的话语表述，深刻反思了当前的经济发展模式反生态的本质，"当前已经到了经济转型的关键时期，不能再走先发展再治理的路子，"不能在这样搞经济了"[2]。而《光明日报》的评论文章《雾霾天气警示城市发展之忧》则直接指出，雾是自然的，霾是人为的，持续的雾霾实际上是工业文明对自然损害的直观显示，也是对现代化的生产方式触碰自然底线的一种警告，更是对 GDP（国内生产总值）至上的发展思路的一种反驳。严重的雾霾天气不仅是现代化和工业化的后果，更昭示了城市规划的不合理，

---

① 王明浩、刘毅、孙秀艳等：《再现蓝天　不能只靠"应急"》，《人民日报》2013 年 1 月 15 日第 9 版。

② 王敏、吕晓宇、刘铮、林晖：《既然同呼吸　只能共命运》，《新华每日电讯》2013 年 3 月 5 日第 5 版。

以及发展的隐忧。① 从对雾霾发生原因的探讨到对转变当前的生态观念和发展模式问题的探讨，大众传媒通过议题聚合的过程，将环境公民身份的建构问题带到了公众面前。

　　此外，大众传媒还呼吁广大公民、企业和政府反思自己的行为对环境产生的影响，极力激发这些主体的环境责任意识。在雾霾天气事件中，主流媒体纷纷发挥舆论引导的作用，它们在剖析雾霾现象产生原因的基础上，更提出了公民的环境责任问题，并借此呼吁环境治理和保护行为的发生，这就指向了环境公民身份建构的核心。例如：《人民日报》的《"厚德载雾，自强不吸"不是全面小康》一文就明确指出，雾霾治理不仅是政府的责任，也是企业的责任和每一位公民的责任，文章还呼吁每一个人都应当行动起来。《新华每日电讯》的评论文章《雾霾围城，预警之外还需公共行动》也大声疾呼，既然同呼吸，就应该共责任，雾霾会散去，但是公共行动的责任则永远不能散去，更具根本性的公共行动是回归生态文明。② 而《中国环境报》的《他们的话值得认真听——雾霾治理，环保组织和代表委员不谋而合》一文，还提出了解决环境问题多元主体的问题，文章对全国"两会"期间环保专家、微博网友、参与环保的中学生、政协委员、环保 NGO（非政府组织）人士等各界人士的意见进行了归纳整理，在客观上创建了一个不同观点相互碰撞和交流的"绿色话语"的公共平台，文章还提出了面对社会公共议题时的合理化路径，即公众发出自己的声音、民间组织找准自身的角色定位并积极引导公众理性参与、代表委员提出制度完善的合理建议等③，这进一步诠释了生态文明的内涵，推进了环境公民身份的建构进程。

---

　　① 刘文嘉：《雾霾天气警示城市发展之忧》，《光明日报》2013 年 1 月14 日第 2 版。

　　② 燕农：《雾霾围城，预警之外还需公共行动》，《新华每日电讯》2013 年 1 月 14 日第 3 版。

　　③ 刘晓星：《他们的话值得认真听——雾霾治理，环保组织和代表委员不谋而合》，《中国环境报》2013 年 3 月 6 日第 3 版。

大众传媒持续不断的环境报道，也对政府的环境决策起到了一定的监督作用，推动了中国环境决策的科学化、民主化。2013年全国"两会"期间，大气污染问题成为与会代表们热烈讨论的议题，多数代表认为，现行的《大气污染防治法》已经不能满足现实需要了，建议修订该法。与此同时，政府也颁布了一系列规定"重拳治理"大气污染等环境问题。如2013年2月27日，环保部宣布将在全国大气严重污染地区，对火电、钢铁、石化、水泥、有色金属、化工六大行业，进行污染物特别排放限值。3月15日，环保部又提出，本年度将在116个城市建立440多个国家空气监测点，不断推进第二阶段国家环境空气网建设。

（三）绿色生活方式的倡导与环境公民身份建构的推进

在环境传播中，包括电视媒体在内的大众传媒还通过对生态文明、绿色消费主义和绿色生活方式的介绍与倡导，重塑了公民的绿色身份认同，推动了环境价值观的传播和环境公民身份建构的进程。

绿色消费主义和绿色生活方式主张在日常生活中尽量选择那些可循环利用的、替代性的绿色产品，尽量减少自身行为对生态环境的压力和破坏，在面对那些具有"洗绿"性质的企业和产品时，人们也能清醒地认识到自己的环境义务和责任。由此可见，绿色消费主义和绿色生活方式所倡导的不仅是采取绿色行动的问题，更是在绿色行动中逐渐转变为"绿色公民"的问题，它是对工业社会导致的人与自然关系扭曲状况的一种抵制和矫正。

大众传媒通过对绿色消费主义和绿色生活方式的倡导，影响了人们的日常行为方式。在雾霾天气报道中，大众传媒一方面建议人们尽量乘坐公共交通、减少开车、控制"黄标车"、多参加植树等环保活动，另一方面还提醒人们应当反思自己的行为，做一个"绿色公民"。例如：2013年2月21日《人民日报》在头版刊登特稿《美丽中国，从雾霾中突围》，文章对绿色生活的倡导从各地的民间"禁鞭"活动入手，倡导人们改变生活方式和生产方式，以推进绿色转型。① 《中国经济导报》的《治理雾霾：地区须联动，个人少开车》一文呼吁节能减排人人有责，鼓励人们少开车，身体力行地改变消费习惯。② 而《中国环境报》的《直击雾霾中的京城百姓生活》则进一步指出，当前针对污染源头治理的建议很多，但真正落到实处的甚少，雾霾治理的关键在于利益的博弈，而博弈的结果则要看各级政府的决心和勇气。③

总之，面对重大环境公共事件，包括电视媒体在内的大众传媒将话语生产作为一种关系生产和意义建构的途径，它通过对公民环境权利的主张，对现存环境伦理反生态本质的反思，对公民等主体的环境责任的呼吁和强调，以及对绿色消费主义和绿色生活方式的倡导，理性引导公民的环境维权抗争行为，传递生态文明和环境价值观，以期培养"绿色公民"。这也充分体现了环境传播对于环境公民身份建构的推动和促进作用。

二、环境公民身份建构活动对环境传播的推动

环境公民身份建构活动也丰富了环境传播的内容，拓展了环境传播的平台，促进了环境传播方式的多样化，推动了环境传播的发展。

（一）推动环境传播内容的深化

在环境传播中，公民们围绕环境危机而开展的维权运动，体现了鲜明的邻避运动色彩。这里的"邻避运动"（Not in My Back Yard，简称 NIMBY）是指，由于人们不愿意接受有污染威胁的邻避设施，如变电站、垃圾掩埋或焚烧场、传染病院或精神病院、发电厂等，兴建在自己社区附近，由此引发的一定规模的环境抗

---

① 孙秀艳、武卫政：《美丽中国，从雾霾中突围》，《人民日报》2013 年 2 月 21 日第 1 版。

② 潘晓娟：《治理雾霾：地区须联动，个人少开车》，《中国经济导报》2013 年 1 月 17 日第 B6 版。

③ 影视新闻中心：《直击雾霾中的京城百姓生活》，《中国环境报》2013 年 5 月 24 日第 8 版。

争和冲突运动，有时也被称为"地方上排斥的土地使用"（Locally Unwanted Land Use，简称 LULU）①，如厦门 PX 事件。环境邻避运动是人们为了争取自身的环境生存权与发展权而展开的维权抗争形式，它带有明显的环境正义性质，将环境传播的内容推向了深层次。

　　公民的环境维权还能演化为合理政策倡导，在体现环境决策民主的同时，也拓展了环境传播的内容。例如在番禺垃圾焚烧项目选址争议事件中，普通公民通过媒体及政府组织的座谈会，表达了自身的诉求，实现了维护自身合法权益的目的。2009 年 9 月 23 日，广州市环卫局长吕志毅在接受媒体访问时表示，一旦番禺垃圾焚烧发电厂项目完成环评，将马上动工开建。网友"kingbird"得知这条消息后，主动搜集相关资料，并于次日在社区论坛"江外江"上发布反对意见，他还和网友"阿加西""郭老""巴索风云""樱桃白""苏老""姚姨"等人发起了关于垃圾焚烧的讨论。10月3日，"kingbird""姚姨"等人还起草了一份《番禺生活垃圾焚烧发电厂起诉书》并发布到论坛上，而社区论坛"江外江"也在首页开辟垃圾焚烧讨论专版，成为居民表达意见的新平台。不久之后，"kingbird"和"大叔"又分别组建了两个专门讨论垃圾焚烧的 QQ 群（腾讯即时聊天工具）。而业主们还通过派发传单、解释垃圾焚烧厂危害，并收集签名的方式，组织线下活动。② 此后，业主们又发起了倡导垃圾分类的讨论。公民的讨论和抗议也影响了媒体的环境传播议程，拓展了环境传播内容。10 月 14 日，广东省政府参事王则楚及彭澎、李公明等学者，在《新快报》上发言，质疑政府环境决策的透明程度。一周后，中国环境科学研究院研究员赵章元接受《南方人物周刊》采访，从技术、环保、国际经验等角度讨论垃圾焚烧事件，被搜狐、网易等多家网站转载。11 月 22

---

　　①　何艳玲：《"中国式"邻避冲突：基于事件的分析》，《开放时代》2009 年第 12 期。

　　②　严峰：《网络群体性事件与公共安全》，上海三联书店 2012 年版，第 18~22 页。

日，中央电视台的《新闻调查》栏目报道了该事件，12月21日《新闻1+1》也播出了相关专题，两天后，《法制日报》刊登了相关报道。随后，广州本地的多家媒体纷纷跟进，其中《南方都市报》除了进行跟踪报道外，还刊发社论指出必须将民意纳入环境决策考量环节，而《羊城晚报》还刊登文章讨论了公共事务的民主决策问题。① 在公民的积极参与及媒体的舆论监督的双重影响下，政府也开始反思环境决策过程的民主问题，并对之进行积极回应。在媒体公开报道一个月后，番禺区组织专家论证会，11月中旬以后，广州市政府各部门组织专员听取群众意见，23日，政府表示焚烧项目由市民决定。

在这场反对垃圾焚烧的运动中，公民发起的环境公民身份建构活动，影响了媒介议程和政府议程，体现了环境正义和生态民主，推动了环境传播内容的深化。

（二）推动环境传播方式的多元化

在环境传播中，除了传统媒体外，广大公民还灵活运用网络、手机、平板电脑、数码相机、可穿戴式移动媒体等多种终端和平台，充分发挥这些平台和终端进入门槛低的优势，将它们打造成为绿色意义和环境公民身份建构的新平台，这大大丰富了环境传播的渠道。2005—2010年，知名摄影记者卢广走遍全国各地，持续关注环境污染问题，他镜头下的河南西平的"癌症村"、内蒙古乌海的污染、黄海海岸的排污工厂等引发了广泛的社会关注，而他的摄影作品《中国污染》也荣获了2009年度的"尤金·史密斯摄影奖"。随着传播平台的拓展，环境传播的形式也进一步多元化，除了传统的大众传播外，图像政治、视觉传播、身体叙事等都成为环境传播的方式，这些新颖的传播形式容易吸引人们的兴趣，有助于扩大环境传播的影响力和社会动员能力。此外，漫画、图片、图表、视频、动画等一切可以被利用的方式，都被公民和环境记者运

---

① 严峰：《网络群体性事件与公共安全》，上海三联书店2012年版，第18~22页。

用到环境传播的过程中，这极大地丰富了环境传播的手段和方法，推动了环境传播方式的多元化。

　　总之，环境传播和环境公民身份建构之间存在密切的关联，二者相互激发，相互推动，而具有环境理性精神和参与意识的环境公民的培养，既是生态文明建设的要求，也是影响二者互动关系的关键。

第四章　环境传播中公民的参与式书写及绿色身份建构

　　霍尔姆斯·罗尔斯顿认为，每个人都具有生态叙事的能力，而让人们承担起生命故事叙述者的角色，这或许能使生态叙事本身变得更加意味深长。① 电视媒体的环境传播增强了公民的环境意识，也激发了公民参与环境保护的兴趣。而新兴的传播技术增强了普通公民参与环境传播的能力，新型的传播终端和平台也为普通公民提供了发布和分享环境信息的技术支持，于是每个公民都有可能成为环境传播中的信息传播者。在环境传播中，普通公民、匿名的专家学者、非政府组织等各类传播主体，借助于互联网、手机及其他移动终端或设备，传递环境信息、发布环境意见，并积极引领环境议题的走向，凸显了公民参与对于环境价值观的意义生产以及绿色身份认同形成的传播意义。为了解析普通公民参与环境传播的行为特征以及绿色身份认同的现状，本书对33 位访谈对象进行了历时四年多的访谈②，他们当中既有报道环境问题的记者，也有律师，还有高校教师、大学生和普通市民，其中参与环保运动最长的有 24 年，最短的 2 年。具体信息如表 4-1 所示。

---

　　① ［美］霍尔姆斯·罗尔斯顿：《环境伦理学》，杨通进译，中国社会科学出版社 2000 年版，第 3~20 页。
　　② 为了行文的方便及对访谈对象身份的保护，本书使用 W 加序号的形式指代访谈对象，并通过脚注的形式对相关信息进行说明。

表 4-1　　　　　访谈对象相关信息一览表

编号	受访者	职业	工作单位/所在环保组织及职位	参与环保时间	访谈方式	访谈时间
W1	张某某	记者	湖北电视台记者	15年	面访	2013年10—11月
W2	金某某	记者	长江日报记者	13年	面访	2013年10—11月
W3	徐某某	记者	湖北电视台记者	9年	面访	2013年11月
W4	黄某某	记者	湖北电视台记者	2年	面访	2013年11月
W5	柯某某	环保志愿者	武汉某环保NGO负责人	10年	电话访谈	2013年10—11月
W6	后襄河德德	企业财务人员	"百湖行动"后襄河志愿者	3年	网络访谈	2013年10月17日
W7	杨某某	高校教师	华中师范大学教授	18年	面访	2013年12月5日
W8	陶某某	高校教师	华中师范大学教授	10年	面访	2013年12月15日
W9	袁某某	高校教师	华中师范大学教师	5年	面访	2013年12月16日
W10	雷某某	志愿者	华中科技大学绿舟社团部长	3年	面访	2013年12月6日
W11	戚某某	志愿者	华中科技大学"十佳环保义士"	2年	面访	2013年12月10日
W12	杨某某	志愿者	武汉理工大学学生、台湾慈济慈善基金会武汉青年志工负责人	5年	面访	2013年11月30日
W13	轩某某	志愿者	华中师范大学春野环保协会会长	2年	面访	2013年11月20日、12月3日
W14	关某某	志愿者	华中师范大学春野环保协会成员	3年	面访	2013年12月5日

续表

编号	受访者	职业	工作单位/所在环保组织及职位	参与环保时间	访谈方式	访谈时间
W15	马某某	志愿者	华中师范大学春野环保协会绿色校园项目组组长	3 年	面访	2013 年 12 月 8 日
W16	徐某某	志愿者	华中师范大学春野环保协会观鸟护鸟项目组成员	3 年	面访	2013 年 12 月 7 日
W17	方某某	志愿者	华中师范大学青年志愿者协会会长	2 年	面访	2013 年 12 月 20 日
W18	阳某某	志愿者	湖北大学环保协会会长	2 年	面访	2013 年 11 月 11 日
W19	李某某	志愿者	湖北经济学院绿色天使环保协会会长	6 年	面访	2013 年 12 月 1 日
W20	周某某	志愿者	湖北经济学院绿色天使环保协会副会长	2 年	面访	2013 年 12 月 2 日
W21	盛某某	志愿者	上海政法大学学生、上海绿洲公益志愿者	5 年	网络访谈	2013 年 12 月 9 日
W22	杨某某	志愿者	海南大学景区环保志愿者协会会员	5 年	网络访谈	2013 年 12 月 4 日
W23	刘某某	政府官员	湖北省某县级市环保局主任	20 年	面访	2013 年 8 月 7 日
W24	张某某	志愿者	沙湖环保志愿队队长	3 年	面访	2015 年 4 月 11 日

续表

编号	受访者	职业	工作单位/所在环保组织及职位	参与环保时间	访谈方式	访谈时间
W25	梁某某	志愿者	沙湖环保志愿队队员	3 年	面访	2015 年 4 月 7 日
W26	韩某某	志愿者	湖北大学教师、沙湖民间湖长	13 年	面访	2015 年 3 月 22 日
W27	卢某某	志愿者	湖北大学教师	20 年	面访	2015 年 4 月 17 日
W28	张某某	志愿者	湖北大学教师	15 年	面访	2015 年 4 月 23 日
W29	沙某某	志愿者	沙湖附近居民	10 年	面访	2015 年 3 月 29 日
W30	董某某	志愿者	梦湖水岸居民	10 年	面访	2015 年 7 月 11 日
W31	邓某某	志愿者	爱湖人士、律师	8 年	面访	2015 年 4 月 21 日
W32	赵某某	公园管理人员	沙湖公园综合管理处办公室主任	5 年	面访	2015 年 4 月 2 日
W33	张某某	公园管理人员	沙湖公园市民特约管理员	5 年	面访	2015 年 4 月 2 日

第一节　公民参与行为的发生及绿色身份认同的形成

　　传统媒体和新媒体的环境传播活动，传递了生态文明的环境价值观，激发了普通公民对自身本体性安全的重视，也加速了公民对绿色身份的认同感。安东尼·吉登斯认为，本体性安全系统（ontological security system）不只是一种广义的安全感形式，它根植于人们的无意识之中，指的是人们对于自我认同、社会环境、物质环境等方面的连续性、稳定性、恒常性等的信心。① 它是形成人

---

　　① ［英］安东尼·吉登斯：《现代性的后果》，田禾译，译林出版社2000 年版，第 80 页。

们可靠性感觉和信任心理的基础，并与焦虑之间存在一种微妙的张力，而人们最基本的行为动机就是要控制焦虑感的产生。

在日常生活中，个体总是遵循着一定的惯例和思维习惯而行动，一旦这种常规和惯例被打乱或遭到破坏，人们就会陷入某种焦虑之中，随着破坏的持续，这种焦虑感还会持续并升温。而大众传媒是人们了解世界的一个窗口，它对社会问题的建构直接影响到人们对于社会现实的判断。尤其是在环境传播中，大众传媒对于持续不断的环境危机的报道，直接加深了人们对于环境恶化的影响，加上周边环境问题的爆发，这让越来越多的人感受到了来自环境风险的威胁。为了促进环境问题的解决以及缓解人们的这种持续性焦虑，人们尝试投身于争取环境公共利益的传播实践中，并通过自身的环境传播和环境保护运动，来激发他人参与环境保护行动。

一、安全、情怀与经济因素的交织激发了公民的参与行动

公民参与环境传播的动机是十分复杂的，调研发现大部分公民参与行为的发生，一方面是由于自身的本体性安全受到了冲击，另一方面则是受到了潜意识中家国情怀的影响，当然也有少数公民是基于经济因素的考虑而采取了绿色消费的举动。

（一）环境传播对个体本体性安全的警示

环境风险的出现是对人们本体性安全的一种破坏，它剥离了人们的生存安全感，造成了普遍的焦虑，这也是现代性的后果之一。早在 1986 年，德国社会学家乌尔里希·贝克就曾经指出，现代性正从古典工业社会的轮廓中脱颖而出，人类进入风险社会后，越来越多的破坏力被释放出来，即便人类的想象力也为之不知所措。在风险社会中，不确定性和无法预料性成为主宰社会运行的重要因素。① 当前，中国正在从传统社会向现代社会转型，社会结构、社

---

① ［德］乌尔里希·贝克：《世界风险社会》，吴英姿、孙淑敏译，南京大学出版社 2004 年版，第 2、17、20 页。

会制度以及社会关系向复杂化、偶然化和分裂化的方向发展，社会不确定性的因素增多，从而造成普通民众的本体性安全受到威胁，社会上弥漫着焦虑情绪，由环境污染事件和邻避设施而引起的群体性事件也日渐增多。而环境传播则激发了人们对于自身本体性安全的关注。由于环境问题关乎人们的生存安全，环境风险的出现，冲击了人们的本体性安全，面对环境污染破坏现象，人们不仅感觉到痛心疾首，更感知到了自身的生存安全感被剥离的危险。

在访谈中我们了解到，大多数行动者是通过环境传播逐渐认识到身边环境污染日趋严重的现实，从而产生了加入环保组织或采取环保行动的想法。如人称"大侠"的 W5 以前是一名从事平面设计工作的广告人，他有着一份稳定的收入，2003 年 9 月 15 日以后，他正式开始了环保公益工作生涯。他说自己之所以选择这样一条艰难的道路，是因为在以前的广告工作过程中，经常会为一些客户做相关环保宣传设计，而客户所提供的照片中呈现了许多干涸的土地、枯败的植物、横流遍地的污水、遍地垃圾的场景，这些场景让他很心痛，而媒体的相关环境报道又进一步加深了他的忧虑，"实在难以想象，我们周围的环境已经这么恶劣了。那个时候，我就决定做点什么"①。于是他产生了用自己的行动来宣传环境保护的想法。W18 也表示自己通过媒体的报道认识到了环境问题的严重性，加上自身身边的环境问题也日益严重，于是在她上大学后毅然选择了环境工程专业。她说："我从媒体上了解到当前中国有几个刻不容缓的环境问题，首当其冲就是大气污染问题，你看最近武汉的雾霾很严重，媒体报道说大家出门都不得不戴着口罩，其实不光是武汉这种中东部城市，就连空气质量一直比较好的珠海等地区，现在也有不同程度的雾霾困扰，更别说是北京了……"② W6 也表示自己生活在后襄河旁边，眼看着清澈的湖泊被污染，看着湖泊被"圈占"，他的心情很沉重，看到媒体报道说有很多人都加入

---

① 笔者 2013 年 10 月 31 日对柯某某的访谈内容。
② 笔者 2013 年 11 月 11 日对阳某某的访谈内容。

了"爱我百湖"行动中,于是自己也加入到保护后襄河的行动中。① W30 居住在沙湖旁边的梦湖水岸小区里,面对沙湖湖面被淤泥堆积和环湖路修建而侵占水面等问题,2015 年 6 月他和小区的39 位业主联合起来进行环境维权。②

(二)环境传播对集体无意识中的"家国情怀"的激发

环境传播还激发了人们集体无意识中的"家国情怀",继而动员了更多的公民投身到环境传播和环境保护行动之中。安东尼·吉登斯认为,本体性安全根植于人们的潜意识当中,它随着具体情境的变化和个体人格的差异而在程度上有所不同。③ 由于中国社会目前正处于传统性与现代性共存的转型时期,个体关于环境风险的本体性安全意识,往往还会与传统文化中的"家国情怀"产生共鸣,这是与西方社会不同的。

受到儒家文化的影响,中国的文人和知识分子向来有"先天下之忧而忧"的传统,而"修身齐家治国平天下"也是文人推崇的理想人格,经过几千年的发展,这一理想人格已经沉淀为中国文人的一种"集体无意识"。"集体无意识"是瑞士心理学家卡尔·古斯塔夫·荣格(Carl G. Jung)提出的理论,它指的是沉淀在人们心理最深层的那些同类型的原型和经验。英国学者鲍特金(Maud Bodkin)对之进行了修订,认为人类的某些原型模式是借助特殊的语言意象在人们心中重建起来的,它是一种文化信息的载体形式,是一种社会性遗传。

在中国,儒家文化至今仍有深远的影响,"修身治国"的家国情怀也被知识分子所继承,如大部分新闻记者都以"铁肩担道义"为信条,通过文字和影像来践行自己对于家国的理想,而新媒体的发展又为普通公民参与环境传播提供了条件。如 W3 在她大学本科

---

① 笔者 2013 年 10 月 17 日对后襄河德德的访谈内容。

② 笔者 2015 年 7 月 11 日对董某某的访谈内容。

③ [英]安东尼·吉登斯:《社会的构成:结构化理论大纲》,李康、李猛译,北京三联书店 1998 年版,第 137 页。

毕业之后，便去了江苏淮阴的一家报社工作，那边工业发展比内地早，环境问题也较为突出，从那时起她就开始关注环境问题了，"由于我自身对环保问题比较敏感，就想把这些问题挖掘出来，引起社会的共同关注。后来我的很多文章都成为了报纸的头版头条，渐渐地我也就专门跑起了环保线"①。两年后 W3 回到湖北省某电视台供职，环境问题仍然是她的重点关注领域。

在访谈中，不少学生志愿者也提到，由于受到媒体环境报道的影响，他们认识到了环境问题的严峻性，认识到自己对于自然环境所应承担的责任，加上高校环保社团大量的环保宣传，进一步深化了他们的这种认识，继而产生了加入环保组织的愿望。W14 说："在环保事业面前，个人的力量是很小的，但如果大家团结在一起，力量就是无穷的。我看到媒体报道说现在有很多人都在积极保护自己周边的环境，刚好我们学校又有一个环保社团，他们也做了许多环保工作，于是我就加入了。"②

（三）经济逻辑也是动机激发的重要因素

不可否认，功利性因素和经济逻辑仍然是当前环境公民身份建构行为动机激发的重要原因。目前不少公众积极践行节能环保的出发点就在于能够节省生活开支。而在访谈中，有些志愿者也表示，他们在日常的环保宣传活动中经常会遇到了这样的人，这些人首先会问："如果这样做我能有什么好处？"W13 愤愤不平地说："如果我告诉他没有什么真正的经济利益时，他们就会撇撇嘴走开，这时我也很难受，我就想为什么一定要把所有的事情都跟'好处'挂上钩呢？我们那么多志愿者不是也在无偿地从事环保工作吗？当然，这种现象也说明目前相当一部分人并没有真正形成环保观念，而我们的环保宣传工作也有很长的路要走。"③

----

① 笔者 2013 年 11 月 20 日对徐某某的访谈内容。
② 笔者 2013 年 12 月 5 日对关某某的访谈内容。
③ 笔者 2013 年 11 月 20 日对轩某某的访谈内容。

二、公民参与行为的延续与绿色身份认同的初步形成

环境传播不仅激发了公民的参与动机，而且为公民的参与行为提供了延续下去的动力，同时它还为公民绿色身份认同的初步形成有了一定的推动作用。

（一）个体的情感体验与生态责任意识的交融

在环境传播中，无论是环境记者，还是普通公民，他们常常会遇到各种阻力，但是当他们看到环境污染受害者的生活状况，又会被深深感动，而个体的这种情感体验往往还会与自身的生态责任意识产生交融，从而让个体获得参与环境传播及环境保护的行动力量。

W3 提到一件让她难以忘记的采访经历："去年 4 月，我做过一次有关黄梅地区某瓷砖厂大面积污染农田和引用水源的报道。当地的村民反映，事件已经存在一两年了但一直没人管，他们也曾向有关部门反映过，但相关部门都敷衍他们，把他们像皮球一样踢来踢去。在无处说理的情况下，他们给我们媒体单位打了电话，于是我和几个记者决定下去采访这个事件。我下去之后把全部情况摸清楚了，也有了真凭实据，但由于种种原因报道最终没有发出来，这个事情一直让我不能忘记。现在当地的村民还在陆续给我们打电话，我还是希望有记者能去实地调查一下。其中有一个细节我至今仍然记得非常清楚，有村民说当地的井水不能用、自来水全是被污染的、农作物全部死了，为了验证村民所说的话是否属实，我就让一位村民把自家的井水打上来让我们亲眼看看。井水打上来之后，我喝了一口，没敢喝下去，那口井水含在嘴巴里的感觉确实非常难受，后来那个村民还把井水烧开后让我察看。当地的村民非常淳朴，当我伸手摸了井水之后，他们告诉我一定要洗手啊，不然会起疹子的，于是他们跑到很远的地方打来了干净的水，还拿出了新毛巾和新肥皂让我洗手，这个细节让我一直都记得。我就想着如果他们还要打电话来的话，我一定要把这个事情跟我们领导说，还要再去一趟，说不定事情在现在会有转机。但是在当时的环境下这个片

子是不能发出来的，因为这其中关系错综复杂……"①

这样的采访 W3 还经历了许多，作为一名女记者，她在环境议题采访中充分发挥了女性较细腻和敏感的性格优势，从而多次与环境污染受害者产生"共情心理"（empathy）。从这种"共情心理"中深刻地体悟到了本体性安全受到的冲击，于是将这种个体性的情感体验上升为一种环境公民身份建构的意识，并产生强烈的使命感，她的环境传播活动才获得了延续下去的动力。

（二）公民环保意识的日益增强和绿色身份认同的初步形成

随着中国生态文明建设的深入，普通公民的环保意识日益增强，绿色身份认同也逐渐深入人心。W1 就讲到了一个案例，并认为正是这件事情让他深切地感受到了公众日益增强的环保意识和政府对于生态文明建设的决心，让他认识到普通公民对于绿色身份已经形成了初步的认同意识。他说："2006 年湖北省襄樊市的一条铁路进行改造，从随州到襄樊段的铁路需要破土施工，当时有村民反映施工方在挖土取石时把林地都破坏了，他们的意见很强烈，一直反映到国家林业局。林业局把这件事作为当年的一号大案立案挂牌予以督办，并指定湖北省林业厅负责，由森林公安负责取证、查处。我跟随工作组到了随州的现场，看到了施工现场挖土取石后遭到破坏的森林植被。当时国家的《森林法》已经出台了，明确规定工程施工不能破坏林地，但是施工方却对我们的环境执法百般阻挠。由于施工方自认为是'铁老大'，而在当时'铁老大'是很硬的，他们先后采取了躲、赖、硬三种态度。我记得当时施工方有一个项目经理，一开始他整天躲着不肯见面，后来当我们要强制执法时，他突然带了二三十人前来，这些人个个穿着工作服，头戴安全帽，手拿铁棒、榔头、扳手等工具，把我们团团围住，虎视眈眈地盯着我们。因为我们当时准备抓人，那个经理害怕被抓，于是就准备在我们抓人的时候动手打人。当时我们一看来硬的是不行了，只好决定暂时放弃抓捕行动，先撤离现场，然后再设法跟他们取得联

---

① 笔者 2013 年 11 月 20 日对徐某某的访谈内容。

系,在桌面上来商谈这个事情。在后来的谈判过程中,我们让他们明白了,毕竟是法大而不是铁棍子厉害,国家已经有了《森林法》,而且这个案子也是国家立案的,其实这些他们心里也是清楚的,知道瞎胡闹是不行的,于是就'听话'了。在这个过程中,我们对整个执法过程做了详细记录,后来我们将所拍摄的精彩画面制作成一条长消息,这条消息不仅在湖北台播出了,而且中央台综合频道、财经频道和新闻频道也在晚间新闻栏目中播出了,产生了轰动效果,这条消息也获得了当年的全国好新闻二等奖。虽然后来想起这件事我也觉得十分后怕,当时他们那么多人都是拿着铁棒子的,但从这件事里我看到了老百姓的环境意识是很强的,他们对于生态保护的概念是很鲜明的,而相关部门的查处力度也是很大的。"① W24 就讲到了自己近年来在湖泊保护行动中发现普通公民的环保意识日益增强,沙湖周边的环境也得到了改善,这让他认识到普通公民对于"绿色身份"已经形成了初步的认同意识。② W29、W30 和 W31 则亲身参与了梦湖水岸居民联名起诉武汉市水务局的行政诉讼,也正是这次行动让他们的环保意识和绿色身份认同得以强化。

(三) 成效的获取与公民参与行为的延续

借助于环境传播活动,环境问题得到及时有效的解决,这不仅让参与环境传播的记者和公民的社会价值得到了实现,也鼓舞了更多的公民积极参与到环境传播中。

W1 从 1998 年开始就涉足环境报道了,他曾经报道过天然林保护、湿地保护、退耕还林、生态建设等多个方面的新闻,获得了无数的奖项。多年来他跟随省里的相关领导和工作小组奔赴生态建设的多个现场,看到了许多生态建设的鲜活事实,也看到环境保护的积极作用,这些坚定了他从事生态报道的信心。他回忆道:"以前曾经有一位主管人口工作的刘副省长,他对我吃苦耐劳的采访工

---

① 笔者 2013 年 10 月 29 日对张某某的访谈内容。
② 笔者 2013 年 11 月 30 日对徐某某的访谈内容。

作加以了肯定，他说我跟着他'上到山尖尖，下到水边边，扛着炮筒子，拿着话筒子'，非常形象。"① 由于长期从事政府环保活动的相关报道，W1对于政府的环保工作非常熟悉，他认为，政府对于生态建设方面还是很重视的，下了很大的气力。他还讲自己亲身经历的一个采访，2004年洪湖曾经被渔民围成小块用来养鱼、养螃蟹，从而造成了水质恶化、鱼类减少、候鸟栖息地被破坏等严重的生态灾难，时任省委书记的俞正声对此高度重视，亲自带领工作组到现场办公，除了"撤围还湖"外，还出台措施对渔民进行妥善安置。② 正是这件事让他感受到了政府对于环境治理的决心，也坚定了他从事环境报道的信念，而他的环境报道也鼓舞了更多的普通公民参与到环境保护和环境传播活动当中。

W2从事新闻工作已经23年了，他从编辑开始做起，后来才转型为记者，他说："我对于武汉的湖泊感情是很深的，2000年时就开始关注这个问题了，而正式介入这一问题是到了2004年。当时环保报道还是很冷门的，一个记者一个月只能发一两条稿件，领导和同事都劝我要考虑以后'吃不吃得饱'的问题，后来我发现环保其实是个很宽泛的概念，那么可以做的议题实际上也是很多的，于是就把思路打开了。思路打开之后我又决定选择了一个点，因为选好了点更容易出成果，后来我就把这个点确定为湖泊。在稿件质量和产生的影响方面，我觉得湖的报道还是特别容易出彩的，湖北号称'千湖之省'，武汉中心城区也有30多个湖，因此做湖的报道也特别容易引起普通人的关注。我从2005年开始每年都会有市里的、省里的，甚至是全国的新闻奖，这些获奖新闻大部分是关于湖的。2010年6月我们开始策划'爱我百湖'行动，半年以后这个活动获得了'大满贯'，相关报道在省里就拿了三个一等奖，分别是消息、通讯和专题，由此可见这个题材是很好的。"③目前，W2作为"爱我百湖"行动的发起人之一，他还经常组织相关

---

① 笔者2013年10月29日对张某某的访谈内容。
② 笔者2013年10月29日对张某某的访谈内容。
③ 笔者2013年10月30日对金某某的访谈内容。

活动，并有计划将之发展成为一个管理体系较为完善的非营利组织，他说："我想把'爱我百湖'打造成一个完善的平台，在这个平台中，不管你是政府还是个人，甚至是其他环保组织，你都可以利用这个平台来从事各种保护湖泊的行动，而目前我们已经开始在做了，但是还缺乏相关的管理系统建构，一方面是由于我的精力和时间还是很有限的，另一方面缺乏资金也是一个问题，当然我相信这些问题以后都会得到解决。"① 而沙湖淤泥堆积问题的解决和生态修复性公园的建设也让 W26、W29、W30、W31 等人对湖泊保护行动充满了信心。

第二节　公民参与行为的理性化及绿色身份认同的强化

个体公民的行为是态度、思维和信念的外在体现，分为短期行为和持续行为两种。其中短期行为往往是在外界情景刺激之下产生的，具有一定的随机性和偶然性，而持续性为则内嵌在特定的价值和观念之中，当短期行为沿着特定的方向重复发生，并演变为一种习惯性的或仪式性的行为活动时，就会产生一种相对稳定的持续行为，从而实现行动的理性化。安东尼·吉登斯认为，行动的理性化是行动的合理性基础，它意味着行动者了解在一系列既定的环境中需要做些什么②，它一方面指个体积极探寻各种目的性行为或方案的逻辑性关联，另一方面还包括个体积极利用各种技术性知识和手段以获取特定的结果。③ 在环境传播中，随着可持续发展、生态文明的环境价值观的持续教化，公民的参与行为日益理性化，并逐渐由短期行为转变为持续性活动，而公民的绿色身份认同也在这一过

---

① 笔者 2013 年 10 月 30 日对金某某的访谈内容。

② ［英］安东尼·吉登斯：《社会的构成：结构化理论大纲》，李康、李猛译，北京三联书店 1998 年版，第 486 页。

③ Giddens A. New Rules of Sociological Method ［M］. London：Polity Press，1993：90.

程中得到强化。

一、公民环境意识的觉醒与绿色身份认同的形成

在环境传播中，公民通过不断对自身行为的调整，实现了参与行动的理性化，而在这个过程中，普通公民也完成了从环境意识初步觉醒到自觉成长为一个"绿色"公民的蜕变。

（一）公民环境意识的觉醒与行动的理性化

在访谈中我们了解到，大部分参与环境传播的公民的环境意识已经觉醒，形成了一定的环境价值观，他们对于自身的环境权利与义务，对于经济发展和环境保护，也有了一个相对理性的认识，并且他们还尝试扩大环保活动的影响，并试图让更多的人加入到环保行动的队伍中。如 W17 说："参加了这个组织（青年志愿者协会）之后，我感觉到了自己肩上的一份责任，很多事情需要我们站出来带头表率。在这个浮躁的社会中很多人都去追求金钱财富了，但是他们却找不到内心的安宁，然而我在做环保工作和志愿者工作时，感觉到自己随时都在为这个社会尽一份力，也找到那种成就感和安宁，相比于金钱，这些对于我来说这才是最重要的。"[1]

在参与环境传播的过程中，这些积极的公民往往还会根据实际情况的变化来调整自己的行为，并努力克服各种困难和阻挠，这进一步表明，当前中国公民的环境意识已经觉醒。W6 是一位企业财会人员，2010 年他参加了汉口江滩的一次"护湖"动员会，于是加入到"爱我百湖"的行动中，并成为后襄河的一名民间"湖长"。他说自己平常在"护湖"巡逻中有时会查到排污口，但志愿者们能做的也只有提出来，根本不能对排污的企业怎么样，但他们仍然决定积极反映情况，"反映后就等结果，没有结果就继续反映，因为活动中有 60 多岁的老同志，他们不怕苦，我很受感动"[2]。而许多学生志愿者也反映，他们在宣传活动中经常会遭到

---

[1]　笔者 2013 年 12 月 20 日对方某某的访谈内容。
[2]　笔者 2013 年 10 月 17 日对后襄河德德的访谈内容。

"无视"，甚至是粗暴对待，W11提到："当我去劝阻那些乱扔垃圾、贴小广告的人的时候，很多人都不会给我好脸色，甚至还骂我多管闲事之类的。"① W22说他甚至还遇到过这种情况："我们在外出宣传环保知识的时候，有些市民不理解，说为什么你们大学生不好好在学校学习，没事老出来搞这些没用的东西，浪费父母的血汗钱供你们上学，不惭愧吗？"② W14也说："有一次我去小区宣教，遇到一个中年人，他不仅不听我说，还特别暴躁地说关我什么事？我当时也是脸皮薄，感觉特别委屈，受到各种冷遇，都有些不想做了，好在时间一长，经历丰富了脸皮也厚了，可以说是身经百战了……"③ W16还反映："大一的时候，有一次我作为宣传活动的负责人正在筹备当天的宣传活动，结果一个人高马大的人过来驱赶我们，说不让做宣传。就那样一次宣传被扼杀了，我在一旁心里不是滋味，准备了那么久，什么都没了，开始哭鼻子，周边的新会员和老会员都过来安慰我，说这也是没有办法的事，以后还有活动机会，经过他们的安慰，我的心情好了很多，虽然心底一直都挺失落的。"④ W19也讲到了她的担心："目前我们能做的事情还是太少了，对于武汉湖泊污染这样的问题，我们除了捡捡垃圾、在湖泊周边进行环保教育和宣传之外，其他的都做不了，开发商该填湖的还是填湖，作为学生志愿者的我们干涉不了，不像工厂排污，我们可以找媒体来曝光它，从而达到制止它的目的，但是面对填湖我们就没办法了，沙湖屡禁不绝的填湖事件就是一个明显的例子。另外，我们在工作中还遇到了这样的问题，我们收到了很多同学捐来的衣物，也准备把这些衣物送到郊区，可是所要花费的巨大邮资由谁来支付？让同学们自掏腰包肯定是不现实的，而我们作为志愿者也是完全无偿工作的，不像国外的有些环保NGO组织，他们都是有资金捐助的，但我们国家还没有建立起这样的机制，这些是亟待解决

---

① 笔者2013年12月10日对戚某某的访谈内容。
② 笔者2013年12月4日对杨某某的访谈内容。
③ 笔者2013年12月5日对关某某的访谈内容。
④ 笔者2013年12月7日对徐某某的访谈内容。

的问题。"① 虽然这些志愿者在环保行动中遇到了各种各样的困难和挫折，但是没有一个人表示自己会放弃环保行动。在生态文明和环境价值观的鼓舞下，这些环保志愿者通过对自身行为的理性化调整，完成了环境公民身份的建构。

(二) 绿色身份认同的形成与行动的理性化

环境友好型公民具有强烈的生态理性意识和参与意识，而自觉的环境友好型公民的形成也是绿色身份认同强化的表征。作为一个多年来一直从事环境报道的电视记者，相比于其他公民，W3 在处理环境风险时也更加理性，她说，如果自己身边发生了环境污染和破坏行为，她首先会向物业和城管部门反映，然后再向相关环保部门和其他职能部门反映，"因为我们的日常采访报道工作实际上也是一个桥梁，我更希望自己在生活中遇到的一些事情，能够通过正常的行政途径来解决，在这方面我比一般市民知道的可能更清楚一些，我知道出现问题后应该去向哪个部门反映，那么我会自己主动去沟通。但是如果这个事情通过我个人作为一般市民的身份沟通不成时，我可能还选择采用媒体人的身份去解决。因为市民去面对职能部门，和媒体去面对是两个不同的概念，但是毕竟我们的媒体是公器，公器是不能私用的"②。在这个问题的认识上，W3 体现出了较强的新闻专业主义精神，这也是难能可贵的。

在谈到当前的环境形势和自身的环境传播活动时，W2 和 W3 都体现出了作为一个环境友好型公民的基本素养。W2 说他未来有两个"梦"，第一要走遍武汉所有的湖，写遍所有的《湖问》，反映所有的湖泊问题，第二要成立一个爱湖基金会，并以基金会的形式将整个活动整合起来，形成规范的组织管理委员会，统一管理"爱我百湖"的所有行动。③ 这些目标的确立，反映了 W2 已经从一个自发的环境保护行动者，成长为一个自觉的环境友好型公民，

---

① 笔者 2013 年 12 月 1 日对李某某的访谈内容。
② 笔者 2013 年 11 月 20 日对徐某某的访谈内容。
③ 笔者 2013 年 10 月 30 日对金某某的访谈内容。

也正是在这些目标的指引下，W2才得以借助影像和文字的方式记录了武汉湖泊的污染与治理历程，从而引起了公众的广泛关注。W3对于当前的环境问题也有一些深刻的认识，她说："作为一个个体，我们对于空气、噪音或者周围的环境状况都会与之前有一个对比，我们会发现现在的环境状况比起以前确实差了很多，但是我们在指责环境污染现象的同时，实际上我们还在享受着造成污染的工业本身所带来的一些便利，这也是需要引起我们反思的。从宏观上来说，造成环境污染的原因在于经济发展很快，但是个人、企业和政府的环保意识却没有跟上，当前我们的环保理念仍然是'亡羊补牢'式的或者说是'边污染、边治理'式的，但是真正的环保理念应该是先保护，然后在保护的基础上做到发展经济。党的十八届三中全会提出的环境治理'谁污染、谁付费、谁补偿'，我觉得这就是理念的改变。"① 从W3的论述中，我们可以发现她对于环境保护的认识是相对积极的、"绿色"的，她已经成为一名真正的具有绿色思想和基本环境素养的环境友好型公民。

二、技术性知识手段的运用与公民环境素养的培养

在日常的环境传播行动中，环境记者及环保志愿者还积极探寻各种有利于绿色思想传播的技术性知识和手段，并以此来培育其他公民的生态理性和参与意识，促进公民对环境公民身份的接受与认同，呼吁公民自觉践行生态环境保护意识，从而促进对公民环境素养的培养。

在"爱我百湖"行动中，组织者不仅成立了专门的网络讨论社区——武汉论坛"爱我百湖"板块，还有一批环境记者作为志愿者，他们定期将相关活动的进程以新闻报道的形式加以传播，这是其他环保活动所不能比拟的。此外，QQ群（腾讯即时聊天工具）、微博等网络讨论组，也是"爱我百湖"行动中重要的沟通与交流空间，30多个QQ群（腾讯即时聊天工具）将武汉市的2000多名"护湖运动"志愿者"弱连接"在一起，创造了一个个意见

---

① 笔者2013年11月20日对徐某某的访谈内容。

和话语自由讨论的公共空间和话语场域。据 W2 介绍，目前"爱我百湖"就是一个关于护湖运动的环保平台，这个平台几乎没有设置"门槛"，它的成员比较多元化，普通市民志愿者是这个平台的主力军，志愿者们除了进行日常的护湖行动和宣传外，还会定期进行培训和交流活动。除了普通市民之外，"爱我百湖"还吸纳了不少环保 NGO 和高校环保协会加入进来，如绿色江城等，这些环保 NGO 也经常在护湖行动中交流和分享经验。而 W15 也介绍道："我们高校环保组织之间都是有交流的，每年我们协会都有暑期营，期间我们会去其他高校和环保组织进行学习和交流活动。近几年我们与世界自然基金会、中华环保基金会、广东省环保基金会、共青团广东省委员会、广州市环境科学会、华南理工大学 Fresh 环保协会等诸多社会力量进行过合作，参加了中国红树林保护网络（CMCN）的一些湿地保育活动，向这些组织学习了一些好的环保经验和做法。"① 环保组织成员之间的沟通，以及不同环保组织之间的交流，促进了绿色思想的传播和对公民环境素养的培育。

在日常的环境传播过程中，无论是环保 NGO（非政府组织），还是高校环保社团，甚至是一些环境保护志愿者，他们都尝试利用各种传播手段和方法进行绿色思想的传播，如图片展览、环境监督活动、清洁卫生行动、观鸟活动、倡导垃圾分类活动、环境知识普及、"地球一小时"、"光盘行动"、植物领养、回收废旧报纸、回收塑料瓶、回收旧电池等。成立于 2001 年 5 月 19 日的华中师范大学春野环保协会在武汉高校环保协会中小有名气，它由观鸟护鸟项目组、绿色校园项目组、湿地保育项目组、环境教育项目组、野外与自然体验项目组等五个项目小组构成。作为该协会的现任负责人，W13 介绍说："我们的活动都是从身边的点滴小事做起，以行动带动和影响身边的人，如'绿寝回收'是我们的一个常规活动，我们会到每个寝室回收塑料瓶，然后把卖瓶子的钱捐给西北地区的'母亲水窖工程'。我们平常的环保宣传以网络宣传和平面宣传为主，有时还会赠送一些由协会成员自己制作的周边产品，如筷套、

----

① 笔者 2013 年 12 月 5 日对马某某的访谈内容。

腕带、明信片等。"① 然而，对于这类常规性的活动，有些行动者认为缺乏新意，如 W19 就认为："当前各高校的活动都差不多，但是活动开展的质量却参差不齐，我个人认为有两方面的原因，一是办活动经验不足及总结不到位，二是对活动的理解不同，有的认为很有意义，很有干劲，有的自己都觉得没意义，自然没效率。"②

当前，如何探寻新的活动方式也成为一道难题。对此，W18 表示，她近期参加的第三届全国大学生绿色植物领养活动就很有新意，参与者众多。这一活动由团中央牵头，iEarth 爱地球环保机构发起，并获得了新浪微博等媒体机构的支持，目前已经辐射到全国 1300 多所高校。与传统环保活动线上环保宣传与线下具体行动相分离的状况不同，参与此次现场活动的学生可以通过发送短信和添加微博关注的方式领取一份种子。作为武汉某高校分会场的活动组织者，W18 说："这种鼓励大学生亲自种植绿色植物的活动，传递了热爱地球的理念，而与新媒体结合的活动方式，又与当前大学生的兴趣爱好十分吻合，非常新颖。"③ 在这一案例中，社会化媒体作为一种新的技术方式和知识生产手段，被巧妙地加以利用，使得被日益边缘化的日常环境传播行为能够有效地抵达公众，进而达到了社会动员的目的。

总之，在环境传播中，公民的环境意识逐渐觉醒，他们还积极利用各种技术性知识和手段，不断推动公民参与行动的理性化，促进了绿色身份认同的形成和对公民环境素养的培养。

第三节　公民参与的方式选择及
对绿色身份建构的推进

反思性是人类最深刻的认知特征，安东尼·吉登斯认为，可以

---

① 笔者 2013 年 12 月 3 日对轩某某的访谈内容。
② 笔者 2013 年 12 月 1 日对李某某的访谈内容。
③ 笔者 2013 年 11 月 11 日对阳某某的访谈内容。

把反思性理解为持续发生的社会生活流受到监控的特征，它是实践连续性的前提条件，行动者在日复一日的连续过程中，对行为进行着反思性的监控。① 在环境传播过程中，行动者不断反思并调适自身的行为，他们尝试通过原型意象的激活，对视觉传播和身体叙事等方式的运用，以倡导绿色消费主义观念等方式，来提高环境传播活动的成效，并推动对绿色公民身份的建构。

一、原型意象的激活与绿色思想的传播

原型是古斯塔夫·荣格精神分析心理学中的重要概念，是集体无意识的显现，古斯塔夫·荣格认为，原型是典型的领悟模式，当人们遇到那些重复出现的符号和领悟模式时，很可能就是遇到了原型。② 事实上，原型意象也是公民"库存知识"的一种，它常常以符号的形式潜藏在集体无意识中。虽然原型的表意符号在历史的流变中可能会出现某些变体，然而由于其"元意义"带有一定的普遍性，一旦原型意象被激活，人们就能体会出这一符号背后所隐含的文化意蕴。例如，人们一旦看见"绿色""地球母亲""盖娅"等符号，就会自然联想到环境保护，而一旦看到"烟囱""污水"，就会联想到环境破坏。

当前工业主义的"进步"标准和话语输入体系仍然是中国的主导性话语，环境更多地被视作一种资源，即使是在开发环保科技和生态建设的过程中，经济发展仍然会搭载环境保护的"便车"。在深入了解这一具体时空情景特征之后，环境保护行动者们发起了一场旨在消弭工业主义话语的"绿色思想启蒙运动"，他们一方面通过不断地激活人们集体无意识中的原型意象，来唤起公众对于环境和生态的本质属性的重新认识，从而达到潜移默化的传播效果，另一方面，则积极开掘环境背后的社会安全意义，以引起更广泛的

---

① ［英］安东尼·吉登斯：《社会的构成：结构化理论大纲》，李康、李猛译，北京三联书店1998年版，第62、112页。

② ［瑞士］古斯塔夫·荣格：《荣格文集》，冯川译，改革出版社1997年版，第10页。

社会关注。其中，武汉的"爱我百湖"行动就是比较典型的例子。

湖北被誉为千湖之省，仅武汉市便拥有大大小小共计166个湖泊，而湖泊之于武汉人，不仅有着特殊的意义，而且饱含着真切的情感。"戏清水、观飞鸟、捕虾蟹、采莲藕"是曾经许多老武汉人不可磨灭的儿时记忆，武汉作家刘醒龙也曾经这样深情地形容湖泊："一座湖泊是城市的一双秀目，一窝笑靥，一只美脐。"然而，近30年来，武汉的湖泊减少了34万亩，半个世纪以来仅7个中心城区就有近百个湖泊消失，许多地方只留下了一个带"湖"字的地名，而剩下的湖泊也面临严重的污染，曾经令人骄傲的"城市之肺"正在成为"城市之泪"。①

W2和W5作为"爱我百湖"行动的发起者，他们关注湖泊问题已经很多年了。长期的环保活动不仅为他们积攒了许多社会资本，让他们认识了很多政府官员、环保企业、高校师生，更让他们深切地感受到："每个人，尤其是武汉人都有一个'爱湖的情结'，对湖特别亲近，也想为湖泊做点事情，但是他们没有渠道、没有平台，他能够做什么？哪怕是到湖边捡捡垃圾，这种事情他们都很难做，因为你一个人去做，别人都觉得很怪异，不是很正常，但是我们是一个团队去做，大家就会觉得你真正是一个环保事业。正好2009年世界湖泊大会在武汉召开，当时我们就一直在想，这么大一个盛会，作为一个武汉人该怎么去表现。于是从6月开始，我就和W5一起组织了一个'行走江湖'的活动，当时就选择了武汉市的10个有代表性的湖泊，组织志愿者徒步去看湖泊的现状，去发现各种问题，当然我们也发现了湖泊的一些很美的地方。最后，我们就把这些集结成了相关报道，并将拍摄的照片、制作的简报对外公布。当时只是为了在世界湖泊大会中展示武汉人对湖的情感，展示市民自发开展的护湖行动，但是后来无论是从报社内部来看，还是从读者的反响来看，都想把这个活动做大，而且我心里也有了底气。因为以前带着一帮人出去巡湖，根本没有人跟你玩、没人跟

---

① 徐海波：《城市之肺变城市之泪》，《经济参考报》2012年5月19日。

你走，而且对于这个活动能做到什么程度，我们也根本没有底，但2009年的这个尝试，让我觉得只要你肯努力，这些问题都能够解决。所以在2010年的时候，我们就把这个活动升级了。这个想法向阮市长汇报后，得到了他的大力支持。"①

从2010年6月28日起，由长江日报、市水务局、团市委、市环保局、汉口江滩等多家单位牵头，联合发起了"爱我百湖"湖泊保护志愿者行动，W2回忆道："当时的活动很火热，一大早就有人申请加入我们的活动QQ群（腾讯即时聊天工具），仅28日一天就有200多名社会各界人士报名。在7月30日的授旗大会上，阮市长亲自到汉口江滩的活动现场给我们的志愿者授了一面旗。我清楚地记得，那一天天气非常热，我们的志愿者都穿着统一制作的T恤，上面还印有'爱我百湖'的LOGO（徽标或标识），他一进现场非常兴奋，就主动要求换衣服，而他带的那些执行单位的所有领导都换了衣服。他是一个土生土长的武汉人，对湖泊的感情非常深，说的都是一些肺腑的话，我觉得他对志愿者说的那番话，对志愿者来说是非常有激情、非常有感染力的，也真正拉开了活动的序幕。其实当时我们根本没有一个成熟的想法，每天都在想这个活动该怎么做，怎么开展，真的是摸着石头过河。"②

在"爱我百湖"的行动中，志愿者们通过日常的巡湖、护湖等活动，曝光了各种湖泊污染现象和填湖行为，深入发掘了"美丽的湖泊"这一原型对于武汉人的生存意义和文化意义。此外，他们还聘请水务、环保专家讲解湖泊治理问题和湖泊的蓄水防洪功能，将环境安全与湖泊保护很好地结合在一起，产生了强烈的社会反响。

二、视觉传播及身体叙事的运用与环境公民身份建构的推进

视觉传播是环境传播中比较常用的手段，通过对视觉图像符号

① 笔者2013年10月30日对金某某的访谈内容。
② 笔者2013年10月30日对金某某的访谈内容。

的运用和意义生产，志愿者们将环境问题转变为一个指向公共利益的问题，从而引发公众的广泛关注和讨论，而隐藏在图像背后的有关环境伦理、环境正义、环境哲学和环境安全的反思，则是推进环境价值观传播和环境公民身份建构的关键。

在"爱我百湖"行动中，志愿者们拍摄了大量反映湖泊被污染和破坏的图片，并同时借助影像手段记录了湖泊保护的历程。2010年6月开始，"爱我百湖"行动展开"东湖大调查"，志愿者们自备干粮和经费，自带相机等设备，沿着东湖湖岸线检查排污口和污染情况。关于这次活动，W2介绍道："我们徒步走完了东湖沿线的130公里道路，整整走了五天，我们是分五个礼拜走的，每个礼拜固定一天挑一个线路走，活动持续了一个多月，最后坐车随行的水务局专家们都被志愿者的精神所感动了。志愿者们是没有任何回报的，顶多就是年终的时候给他们颁个奖、给一个荣誉，或者在报纸上报道一下我们参加的活动，但是那么多志愿者不可能个个都报道到。所以我觉得志愿者们的无私精神、奉献精神和坚韧的态度，真的打动了这些职能部门。他们知道这帮人是可以信赖的，可以做事的，他们真正是为了保护湖的，不是来跟你挑事，不是冲着哪个来的。我记得第一期报道出来后，随行的专家非常生气，第二天把我叫去办公室当面对质，发了很大的脾气，我说您心平气和，我们继续走下去，结果到了第五期的时候，那个专家说他退休了就去参加我们的队伍，当时他已经快60岁了，我们现在有什么问题也会经常咨询他。实际上，通过我们这个活动改变了很多人对环保的印象。"① 图4-1、图4-2、图4-3反映的是在第三期的"东湖大调查"中，志愿者们在东湖子湖——喻家湖内发现了一条近20米宽的污水明渠口，当时志愿者们拍摄了大量的图片：

---

① 笔者2013年10月30日对金某某的访谈内容。

图 4-1　看似美丽的喻家湖恶臭难闻　　　图 4-2　污水横流的场景

图 4-3　喻家湖一角触目惊心的垃圾①

　　类似的图片还有很多，在活动中，志愿者们利用图像表意的直接性、鲜活性、刺激性、丰富性等特征，激活了人们"一探究竟"的欲望，使得草根阶层的环境抗争行为透过图像的意义生产行为得以展开。事实上，在厦门 PX（对二甲苯）事件、番禺垃圾焚烧事件、紫金矿业污染事件、"牛奶河"事件等生态危机事件中，照片、漫画、视频等各类视觉传播手段都被充分运用，"图像政治"的意蕴也得到了深度开掘。

———————

　　①　图 4-1、图 4-2、图 4-3 均来源于汉网"爱我百湖"频道"东湖大调查"相关报道，汉网（http：//bbs. cnhan. com/read-htm-tid-16434112-fpage-6-page-1. html）。

除了视觉传播之外，身体叙事也是行动者较常使用的手法，身体和行为本身也被建构为环境抗争和文化反抗的符号，成为书写环境话语合法性和正义性的工具，从而推动了环境公民身份的建构进程。如"绿色和平"组织成员冒着生命危险阻拦捕鲸船，"地球第一"组织成员以自己的身体保护原始森林免遭毁灭，70 多个环保团体组成联盟在旧金山通过演讲、游行和身体叙事的方式抗议美加 Keystone XL 输油管道计划，等等。

在中国，虽然行动者们的身体叙事并不像绿色激进主义那样激进和残酷，但他们也充分发挥了身体叙事的表意功能，例如在南京拯救梧桐事件中，在一位教师的发起下，南京市民自发为即将被移栽的梧桐树系上绿丝带，在这场"拯救南京梧桐树，筑起绿色长城"的活动中，"系绿丝带"也成为拯救梧桐树的一种身体叙事。在广州番禺垃圾焚烧厂项目事件中，网友"樱桃白"戴着防毒面具乘坐地铁，她看似疯狂而又怪异的行为，引发了路人的围观和拍照，并有网友将自己用手机拍摄的关于她的照片上传到网上，引发了更多网友的关注，在"樱桃白"的身体叙事过程中，防毒面具成为她无声地反抗主流话语的一种象征符号。在梦湖水岸业主发起的护湖行动中，"挂白横幅""敲锣打鼓"也成为拯救沙湖的一种身体叙事。而在"爱我百湖"行动中，志愿者们采取的是亲自巡湖的做法，他们推选出一名普通志愿者，担当一个湖泊的护湖行动牵头人，组织并发动志愿者开展护湖行动，搜集各方信息，向相关部门汇报，被称为"草根湖长"或"民间湖长"，这样的"民间湖长"共有 40 人。此外，2012 年 5 月，武汉市中心城区又指定了 40 个"官方湖长"，不少湖泊的"湖长"由副区长担任。① 这种温和的身体叙事，理性而卓有成效地表达了保护环境的意愿，起到了反抗工业主义话语霸权和培养绿色公民的作用。

---

① 张翀：《武汉最后湖泊的守护者》，《工人日报》2013 年 9 月 22 日第 1 版。

三、绿色消费主义的引导与公民环境素养的培养

对绿色消费主义的引导与传播也是当前中国环保志愿者们最常使用的一种传播方式，他们通过对绿色消费和绿色生活方式的宣传，把环境公民身份建构的政治行为与人们的日常生活勾连在一起，消解了人们对于政治和意识形态宣传的反感，推进了环境公民身份建构的进程。绿色消费主义的实质是培育绿色意识，它呼吁人们在日常生活中有意识地选择和使用那些可循环、可降解的绿色产品，抵制广告主的诱惑（尤其是当他们试图"洗绿"其产品时），减少和杜绝不必要的浪费，养成节能环保的消费习惯，尽量食素，减少驾车等。约翰·德赖泽克将之归纳为"生活风格绿色分子"，并认为目前在绿色意识转变的方面产生最大影响的仍然是生活风格绿色分子，生活风格绿色分子的一系列主张，如变绿的实质不是对深生态学家和生态女权主义者所喜爱的任何一种哲学分析的支持，更不是参与任何形式政治或者其他方面的一种集体行动，而是如何过一种绿色生活的问题。它不仅是一个从事绿色行动的问题，还是一个在绿色行动中变绿，并用这些行动去培育一个体验和联系世界的后工业社会方式的问题。[1]

在环境传播中，通过培养普通公民对于绿色思想、环境价值观和环境公民身份的接受与认同，进而在潜移默化中实现从日常行为到环保意识的过渡，这才是当前"绿色公民"培养的可行路径。在访谈中我们了解到，无论是"爱我百湖"湖泊保护志愿者，还是"绿色江城"组织，甚至是高校的环保协会，无一例外，他们都选择了绿色消费主义生活方式倡导的传播方式，并期望通过这种方式来培养公民的环境素养。事实也证明，这一做法起到了一定的效果，尤其是在雾霾天气问题中，对于绿色消费主义生活方式的倡导，更能得到公众的积极回应。W4就提到了她做过的一个关于武汉市禁鞭倡议的报道："2013年新年期间，武汉市出台了'文明新

---

① ［澳］约翰·德赖泽克：《地球政治学：环境话语》，蔺春雪、郭晨星译，山东大学出版社2012年版，第191、198页。

风过新年'的倡议活动，其中一个很重要的规定就是在新年期间武汉市禁止大量燃放烟花爆竹。在传统观念里中国人还是很讲究过新年的氛围的，燃放烟花爆竹的行动是广泛存在的，但是去年市政府的这一倡议出台之后，得到了大多数人的支持，而他们的这种改变就是从不燃放烟花爆竹开始的。在采访中我们看到，那些烟花爆竹店生意特别冷清，很多市民也表示现在空气这么差，放鞭炮一方面噪音污染，另一方面也会污染空气，因此大家的观念都慢慢发生了转变。"[①] 2014 年新年期间，禁鞭倡议席卷全国，许多城市都号召市民减少烟花爆竹的燃放。

此外，值得注意的是，功利主义思想仍然对环境传播中的公民参与及环境公民身份建构产生了重要影响。在访谈中我们了解到，当前大部分学生志愿者对于环保事业的看法还是很保守和现实的，几乎没有被访者愿意将环保事业作为他们未来唯一的职业，他们都不约而同地将参加环保活动或者成为环保志愿者作为自己的"副业"或者"第二职业"，这说明环境保护在中国仍然处于被边缘化的境地，这对于环保运动的扩大和绿色公民的培养来说都是不利的。例如 W19 就表示："我当然想从事相关工作，当兴趣结合在工作里，会很幸福。但是目前还不知道我具体适合什么职业，老爸跟我说，可以做环保，但必须是副业，我需要一份好工作先养活自己再去搞公益，确实很有道理。目前，我还是应该把这两年来落下的功课补上去，环保是要做的，但这得一步步慢慢来。"[②] 而像 W5 那样义无反顾地辞掉原来的工作并全身心投入环保和公益事业的人仍属凤毛麟角。事实上，如何协调好个人事业的发展和环保行动之间的关系，也是摆在每一个公民面前的难题。

第四节　公民的参与式书写对政府环境决策民主化的推动

公民在环境传播中的参与式书写也是公民环境政治参与的一种

① 笔者 2013 年 11 月 21 日对黄某某的访谈内容。
② 笔者 2013 年 12 月 1 日对李某某的访谈内容。

途径，对政府环境决策的民主化起到了推动作用。

公民的参与式书写是公民环境意见表达的重要途径，也是公民表达权的一个体现。在环境传播中，公民借助于各种公开的传播途径和方式，将自己对于环境问题的意见、建议以及自己的基本环境权利表达出来，能够推动政府环境决策的民主化。2009 年的番禺垃圾焚烧厂项目事件就是典型的例子。在这一事件中，番禺业主们通过集体的环境抗争行为，不仅迫使垃圾焚烧厂项目停工，更促使广州市番禺区长楼旭逵承诺："项目环评不通过，绝不开工，绝大多数群众反映强烈，也绝不开工。"① 正是由于公民的积极参与，才推动了政府环境决策的民主化进程。而在这一事件发展的后期，业主们的环境维权还转变为推动垃圾分类制度的讨论，并最终影响到地方政府的环境决策，受此事影响，广州市政府尝试推广垃圾分类制度。

总之，中国公民的环境保护行为，从最初的自发性环境抗争到理性维权，再到自觉地成长为具有生态理性的公民，这是普通公民不断追求自身的环境权利、不断去履行自己的环境义务，并逐渐深化对绿色思想和环境价值观的认知的必然结果。正是由于普通公民在环境传播中的参与式书写，才真正推动了绿色国家和生态文明建设的历程。

---

① 李立志、赖伟行：《广州城管委：垃圾焚烧厂最终决策者是市民》，《广州日报》2009 年 11 月 24 日第 A3 版。

第五章　电视媒体中环境价值观传播的
现存问题与制约因素

　　生态环境严重恶化的现实，不但是工业化和城市化进程的副产品，更折射出现代文明中人与自然关系严重对立的本质，而要解决环境问题，必须首先改变人与自然严重对立的思想。电视媒体中的环境价值观建构，主张在环境传播中培育公民的生态理性，强调树立人与自然和谐发展的绿色思想，并鼓励公民积极参与，它是影响环境问题解决的关键环节，也是生态文明建设的诉求之一。当前，中国政府已经确立了生态文明建设的目标，并形成了一套相对完整的环境管理体系，电视媒体也将环境传播提上了媒介议程，并形成了一套环境价值观建构的编码方式，许多公民正通过各种渠道积极参与环境保护，这些都为环境价值观建构奠定了良好基础。然而，电视媒体中的环境价值观建构也面临着许多问题和制约，只有克服了这些问题和制约，才能真正培育具有环境素养的公民，推动环境公民身份建构。

第一节　生态理性和公民参与建构的相对欠缺

　　德赖泽克认为，话语就是一种理解世界的共享方式，话语通过建构意义与关系，从而帮助人们界定常识和合理认识。① 在电视媒体的环境价值观建构活动中，传统电视媒体、视听新媒体和普通公民都积极参与了对绿色意义的生产，然而无论是从生态可持续性的

---

　　① ［澳］约翰·德赖泽克：《地球政治学：环境话语》，蔺雪春、郭晨星译，山东大学出版社 2012 年版，第 8 页。

维度来看，还是从公民参与的维度来看，电视媒体中环境价值观建构都停留在较浅的层次，也存在着许多不容忽视的问题。

一、对生态理性的建构不够深入

生态理性是环境价值观建构的重要任务，也是具有环境素养的公民最重要的衡量指标之一。公民生态理性的培养主要是由对环境知识与科技的介绍，对可持续发展的生态价值观的塑造，对公民的环境责任与义务的教化，对公民生态美德的培育，以及促进公民环境保护态度的形成等方面共同完成的。当前，中国电视媒体在建构公民的生态理性方面，仍然停留在表层，这导致环境价值观建构无法深入开展。

（一）偏重对环境科技的介绍而轻视对环境知识的传播

环境知识是公民环境意识形成的基础，也是生态理性形成的基石。当前中国公民对于环境问题的严重性已经有了一定程度的认识，但是在环境知识方面仍然相对欠缺。在环境价值观的建构过程中，无论是传统电视媒体，还是视听新媒体，都存在重视对新型的环境科技的介绍，而轻视了对基本环境知识的扩散及传授的问题。不可否认，环境科技是解决环境问题的重要力量之一，人们对环境科技的掌握与运用，直接影响到环境保护的效果。但是，环境知识也是人们生态理性形成的基石，在人们环境知识相对缺乏的条件下，单纯重视对环境科技的介绍，并不能真正推动人们绿色公民身份的认同，也不能真正促进人们参与环境保护。

（二）表层化的可持续发展生态价值观塑造

可持续发展的生态价值观是环境公民身份的重要内容，也是公民生态理性形成的关键。它强调运用可持续发展的理念来重塑公民的生态理性，让全体公民认识到生态环境对于人类社会的发展和经济的发展具有制约性，确立起区域经济活动与地方生态系统保护相互协调的认识，并在经济决策中确立起环境保护的优先性。然而，目前电视媒体对于可持续发展的生态价值观的塑造仍然停留在表层，这具体表现为在对基本生态价值观的形塑与传播过程中，虽然已经将可持续发展和生态文明理念作为最主要的解释性规则加以生产，但是在具体的经济发展与环境保护关系的形塑方面，却经常出现摇摆不定的状况，片面强调经济发展的现象仍然偶有发生，这在传统电视媒体的环境传播中表现得更为明显。这种现象说明，传统工业主义的话语霸权仍然规训着电视媒体的环境公民身份建构过程，而生态文明和可持续发展的价值观的形成仍然存在许多困难。

（三）单纯强调公民的责任而忽视了其他

环境公民身份并不是一种先天形成的权利和义务关系，而是公民后天习得的一种不断发展的权利和义务关系。这就要求在环境传播中协调好公民的环境权利与义务之间的关系，形成基本的生态理性。然而，电视媒体在对公民的环境权利与义务的关系形塑方面，过多地强调公民的环境责任，而对公民的环境权利和参与意识的培养却经常被忽视。环境作为最大的公共物品，每个公民都应该对环境现状负责，这是毋庸置疑的。环境公民身份建构也十分重视公民对于生态环境的强制性义务，对公民环境义务的强调也是符合环境公民身份建构要求的，但是离开了对公民环境权利的追求和对环境正义的保障，公民环境责任的履行也将成为无源之水和无本之木。只有尽量协调公民的环境权利和环境责任，才可能建构真正适合的环境公民身份。

（四）缺乏对公民生态美德的培育

环境价值观建构对公民的生态美德也提出了较高要求，它要求公民具备良善、友好、同情、爱护、关心、牺牲等德行，而这些德行并非是公民先天具备的，必须依靠后天的培养。因此，作为重要的社会教化工具的电视媒体必须承担起对公民生态美德培育的职责。但是，当前电视媒体在环境传播方面的重点在于对公民环境责任的强调和对绿色生活方式的倡导等方面，而对公民生态美德的培育，并未成为环境传播的重要内容，这导致环境价值观的建构不够深入。

二、对公民参与的建构相对欠缺

公民参与是环境公民身份的重要维度，也是解决环境问题的必要手段。然而，中国的电视媒体在环境传播方面却缺乏对公民参与的建构，这也是导致环境价值观建构相对滞后的另一大原因。

（一）普通公民的话语权不够

普通公民及环保 NGO（非政府组织）在环境传播中的话语权不够，这是电视媒体在环境传播中缺乏对公民参与的关注的表现。普通公民的话语权较少，这一方面表现为，在环境传播中，普通公民和环保 NGO（非政府组织）成为消息来源和话语被引述者的可能性，要明显低于党政机构及技术精英。对环境友好型公民的培养是环境价值观建构的重要任务，只有给予公民和环保组织相应的话语权，让他们在环境传播中充分表达意见，才有可能完成环境公民身份话语生产和意义建构的相应任务。另一方面，还表现为普通公民和环保 NGO（非政府组织）在环境传播中被建构出的形象，与他们在环境价值观建构中的实际地位不相符。在电视媒体的环境传播中，政府作为施动者，正面形象出现得过于频繁，而普通公民往往作为被动者的形象出现，这与公民的认知存在一定的差异，容易造成受众的逆向解码。事实上，通过访谈也能够发现，许多人将现在日益严峻的环境问题主要归因于政府的管理没有到位才导致环境问题的持续恶化。例如一位年轻的记者就表示："我曾经了解到这样一件事，为了改善城市公共交通状况，鑫飞达自行车联合武汉市政府搞了一个环保工程，就是著名的'公共自行车的武汉模式'。这个工程刚推出时在全国产生了很大影响，很多人到武汉来学习，很多城市和企业也都学着做类似的事。可是现在这个活动却遇到了种种问题，它的推行举步维艰，每年都亏损好几个亿。除了鑫飞达企业自身的管理有问题之外，恐怕政府也有不可推卸的责任，我们不能指望企业来做政府的事。"[①]

[①] 笔者 2013 年 11 月 21 日对黄某某的访谈内容。

(二) 环境传播中涉及公民参与的内容过少

公民参与是环境价值观的重要维度，也是促进环境问题解决的关键。然而，当前中国电视媒体在环境传播中，对于公民参与的关注却比较少。这表现为在环境传播中，以公民参与为主题的内容较少，以及对公民参与的呼吁和动员的内容较少两个方面。

(三) 缺乏对提升公民的环境参与能力和环境保护技能关注

提升公民参与环境事务和环境保护的技能，是促进公民环境参与的重要环节，环境价值观建构过程中需要加大对公民相关技能的培养。然而，当前中国的环境传播，不仅缺乏对公民参与信息的介绍，更缺乏对公民环境参与能力的培养，这造成了公民的参与能力低下。此外，中国公民的环境保护技能也十分缺乏，急需提高，然而，电视媒体却在环境保护技能的传播方面显得严重不足，不能起到促进公民参与的作用。当然，这并非仅限于电视媒体的环境传播中，其他大众传媒的环境传播也存在同样的问题。

总之，中国的环境价值观建构存在着对公民生态理性的建构不足，以及缺乏对公民参与的观照两大问题。而造成这一问题的主要原因在于，在环境传播中，政府、电视媒体与公民之间并未形成良性的互动，来自政治、经济、文化和公民自身的诸多因素制约着生态文明和环境价值观建构的深入，这必须引起注意。

第二节　政治和权力的双重制约

在中国，无论是环境保护，还是生态文明建设，甚至是大众传媒的环境传播，都呈现出鲜明的政府依赖特征，这种自上而下的管理模式，虽然有利于统一规划和管理，但缺少了来自下层的推动力，同时也容易造成政治与权力对环境公民身份建构的侵蚀。

一、政治对环境价值观建构的制约

来自政治方面的制约是电视媒体环境价值观建构所面临的最大

挑战，这既表现在政治制度的限制上，也表现在传播制度的制约上。

（一）政治制度的制约

在中国，政治话语系统具有绝对的权威性，而政治体制对于环境传播的影响也十分深远。虽然目前中国的改革已经进入到深化阶段，但是计划经济和严格的社会管理体制的影响仍然长期存在，这也造成中国的环境治理和环境传播都呈现出强烈的政府依赖特征。具体而言，政治体制对于电视媒体环境传播的制约作用主要表现在以下方面：

1. "刚性稳定"的压力体制的限制

"刚性稳定"是于建嵘提出的一个概念，它实际上指的是一个缺乏延展性和缓冲地带的政治结构和社会结构，由于执政者的高度紧张，他们往往不惜动用所有的社会资源来维系其合法地位，然而却可能导致社会陷入"政治统治断裂和社会管治秩序失范"的情形。① 当前，中国社会正处于社会转型期，社会结构出现了某些失衡，社会冲突也逐渐加剧，而环境问题的逐渐恶化也加剧了社会冲突的产生，近年来各地频繁出现的环境邻避冲突就是典型的例子。面对这种情况，无论是中央政府还是地方政府都处于高度紧张状态，而环境问题也成为社会敏感问题，为了避免邻避冲突事件的发生，各级政府对于公民的环境参与行动也十分谨慎，通常政府会采取应急响应的模式来处理环境类社会冲突，这就导致很多环境问题无法在环境传播中被揭露出来。在访谈中，不少地方官员以环境问题属于敏感问题为由而拒绝访谈。W23 是一位工作 20 多年的基层环保官员，他的言行和思维方式就反映出这种压力体制对于地方环境治理工作的影响。在访谈中他十分谨慎，认为环境问题属于敏感问题不便作答，而当我们提及当地有居民反映最近新建了很多陶瓷厂，造成了环境污染，希望地方政府予以回应时，他回答道："我

---

① 于建嵘：《抗争性政治：中国政治社会学基本问题》，人民出版社 2010 年版，第 38 页。

们是严格按照国家的相关法规来行事的，这些企业的污染排放也必须符合相关标准，然而有些居心不良的人经常会有一些过激的言行，也有些媒体不明所以跟着瞎起哄，这都是不理性的，纯粹是个人的一种情感发泄……"他还强调："广大居民应该做到个人利益服从集体利益，集体利益服从国家利益，因为地方经济的发展十分不易，大家应该多体谅国家和政府的难处……"[1] W23 这样的基层环保官员并非个案，作为沙湖公园管理人员的 W32 和 W33 也表现出了类似的"谨慎"。这也反映出"刚性稳定"的压力体制对于环境价值观和环境公民身份建构产生了极大的限制，也造成了环境治理中的国家、地方和普通公民三者之间的紧张关系。正是由于"不出事逻辑"的"作祟"，环境价值观建构也困难重重。

2. 自上而下的权责分配体制的限制

在中国，中央政府采取的是"事权上收，事责下放"[2] 的权责分配体制。在这种体制下，中央政府作为宏观调控者，在掌握着最高权力的同时，又将具体的社会管理责任分包给地方政府，并通过各种数据指标和量化考核的方式来观察、评判和校正地方政府的执政行为，而地方政府则在资源和权力都十分有限的条件下，承担着无限的责任。在这种体制下，职务升迁和职务调动成为验证政治责任的基本机制，而来自于中央政府的责任追究和施加压力，也促使地方政府将"不出事逻辑"和"地方性变通"作为执政策略，这就造成了中央执政者与地方执政者在社会稳定的目标和策略上存在明显的差异。例如在环境治理问题上，中央政府已经确立了生态文明建设的目标，然而地方政府却依然将经济增长和 GDP（国内生产总值）作为唯一的政绩指标。这种自上而下的权责分配体制，对于环境价值观建构也有着不利的影响，具体表现为：

第一，环境治理任务层层分包，环境价值观建构缺乏动力。在中国，环境治理与其他社会事务一样，是通过层层的权力分配、任

---

[1]　笔者 2013 年 8 月 7 日对刘某某的访谈内容。

[2]　陈毅：《风险、责任与机制：责任政府化解群体性事件的机制研究》，中央编译出版社 2013 年版，第 128~133 页。

务分工和责任包干来完成的，这不仅造成了行政权力大于法治权力的局面，更造成了以经济利益替代环境利益的情形。当地方政府和相关部门遇到巨大的责任和压力时，它们往往会试图逃避责任。此外，在环境政策的地方执行中时常会出现选择性阐释和执行、故意遗漏，甚至歪曲的现象。这都造成了环境价值观的社会建构难以落实，相关建构缺乏足够的动力。

第二，政绩考核体系相对落后，环境价值观建构遭到忽视。当前，中国仍然缺乏科学合理的政绩考核管理体系，GDP（国内生产总值）的增长仍然是政绩考核的重要因素。虽然党的十七大、十八大都明确了可持续发展和生态文明建设的合法性地位，但是由于政绩考核体制的不完善以及环境问题的相对滞后性，地方执政者仍然把 GDP（国内生产总值）视为考核的唯一指标。在"不出事逻辑"、地方性"变通"、运动式执法等机制的共同作用下，经济发展成为地方执政者的发展目标，而环境治理和环境价值观建构则遭到忽视。作为一名有着近十年环境报道经验的记者，W3 说出了自己工作中遇到的无奈，"环保的问题在前几年基本是被地方政府所压制的，他们为了保住经济增长，很多时候都是牺牲环保利益的，水污染、空气污染等方面的调查性报道我都做过，有时候还是挺危险的"①。

3. 运动式的执法和管理体制的限制

受到过去计划经济的影响，当前中国在社会管理体制方面最常见的是运动式执法和管理，环境治理和环境传播也不例外。目前，中国许多大型的环境保护运动都是由政府发起和支持的，如"中华环保世纪行""世界环境日"等，每当政府调整环境政策或部署专项政治行为时，都会在短时间内动员各级环保部门、新闻宣传部门、科研院所、各个学校以及学术团体，进行大规模的、大范围的、集中式的、主题式的环境宣传和传播活动，电视媒体也会在此期间推出各类环保专题和专栏节目。虽然这种运动式执法和管理体制能够在短期内形成强大的执行力，也能迅速提升广大公民的环保

---

① 笔者 2013 年 11 月 20 日对徐某某访谈内容。

意识和环保知识，但是这种管理体制也存在极大的局限。当这种潮涌式的宣传活动结束后，所有的相关环境传播活动也会随即偃旗息鼓，这就造成环境价值观建构缺乏系统性和规范性，也造成普通公民将环境保护归于国家和政府责任，而个体对于环境问题的关心程度不高，这都不利于环境价值观建构。

（二）传播制度的制约

传播制度也是限制环境价值观建构的重要因素，这种制约性表现在以下几个方面：

1. 大众传媒国有属性的制约

在中国，大众传媒尤其是传统电视媒体的属性仍然是国有的，而宣传党的方针政策、成为党的喉舌也仍然是大众传媒的首要任务。在这种传播制度之下，大众传媒的功能更多地表现为宣传工具，而社会守望、舆论监督等功能相对弱化，电视媒体在环境传播过程中，经常会出现被"束缚了手脚"或者被规训为政府的"传声筒"的现象，从而与受众之间出现了疏离，这不利于环境传播对公共利益的追求，不利于环境价值观的建构。

2. "正面宣传为主"传播机制的制约

中国长久以来实行的仍然是"以正面宣传为主"的传播机制，然而环境问题却常常以负面的形式出现，这就出现了矛盾。再加上当前中国社会正处于社会转型时期，很容易滋生各种群体性事件，维护社会稳定也成为各级政府的重要职责，作为党和政府喉舌的大众传媒也必须承担起维护社会稳定的职责，传统电视媒体尤其如此。而遵从党和政府的意志也成为大众传媒的唯一选择，渐渐地环境传播也形成了"正面宣传为主"以及环境事故发生后进行被动解释的习惯。然而，政府的环境治理存在一些不容忽视的问题，在这种情形下放弃环境传播的监督和守望功能，则会引发新的问题。如在以 GDP（国内生产总值）论英雄的当下，常常出现地方政府为了获得经济发展而损害环境利益的情况，在地方保护主义的影响下，环境价值观建构问题容易被掩盖；地方政府在处理环境问题时，长期以来遵循的是"发生问题—解决问题"的模式，缺乏一定的前瞻性，在这种"问题意识"的驱动下，出现了"头疼医头，脚疼医脚"的情况，环境正义、环境公民身份等深层次的问题往往遭到忽视；在处理环境维权运动时，地方政府往往将维持社会稳定作为主要目标，时常会出现"瞒报""谎报"等非正常行为，而电视媒体也沦为这种非正常现象的"传声筒"等。面对政府环境治理的这些问题，倘若作为沟通政府和群众的中介的电视媒体一味地"从大局出发"，只顾当好政府的喉舌，这反而会引起群众的反感，甚至会激发新的社会矛盾。

3. 纵向管理而非横向竞争的传媒管理机制的制约

从传媒管理机制来看，中国的电视媒体隶属于宣传部门，它只需要对上级党委和宣传部门负责，而同行业之间的竞争比较少，再从传媒集团内部来看，各频道、频率，甚至栏目组只需要对广电集团负责，不同频道、频率、栏目组之间很少有交流和往来，更谈不上相互竞争，也就是说只存在纵向关系，而缺少横向关系。这种机制之下，电视媒体在环境报道中显然只需要尊重领导意志，而不需要过多考虑如何赢得受众信任，这就进一步加剧了政府权力对环境传播的介入，从而影响了环境传播对于公民意识的培养和对于公民参与的促进。

二、权力对环境公民身份建构的侵蚀

除了来自政治方面的制约因素之外，各种权力也逐渐侵蚀环境传播，并对环境价值观建构形成了制约。这具体表现在：

（一）官员意志及政治权力对电视媒体环境传播的干预

在中国，官员意志和政治权力干预大众传媒及传播活动是十分普遍的现象，环境传播也不例外。由于传统电视媒体具有事业单位的属性，而且党和政府也一直强调大众传媒要坚持正确的舆论导向，可是在尚未准确界定什么是正确的舆论导向的前提下，官员意志恐怕会成为最直接的判断标准，而服从地方政府的管理也会成为理所当然的现象，但这却容易造成官员意志过度干预环境传播的情况，从而严重影响到环境价值观的建构进程。

环境问题之产生是因为没有协调好人与自然、经济发展与环境保护的关系，而在政绩考核体系不完善的情况下，地方政府出于发展经济的考虑，也会对一些造成环境污染的企业予以默认，有时候甚至还会批准一些存在环境污染风险的项目的立项。如 2014 年 5 月初，杭州市余杭区发生的抵制中泰垃圾焚烧厂事件，就是因为该项目在未完成项目论证和环境影响评价的前提下就贸然开工，而地方政府却没有及时表态，当地媒体迫于压力在事件发生之初也没有进行客观公正的报道，从而引起了当地群众的不满。环境问题涉及公共利益，而环境传播的目的也在于提供公共服务、维护公共利益，倘若官员意志及政治权力过度控制环境传播，环境传播就会严重偏离方向，这对于维护社会稳定来说也是极其不利的。

（二） 各类精英对环境传播的影响与操控

当前，无论是知识精英，还是技术精英，他们不仅在环境传播中拥有较大的话语权，而且深刻影响了环境传播的走向，这虽然有助于环境传播的科学化以及提升环境传播的权威性，但也容易造成各类精英人士控制环境传播的内容和方向的问题。例如在《新闻联播》中，各类精英人士作为消息来源的比例超过了 70%，而话语被引用的比例也接近 50%，但是普通公民作为消息来源的比例仅占 2.2%，而话语被引述的可能也只占 4%（参见本书第三章），其他传媒的情况也大致相似[1]，这也说明各类精英人士已经主导了电视媒体环境传播的内容和方向。在这种情形下，倘若普通公民的利益与各类精英人士的利益发生冲突，电视媒体自然会偏向精英人士。例如在番禺垃圾焚烧项目事件中，地方政府曾经在相关情况通报会上，请来了 4 位专家发表支持垃圾焚烧发电的观点，但公众却不买账，他们还将此做法评论为 "给媒体洗脑"[2]，而在杭州中泰

---

① 黄河、刘琳琳：《环境议题的传播现状与优化路径——基于传统媒体和新媒体的比较分析》，《国际新闻界》2014 年第 1 期。

② 严峰：《网络群体性事件与公共安全》，上海三联书店 2012 年版，第 21 页。

垃圾焚烧项目事件中也有类似的情况。这也在一定程度上反映了普通公民对于各类精英控制大众传播的不满。环境价值观建构的目的在于培育普通公民的绿色思想和生态理性，从而培养环境友好型公民，它鼓励公民积极参与，然而这个目标在各类精英操控环境传播的情形下，是很难获得实质性推进的。因此，环境价值观建构也呼吁赋予普通公民更多的话语权。

（三）相对弱势的环保 NGO（非政府组织）

相对弱势的环保 NGO（非政府组织）也是政治权力干预环境传播的结果，它同样也制约了环境传播中的价值观和环境公民身份建构。在西方，环保 NGO（非政府组织）作为独立的社会力量，不仅是环境保护和环境传播的重要力量，也是环境价值观建构的重要方式。然而，在中国，环保 NGO（非政府组织）的处境却比较尴尬，虽然目前环保组织在绝对数量上已经相对可观了，但是绝大多数环保组织与政府间的关系都是"温和合作型"①，有的甚至是半官方机构，真正独立于政府的、有影响的环保 NGO（非政府组织）仍属凤毛麟角。这就决定了环保 NGO（非政府组织）与政府之间存在"一衣带水"的密切关系，从而限制了环保 NGO（非政府组织）作用的发挥。而在环保 NGO（非政府组织）独立性不强，以及公民精神较弱，公众参与程度较低的情况下，环保 NGO（非政府组织）很难成为介于国家和社会之间的"绿色公共领域"，也不能充分发挥引导公民参与的作用，更加难以成为环境价值观建构的重要力量。因此，加强环保 NGO（非政府组织）建设，也成为环境价值观建构的必然要求。

第三节　经济利益和"洗绿"的双重影响

环境是最大的公共物品，而环境公民身份则关乎公共利益，但

---

① 江心：《中国环境 NGO 与政府间关系：以"自然之友"为例》，载郁庆治《环境政治学：理论与实践》，山东大学出版社 2007 年版，第 254～266 页。

是大众传媒却同时具有公共属性和经济属性，在经济利益的驱使下，环境价值观建构的公共利益往往会退居经济效益之后。此外，企业的"洗绿"（greenwash）行为也对环境传播的内容和方向产生了不良影响，从而干扰了环境价值观建构的正常进行。因此，必须考虑经济利益和"洗绿"对电视媒体环境价值观建构的双重影响。

一、经济利益对环境价值观建构的制约

经济利益对于环境价值观建构的制约作用，主要体现在电视媒体的公共属性与经济属性之间的内在张力上。公共性是环境传播的基本属性，它要求环境传播为公共利益服务，追求的是社会效益，然而经济属性也是电视媒体得以生存的基础，它要求在进行环境传播时必须考虑经济效益。在经济利益的介入下，电视媒体环境传播的内容及价值取向都受到了一定的影响，从而出现了偏离公共利益的情况，这就对环境价值观的建构造成了阻碍。

（一）经济利益对环境传播内容生产的制约

经济利益对电视媒体环境传播内容生产的制约，是由电视媒体的经济属性造成的，也是资本追逐利益的天性使然。虽然电视媒体的环境传播是培育生态理性和社会教化的主要力量，但是追求一定的经济利益也是电视媒体得以生存发展的必要手段，因此，经济利益侵入电视媒体的环境传播也是不可避免的。

在中国，作为大众传媒之一的电视媒体实行的是"事业单位，企业管理"，电视媒体既要成为党和政府的喉舌，同时也要实行自主经营、自负盈亏的企业化管理。在追逐经济利益的过程中，收视率、收听率、点击率等也成为判断传统电视媒体和视听新媒体内容生产质量优劣的重要标准。然而环境传播具有公益性，它不像广告能够直接左右电视媒体的生存，也不像房地产、医药等行业报道能为电视媒体带来可观的经济效益，更不像娱乐节目和体育节目能吸引为数众多的受众。在这种条件下，电视媒体的环境报道和环保节目的生存空间十分有限，为了在激烈的竞争中生存下来，增加传播内容的情节性、冲突性以及追求视觉效果，也成为电视媒体在环境

传播中不得不采用的策略，而这样做却有可能将环境议题简化为经济议题，从而弱化了对环境价值观的建构作用。

经济利益对电视媒体环境传播内容的制约，还表现在大型企业直接通过权力干预某些不利于其发展的相关内容的生产方面。目前，部分企业是造成环境污染和破坏的元凶之一，但是它们同样也是地方经济的支柱，甚至某些大型企业还是电视媒体的重要广告主。在这种媒介生态环境下，那些揭露和曝光这些企业破坏环境的相关报道以及主张限制消费的内容，就有可能在地方保护主义和广告主的干预下被扼杀在摇篮中，环境价值观建构也沦为遥不可及的目标。

（二）商业逻辑对环境传播价值取向的干扰

商业逻辑也会对电视媒体环境传播的价值取向产生干扰，这表现在环境传播中屡屡出现的"经济至上"和"技术万能"思想方面，例如《新闻联播》的环境报道就经常出现类似的基调（参见本书第三章）。在商业逻辑之下，无论对于生态建设来说，还是对于环境治理来说，推动经济发展是唯一的价值追求，而技术改进也被认为可以解决所有棘手的环境问题。在电视媒体的环境传播中，这种商业逻辑不仅导致环境问题被简单置换为经济问题，更造成了对生态文明和可持续发展观的简化解读和对实现公共利益的价值观偏离，从而不利于环境传播对公民的生态理性的培育和对环境友好型公民的培养。

二、"洗绿"对环境价值观建构的侵蚀

"洗绿"（greenwash）一词最早由美国环保主义者杰伊·韦斯特维尔德于 1986 年使用，它由 green（绿色）和 whitewash（洗白）组合而成，有时也被译为"漂绿"。具体而言，它指的是某些企业运用绿色符号和绿色意向来包装自己的产品和服务，并标榜其产品有助于推动对自然环境的保护，而事实上这些企业的目的在于节约成本、提高利润，并未实现真正的绿色环保。郭小平和李晓认为，绿色广告回应了全球环境运动的发展趋势和公众对企业责任担当的

呼吁，而"漂绿"广告虚假的环保宣传，是资本在"政治正确"前提下的话语修辞与媒介营销的策略性实践。在环保认同中寻求广告话语的合法性，借助绿色隐喻塑造"向往自然"的视觉想象，以及运用隐喻在危机情境中设置竞争性的话语框架，丰富了"漂绿"广告的修辞体系。"漂绿"广告的绿色消费主义话语，具有明显的消费者文化与商品拜物教特征，再生产了新自由主义和绿色资本主义的意识形态。①

由于"洗绿"披上了环境保护的外衣，具有一定的迷惑性，它对环境传播也会造成一些负面影响。

环境传播对于科学性的要求较高，它要求正确认识人类与自然环境之间的关系，协调好经济发展和环境保护之间的关系，强调共同体所有成员对于生态环境所应承担的社会责任和义务。然而，"洗绿"却利用人们对于环境保护的美好愿望，将自己包装成为践行环境保护的"生态卫士"，"绿色""环保""有机""无毒""天然"等字样也频繁出现在商家的宣传口号和商标中，它不仅欺骗了普通公民，也糊弄了大众传媒。在从事环境传播的环境记者和普通公民相关知识水平和鉴别能力有限的情况下，"洗绿"的企业和产品也随着绿色思想的传播而进入电视媒体环境传播的内容范围之中。由于"洗绿"的企业和产品并不是真正致力于推动环境的保护，它们只是想利用"绿色产品"的标签来推动产品的销售和提高企业的知名度，这不仅占用了电视媒体环境传播的宝贵资源，而且也对绿色思想和生态理性的传播形成干扰。有人将"洗绿"的危害归结为六宗罪，即潜在交易、缺乏认证、含糊不清、混淆视听、大话连篇、自欺欺人等。② 由此可见，"洗绿"与环境公民身份建构的目标是背道而驰的。

① 郭小平，李晓：《环境传播视域下绿色广告与"漂绿" 修辞及其意识形态批评》，《湖南师范大学社会科学学报》2018 年第 1 期，第 149～156 页。
② 吕云. 商家"洗绿"大发环保财［EB/OL］.（2018-10-1）. http：//news. sina. com. cn/o/2008-10-01/040514519919s. shtml.

此外,"洗绿"对于环境传播中的绿色生活方式的倡导也造成了负面影响。绿色生活方式要求人们尽量选择那些对生态环境破坏性较小的产品和服务,养成节约资源、低碳环保的生活习惯,它也是践行环境价值观的重要途径。然而"洗绿"却"搭了绿色生活方式的便车",并利用电视媒体对绿色生活方式的倡导来推销自己的产品和服务,这在本质上是对公民环境权利的一种"侵犯"。

第四节 消费主义对生态理性的冲击

当前我们身处一个被消费主义文化所包围的消费主义社会,人们的日常消费已经不再是为了满足吃、喝、住、用、行的基本需要,而是为了满足不断被刺激起来的欲望,消费的目的也不再是商品的使用价值,而是追求一种符号象征意义。波德里亚指出,消费社会是进行消费培训、进行面向消费的社会驯化的社会。① 而流通、购买、销售,以及对物品和符号的占有,构成了整个社会的语言和编码方式。② 在生产力高度发达的社会,物的生产过剩,远远超过了人们的消费能力,为了维持生产力的发展,消费变得越来越重要,而人们也开始发掘商品背后的符号价值,对物的崇拜逐渐弥漫开来,渐渐地消费主义变成了整个社会的一种价值观念和生活方式。消费主义在西方发达国家普遍存在,但在经济快速增长和全球化进程加剧的双重动力下,消费主义作为一种意识形态也扩散到了中国。由于消费主义鼓励过度消费,它与生态文明和绿色思想是背道而驰的,这就对电视媒体的环境价值观建构带来了无法忽视的压力。

一、消费主义社会与环境危机的出现

人类社会进入工业文明以来,生产力水平得到了极大的提升,

① [法]让·波德里亚:《消费社会》,刘成富、全志钢译,南京大学出版社2001年版,第52页。
② [法]让·波德里亚:《消费社会》,刘成富、全志钢译,南京大学出版社2001年版,第72页。

更多的商品投入到市场流通和交换环节中，然而相对于生产力的快速增长来说，人们的消费能力和消费欲望却显得相对不足，从而造成了生产过剩的现象。在这种情境下，生产者为了维系社会再生产的需要，就必须刺激人们的消费欲望，鼓励人们从消费商品的使用价值转向消费商品背后的象征性符号，消费主义应运而生。

虽然消费主义有效缓解了生产能力过剩和消费能力有限之间的矛盾，促进了经济和社会的极大发展，但是它也对自然资源和生态环境带来了巨大的威胁。在对利润的盲目追求下，生产者不断扩大再生产，而在扩大生产的过程中，他们不仅消耗了大量的自然资源，更随意将废弃物和副产品排放到自然环境中，导致了环境污染现象的加剧和环境危机的产生。尤其是当全社会都将消费主义所推崇的享乐主义作为一种价值观、审美观和生活方式时，人们对于商品的外观、美感以及符号象征价值有了更高的要求，这更导致了商品的过度包装和大量的广告宣传，从而带来了新的资源消耗和环境污染，进而加剧了环境危机。

20 世纪 80 年代以后，在市场经济的发展和经济的增长的合力作用下，消费主义逐渐进入中国，尤其是 21 世纪以来，人们的消费欲望更是不断膨胀，消费主义文化弥漫了整个社会。由于消费主义与环境保护之间存在着张力，一方面，消费主义所重视的是消费的增加和社会再生产的维系，而不是保护生态环境并为此付出代价；另一方面，消费主义还大量消耗资源和能源，并对生态环境带来了巨大的破坏。因此，从本质上来来说，消费主义与生态文明的理念是背道而驰的，在环境传播中必须警惕消费主义的影响。

二、电视媒体的消费主义倾向与生态文明的背离

除了经济的影响之外，电视媒体也是消费主义意识形态形成与传播的重要推手。一方面，电视媒体对中产阶级和富裕人群消费主义生活方式的报道，传递了消费主义的价值观念；另一方面电视媒体上的广告又通过煽情而又夸张的视听语言及表现方式，全方位建构了消费主义的逻辑和理念，激发了公众的消费欲望。在市场竞争日益激烈的信息时代，电视媒体的消费主义倾向越来越明显，这也

对生态文明建设和环境价值观建构带来了诸多负面影响。

(一) 电视媒体的消费主义表现及反生态本质

当前电视媒体的消费主义倾向表现得越来越明显，这首先表现在传播内容的物质消费诱导方面。随着市场经济的发展，当前电视媒体的传播内容和传播重点正在从政治生活转向日常生活，购物、旅游、服饰、化妆、流行时尚、汽车、装修等生活服务类内容和娱乐内容，占据了越来越多的版面和时长。而电视媒体在发掘商品背后的符号意义的同时，也营造了消费主义的文化氛围，全方位地贩卖着高档生活和炫耀性消费的理念，唤醒了人们的消费需求和消费欲望。

其次，电视媒体还塑造了各式各样的"消费英雄"，诱导人们模仿消费主义的生活方式。无论是在新闻报道中，还是在真人秀节目中，甚至是电视剧中，各类"消费英雄"和"消费精英"都逐渐替代"生产英雄"成为传播的主体人物，向受众传递着消费主义的理念和意识形态。

此外，广告宣传也助推了电视媒体的消费主义倾向，并在这场消费狂欢和盛宴中扮演了重要角色。赫伯特·马尔库塞 (Herbert Marcuse) 认为，消费主义所主张的需求是虚假的需求。[①] 而广告则与这种虚假需求的生产殊途同归。广告将商品包装为各种象征性符号，并借助于人们对于美好生活的愿望，不断撩拨着人们的消费欲望，同时还借助于对品牌塑造，实现了推销商品和服务的目的。

从本质上来看，电视媒体的消费主义倾向是反绿色的、反生态文明的，也不符合环境正义的诉求和可持续发展的理念。生态文明和可持续发展主张，人与自然之间应当和谐共存，经济和社会的发展既不能损害他人的利益，也不能损害子孙后代的利益。然而，电视媒体在信息传递的过程中，却裹挟着对消费主义文化的倡导，并

---

① ［德］赫伯特·马尔库塞：《单向度的人》，张峰、吕世平译，重庆出版社 1988 年版，第 6 页。

假借审美和品位的名义，刺激了人们永不满足的虚假需求，这不仅违背了环境正义的理念，加剧了人与人之间的不平等性，更加导致了对自然资源的过度消耗和对生态环境的加速破坏。

（二）电视媒体的消费主义倾向对环境公民身份建构的冲击

环境公民身份力求通过对公民生态理性和参与意识的培育，从而实现可持续发展，它反对消费主义的文化和意识形态。然而电视媒体的消费主义倾向却与生态理性的倡导背道而驰，并对环境价值观和环境公民身份建构形成了冲击，这具体表现在：

第一，对生态可持续性的冲击。生态可持续性是环境价值观和环境公民身份的重要内涵，它强调人们应当正确认识和对待人与自然之间的关系，主动承担起环境保护的社会责任，树立节约资源和绿色消费的价值观念。而传媒消费主义却运用夸张的手法、煽情的语言和精美的广告，将奢华的生活方式包装为理想的生活，进而鼓励人们的"炫耀性消费"和对"虚假需求"的追逐，与生态文明之间形成了一种明显的张力。由于传媒消费主义打起了与绿色思想的话语争夺战，而它的"欲望修辞"又具有一定的迷惑性，这必然会影响公民生态理性意识的形成。

第二，对公民参与的冲击。公民参与也是环境价值观和环境公民身份建构的另一个维度，它鼓励公民积极参与环境事务和环境决策，尝试实现生态民主和环境正义。然而传媒消费主义却在有关时尚、品牌、欲望和消费的话语修辞中，浇灭了公民对于环境议题及参与的关心，并通过对日常生活的审美化和对符号价值的鼓吹，削弱了公民的政治参与意识，从而对环境公民的培育形成了冲击。

总之，消费主义与生态文明的理念是背道而驰的，它与环境价值观和环境公民身份建构之间也存在着明显的张力，只有尽量减少消费主义的影响，电视媒体才能顺利推动环境价值观和环境公民身份建构。

第五节　"公民唯私主义综合征"的影响

"公民唯私主义综合征"①是 20 世纪六七十年代以来哈贝马斯对西方社会生活中出现的一系列"非政治化"倾向的统称。他认为，"公民唯私主义综合征"消解了公共领域的功能。唯私主义原来是公民权利对个体的占有性以及追求私利天性的一种反应，它是理性个人主义之下公民身份的内涵之一。然而，在资本、市场以及福利社会等多重因素的影响下，公民的角色被压缩到越来越狭小的范畴，并逐渐向"唯私主义"退却，而个体公民也越来越热衷于各类生活琐事，他们对公共事务和政治生活也失去了兴趣，并无心参加政治选举，也无心从公共领域内寻求解决问题的方案，整个社会弥漫着"反政治"的情绪。这种情形不仅造成了公民权利和社会责任之间的断裂，不利于民主国家对于公共服务的改善，更造成了政府和公民之间的紧张关系。

对于环境公民身份建构来说，"公民唯私主义综合征"也有负面影响。环境价值观和环境公民身份致力于培育公民的生态理性和参与意识，它要求公民主动承担起自身的环境责任和义务，而"唯私主义"之下的公民，既不可能为了维护公共利益以及子孙后代的利益而损害自身利益，也不可能主动参与到环境事务和环境政治之中。倘若不消除"公民唯私主义综合征"的影响，更多的"公地的悲剧"将会上演。虽然"公民唯私主义综合征"是哈贝马斯对西方社会出现的不良倾向的一种警告，然而近年来中国社会也出现了一些"公民唯私主义"的倾向，并对环境传播中的公民身份建构造成了不良影响，这值得引起重视。

一、公民较低程度的环境问题关心

公民的环境问题关心是公民环境意识的重要构成，也是环境价

---

① ［德］哈贝马斯：《在事实与规范之间：关于法律和民主法治国的商谈理论》，童世骏译，北京三联书店 2003 年版，第 670 页。

值观形成的前提和基础，它包括公民的环境科学知识及对环境保护工作的认识两个方面。"公民唯私主义综合征"对公民的环境问题关心产生了不良影响，它导致公民关心环境问题的出发点是为了维护自身环境利益，而不是从可持续发展和新环境伦理范式的角度来认识人与自然之间的关系，以及经济发展与环境保护之间的关系，这不利于环境友好型公民的形成。

　　自 20 世纪 90 年代以来，许多机构都对公众的环境意识进行了测量，如国家环保总局、中华环保基金会、自然之友、中国环境报社等，相关调查数据都显示，目前中国公民对于环境问题已经有了一定程度的关心，但是这种环境关心仍然是低程度的。例如：国家环保总局和教育部的联合调查显示，56.7% 的人认为中国目前的环境问题比较严重甚至很严重，认为由国家实施环境保护政策非常重要，但仍有近 1/5 的人（22.8%）认为环境问题不严重；在社会问题的排序上，环境问题相对其他问题而言排名靠后（倒数第二）；在社会发展目标上，环境问题则被排到了最后一位，经济发展却被放在了首位；而在经济发展与环境保护之间，有 45% 的人选择了经济发展优先。[1] 由中国人民大学和香港科技大学等机构联合开展的中国综合社会调查（城市部分）也显示，有 75.9% 的人认为目前人类正在滥用和破坏环境，但有 12.8% 的人不同意这种说法；有 73.4% 的人认为若不改变当前的做法，将很快遭受严重的环境灾难，而有 9.4% 的人不同意这种说法。[2] 该研究还发现，公众对于当地环境问题严重性的感知与经济发展和环境保护之间的相关性很低，甚至可以认为是基本不相关，但新环境伦理范式与公众对全球环境问题的感知、当地环境问题的感知，以及经济发展和环境保护的优先选择这三个项目之间有较强的相关性。[3] 由联合国开发计

---

　　① 杨明、唐孝炎：《环境问题与环境意识》，华夏出版社 2002 年版，第 261 页。

　　② 洪大用、肖晨阳：《环境友好的社会基础——中国市民环境关心和行为的实证研究》，中国人民大学出版社 2012 年版，第 39~40 页。

　　③ 洪大用、肖晨阳：《环境友好的社会基础——中国市民环境关心和行为的实证研究》，中国人民大学出版社 2012 年版，第 187、193、237 页。

划署、国家环保总局和商务部共同发起的"中国环境意识项目"调查，也证实了上述两项调查研究的结果。该研究发现，中国大部分公民已经认识到环境污染是一个严重的社会问题，有77.4%的人认为环境问题较严重，在13项社会问题中，人们将环境问题列为第4，仅次于医疗、就业和收入差距问题之后；人们对于环境保护的重要性、必要性和紧迫性等有较高的认同度和较强的责任感，82.9%的人认为应当重视环境问题，67.8%的人认为必须加强环境保护，84%的人认为环保不仅是政府的责任，更与每个人密切相关；但有50%的人认为不能为了环保而降低生活水平。① 这些说明中国公民对于环境问题已经有了基本的重视，但这种认识水平还是比较有限的，因为人们仍然将保持经济发展和个人生活水平放在优先于环境保护的位置。

在公民的环境知识方面，"中国环境意识项目"调查发现，81.5%的人听说过环境保护的相关概念，但其中只有10%的人能够确切表明相关概念的涵义，这说明工作的环境保护认知还处于较低水平；公众对于离日常生活较近的环境科学知识具有较高的知晓度，如垃圾分类、白色污染、有机食品等，但对于那些离日常生活较远的知识的知晓度则不高，低于50%；在环境知识的传播渠道方面，大众传媒仍然是最主要的渠道，占81.1%，而公民从政府部门及环保NGO（非政府组织）获得知识的比例则相对较低，只占13.5%。②

这些调查结果都说明，目前中国公民已经掌握了一定的环境知识，并对环境问题的严重程度有了基本认识，但是公民的这种环境

① 中国环境意识项目办公室. 2007年全国公众环境意识调查报告［EB/OL］.（2011-7-6）. http：//wenku. baidu. com/link？url=EF7b4 PHHKMTVsUlKr PtE7XxdrMJzlcueWHMX-A1LI6WyCYj7O9N3F7DmkfJ1kXd4VF _ ATN0WsEru8fJI0 NWY7-JYXvKLLEOOY ABKCw4OYz7.

② 中国环境意识项目办公室. 2007年全国公众环境意识调查报告［EB/OL］.（2011-7-6）. http：//wenku. baidu. com/link？url=EF7b4PHHKMTVsUlKr PtE7XxdrMJzlcueWHMX-A1LI6WyCYj7O9N3F7DmkfJ1kXd4VF _ ATN0WsEru8fJI0 NWY7-JYXvKLLEOOY ABKCw4OYz7.

关心却是低程度的。大部分公民都将自己视为环境污染事件的受害者，并以此为出发点实施环境保护，而真正主动承担环境责任并实施环境保护的人仍然较少。这也体现出"唯私主义"对于公民环境意识的影响，它不利于绿色思想的形成及环境公民身份的建构。

二、公民较淡漠的生态伦理意识

公民的生态伦理意识是绿色思想形成的关键，它告诫人们应当尊重自然、爱护环境，提倡适度消费的理念，以及科学健康的生活方式，倡导人与自然和谐相处。然而，在"唯私主义"的影响下，公民的环境伦理呈自我保护型，人们对于那些与自身利益密切相关的环境问题比较重视，并积极寻求相关解决方案，如环境卫生行动、邻避冲突等，但对于那些离日常生活较远的深层次的生态破坏问题，如全球变暖、土壤荒漠化、海洋污染等，则采取漠视的态度。

据国家环保总局和教育部的联合调查发现，有75%的人在购物时不考虑环保因素，65%的人不愿意为环境保护而支付更多的费用，70%的人在处理废弃物时根本不考虑是否符合环境伦理要求。① 中国人民大学和香港科技大学等机构联合开展的中国综合社会调查显示，有48%的人认为"人是最重要的，可以为了满足自身需要而改变自然环境"，23%的人认为自然界能够应对工业带来的冲击，20.7%的人认为环境危机是一种过分夸大的说法，39.6%的人认为人类生来就是统治自然的主人。② 这项调查数据也显示，当前人类中心主义的环境伦理和生态观念仍然影响深远。而由联合国开发计划署、国家环保总局和商务部共同发起的"中国环境意识项目"调查还发现，公众是否采取环保行动主要出自于功利性逻辑，如减少生活开支、保障身体健康等，他们对于那些需要增加

---

① 杨明、唐孝炎:《环境问题与环境意识》，华夏出版社2002年版，第266~267页。

② 洪大用、肖晨阳:《环境友好的社会基础——中国市民环境关心和行为的实证研究》，中国人民大学出版社2012年版，第39~40页。

支出的环保行为较少采取行动。①

上述结果也显示,当前"公民唯私主义"往往与人类中心主义的生态伦理意识结合在一起,共同对绿色思想和新环境伦理范式的传播产生了干扰,并对环境公民身份建构产生了负面影响。

三、低水平的环境公民参与

公民参与是环境价值观和环境公民身份的重要构成,而积极参与环境保护和环境决策也是环境友好型公民的重要表征。公民的环境参与包含三个层次:第一层是公民的环境宣传教育参与,这是最低层次的环境参与;第二层是公民自身的环境友善行为,这是环境参与的中间层次;第三层也是较高层次的参与,主要包括公民积极主动地参与环境决策,并对环境决策过程进行民主监督,这一层次的环境公民参与是民主国家环境善治实现的重要保障。

然而,在"公民唯私主义综合征"的影响下,"抱怨多而行动少""邻避冲突多,而政策倡导少"等现象,在中国的环境保护行动中仍然十分普遍。加上目前中国缺乏制度化的、有序性的公民环境参与途径,从而导致公民环境参与的水平较为低下,这在相关调查中也有较为明显的表现。例如,在国家环保总局和教育部的公众环境意识调查中,环境保护行动中公民的低程度参与占到65.9%,而高参与比例仅占8.3%。② 而中华环保基金会的一项调查也显示,当人们发现有人正在破坏环境时,有64.9%的人不会采取任何行动,有35.1%会当面指出,但他们也只是指出而已,很少有人会

---

① 中国环境意识项目办 . 2007 年全国公众环境意识调查报告[EB/OL]. (2011-7-6). http://wenku. baidu. com/link? url = EF7b4PHHK MTVsUlKr PtE7XxdrMJzlcueWHMX-A1LI6WyCYj7O9N3F7DmkfJ1kXd4VF _ ATN0Ws Eru8fJI0 NWY7-JYXvKLLEOOY ABKCw4OYz7.

② 杨明、唐孝炎:《环境问题与环境意识》,华夏出版社 2002 年版,第 267 页。

采取进一步的行动。①

　　当前中国公民的环境参与仍然停留在环境宣传教育和环境友善行为等层面，环境决策层面的公民参与较少，而公民是否会采取环境保护的行为，仍然以是否与自己有直接关系为判断标准。以近年来中国发生的多起环境邻避冲突为例，这些事件的起因都是公民的环境利益受到了损害，而在事件进程前后，公民真正积极参与环境决策过程的仍然相当少。此外，中国公民的参与行为体现出很强的事件性和针对性，当危害公民环境利益的事件发生或项目立项时，公民的环境参与就会空前高涨，然而一旦事情得到妥善解决，公民的参与行为也会相应减少，甚至终止，这也表明中国的公民参与仍然停留在较低的层次。笔者曾经亲身观察了广东省佛山市海八东路附近的某小区的一次邻避运动，该小区居民得知政府计划兴建的某城轨项目即将设置在距离小区 100 米处的消息，部分业主便发起了一场反对城轨兴建的征集签名的活动，活动持续了一个多月，搜集了大量的签名，最后活动组织者向政府相关部门提交了请愿书，在这个活动中相关人员主要诉诸合法的请愿，并未涉及深层次的环境政策参与。

　　总之，环境价值观和环境公民身份建构是生态文明建设的内在要求，也是推动环境善治的重要力量。然而，在电视媒体的环境传播中，政治与权力、经济利益与"洗绿"、消费主义以及"公民唯私主义综合征"等因素，都对环境价值观和环境公民身份建构形成了冲击，而这些制约因素产生的根本原因在于政府、电视媒体和公民之间产生了某些疏离。只有真正形成生态文明的思维方式，并协调好政府、电视媒体、公民三者之间的关系，才能真正推动环境价值观建构。

---

① 郗小林、徐庆华：《中国公众环境意识调查》，中国环境科学出版社1998年版，第79~84页。

第六章　电视媒体环境价值观建构的路径选择

德赖泽克认为，改变世界的一个可行办法是改变人们思考的方式。① 中国环境问题日益恶化的现实，折射出当前社会发展中存在人与自然之间的严重对立。而要解决环境问题，首先必须改变传统的"人类中心主义"的思维方式，树立生态思维。电视媒体的环境价值观建构旨在培育公民的生态理性和参与意识，它是生态思维重塑和绿色思想传播的重要形式，有助于推动生态文明建设和环境善治的实现。当前中国的环境价值观建构进程已经启动，但是仍然存在一些问题，如生态理性和公民参与建构相对欠缺，政治和权力、经济利益和"洗绿"、消费主义以及公民唯私主义等因素对环境价值观建构形成了干扰等，而从本质上说，这些问题产生的原因在于没有处理好政府、电视媒体与公民之间的关系。因此，重塑电视媒体环境价值观建构中的多重关系，也是解决环境价值观建构诸多问题的重要路径。

第一节　生态思维的重塑与生态理性建构的强化

丹尼尔·科尔曼（Daniel A. Coleman）指出，造成环境危机的

---

① ［澳］约翰·德赖泽克：《地球政治学：环境话语》，蔺春雪、郭晨星译，山东大学出版社 2012 年版，第 185 页。

深层原因是现代世界物质至上的自我中心主义和工具主义世界观。① 在人类中心主义和工具主义的世界观指引下，自然环境始终作为被人类改造的对象和社会发展的资源，人类发展和生态保护也被建构为彼此对立的存在，这就导致人们生态理性的弱化，只有重塑生态思维才能解决环境危机产生的深层原因。在电视媒体的环境传播中，重塑生态思维，并用生态思维来优化环境传播的方式，也是改善生态理性和公民参与建构相对欠缺的现状的重要方法。

一、生态思维的重塑与媒体环境预警能力的提高

生态思维实际上也是一种绿色思想和环保思维，它要求人们正确地认识人类与自然的关系，正确地处理社会发展与环境保护之间的关系。在环境传播中引入生态思维，有助于推动电视媒体对环境价值观的建构。

（一）生态思维的继承与发展

在环境传播中树立生态思维，这既需要继承和发扬传统的生态哲学观念，更需要积极进行生态文明建设。

生态观念和环保思想植根于华夏古代文明之中，儒家、道家等所阐释的"生生不息""天人合一""亲亲、仁民、爱物""小桥、流水、人家"等生态哲学观念，体现了朴素的生态思维，而节俭精神更是渗透到了普通百姓的日常生活中。只是到了以现代化转型为首要目标的近现代时期，生态意识才逐渐被人们淡忘。要树立生态思维，有必要重新认识并继承传统文化中的生态思维。

生态文明是一种绿色文明，也是一种典型的生态思维。它要求在可持续发展的原则之下，通过对社会生产方式、管理方式和生活方式的改造，创建一个人、社会、自然三者和谐发展的文明社会。党的十七大以来，生态文明作为一种新型的文明被提到发展战略的高度，这体现出党和政府对于社会发展与环境保护之间的关系，已

---

① ［美］丹尼尔·A. 科尔曼：《生态政治——建设一个绿色社会》，梅俊杰译，上海世纪出版集团 2006 年版，第 98 页。

经进行了深刻的反思。而要在环境传播中树立生态思维，必须运用生态文明的理念来指导环境传播实践，并积极推动生态文明建设。这需要改变"人类中心主义"的传统思维方式，并从"生态中心主义"的角度来看待环境传播。传统的"人类中心主义"认为，人类是自然界的中心，是万物的主宰，人类有权为了获得自身的发展而利用各种自然资源和生物资源。而"生态中心主义"则认为，人类也是自然界的一部分，自然界既是人类生活于其中的外部环境，同时也支撑了人类的发展，倘若人类无节制地滥用自然资源、破坏自然环境，人类社会本身也会遭遇到巨大的危机。当然，主张从"生态中心主义"的立场来思考环境传播方式，并不是要求放弃人类社会的发展，否则就会矫枉过正。只有从生态整体主义的角度去看待发展问题，并意识到自身的环境责任和社会责任，环境传播才能真正符合生态文明的要求。

（二）提高电视媒体的环境预警能力

在环境传播中树立生态思维，还必须强化电视媒体的环境预警能力。具体而言，它要求各种类型的电视媒体积极揭露经济发展过程中出现的环境污染和破坏现象，及时发现社会生活中的反绿色消费方式和生活方式，努力成为绿色思想传播的先锋。

近年来，随着媒体从业人员环境责任意识的增强和环境知识的增长，环境传播的预警能力和责任伦理也有所增强。W2 就提到2007 年有人在东湖一角养珍珠的案例："当时人们还不清楚这一事件的真实影响，并认为既然珍珠以富营养物质为生，这样也许能起到净化水质的作用，而不少媒体也准备当做正面典型来宣传。"可是经过深入调查和走访后，W2 却发现一个问题："因为有专家持反对意见，他们提出如果仅从自然的角度来讲，养珍珠确实是有好处的，但是养殖户们往往会为了追求效益而故意往湖里下很多肥，让珍珠长得更好，而这个肥对于湖泊来说，却构成了严重的污染。后来，我们追查到养殖户的浙江老家，结果发现当地的很多湖泊都因为养珍珠而重度污染，被毁了，而浙江那边也正准备出台禁止养珍珠的规定。于是我们及时报道了事情的前因后果。当第一篇报道出来后，立刻引起了很多媒体的关注和转载，如《中国环境报》、人民网等，报道也在社会上引起了一些争议和讨论。相关报道也在省环保厅和水利厅等政府机关内产生了较大反响，直接促使省里出台政策全面禁止在湖泊里养珍珠，而对于已经养殖了的，政府还规定必须按期全部撤离。在当时许多人还没有认识到养珍珠的危害性，而养珍珠也并不是十分普遍的现象，一旦养珍珠被大面积推广开，不仅会造成湖泊的污染，也会带来很大的经济赔偿。因为养殖承包合同一签就是三年，如果毁约就必须作出经济赔偿。后来浙江那边很快也出台了相应的规定，随后，全国范围内基本上'封杀'了在湖泊内养珍珠，珍珠养殖转移到近海区域了。这件事情的意义就在于，通过及时的报道而刹住了污染的苗头，最后促使政府出台了一项强硬的措施。"① 正是由于环境记者不盲信、不盲从，他们才会深入调查并发现一些潜在的环境风险，这也是环境传播社会责任意识增强的表现。原先被当做是"治污"手段的珍珠养殖，最后却成为污染的"元凶"，这一案例本身也说明在环境保护的过程中，有许多未被认识到的条件和意外的后果会出现，只有不断根据事情的变化，及时地反思和调整环境传播的方式和手段，增强环境传播的预警能力，才能真正减少环境污染和破坏行为的产生。

二、生态理性和公民参与建构的强化

在生态思维指导下，强化环境传播对生态理性和公民参与的建构，也是推动环境价值观建构的重要路径。

(一) 生态理性建构的强化

生态理性是环境价值观的重要维度，它涉及公民的环境知识、可持续发展的生态价值观、公民的环境责任与义务以及公民的生态美德等多个方面。电视媒体在环境传播中强化对公民生态理性的培育，有助于推动对公民环境素养的培育。具体而言，生态理性建构的强化可以从以下几个方面着手：

---

① 笔者 2013 年 10 月 30 日对金某某的访谈内容。

1. 重视对环境保护相关知识与科技的传播

公民的环境知识水平是影响生态理性的重要因素，而提升公民的环境知识水平，既需要介绍各类环境保护相关科技的发展，更要注重对环境保护基本知识的传播。当前中国公民对于一些基本的环境保护知识，如环境卫生、工业污染、毁坏山林等有了初步的认识，对于环境科技的发展也有较高的兴趣，但是人们对于深层次的环境知识，如温室效应、气候变化、生物多样性消失、发展观念和发展机制的变革等问题的认识和理解还不够深刻。这就需要环境传播强化对各类环境知识的传播，注重对深层次环境知识的人文主义解释和批判性解读，从而深化人们对绿色思想的认知。

2. 进行深层次的生态价值观塑造

深层次的生态价值观是一种"深绿色"的价值观，它提醒人们认识到工业文明语境下社会生产方式和生活方式的不可持续性，并呼吁在保持现代物质文明的基础上，通过对发展理念和发展机制的变革，协调行政系统、民主政治和市场三种机制，实现人类发展和环境利益之间的平衡，而生态文明就是一种深层次的生态价值观。当前生态文明建设的观念已经渗透到环境传播之中，但是并未形成固定化的内容生产机制，这就导致电视媒体在进行环境传播时，经常在经济发展与环境保护之间游离。因此，有必要创建科学化的、深层次的生态价值观生产方式。而这种深层次的生态价值观不仅要求环境传播正确地认识人类发展与生态环境之间的关系，还要求环境传播能够正确地处理经济发展与环境保护之间的关系，形塑一种人与自然和谐发展、经济发展与环境保护协调共融的发展模式。

3. 侧重对公民环境责任感的培育

生态文明建设对环境传播的生态理性培育提出了新的要求，它要求环境传播正确地认识并处理公民的环境权利与环境义务之间的关系，而公民的环境生存发展权、信息知情权、决策参与权等是公民履行自身环境义务的基础，只有充分保障公民的上述环境权利，才能培育公民基本的环境责任感。当前中国的环境传播往往只注意对公民环境责任的呼吁，而忽视了公民正确的环境权利主张，只有在环境传播中协调好公民的环境权利与义务之间的关系，才能真正培育具有高度责任感的公民。

4. 强化对公民生态美德的培养

生态美德是生态理性的另一个维度，而生态文明要求培育具有良善、友好、同情、爱护、关心、牺牲等精神的公民。但是，中国的电视媒体在环境传播中往往忽视了对上述生态美德的培育。这就需要电视媒体将培养公民的生态美德提上日程，通过对环境传播方式的调整，完成对公民生态美德的培育。

（二）公民参与建构的强化

公民参与是环境价值观和环境公民身份的重要维度，而公民借助各类媒体形式，亲身参与到环境传播和环境公民身份的建构之中，这也是具有生态理性和环境素养的公民的重要体现。

1. 扩大环境传播中普通公民的话语权

当前公民在环境传播中的话语权和表达权不够，这导致公民参与建构的不足。无论是传统电视媒体，还是视听新媒体，都应当给予普通公民以及环保 NGO（非政府组织）更多的话语权，让各种力量都可以在环境传播中发出自己的声音。这可以通过增加普通公民和非政府组织的曝光率，让他们成为环境报道的重要消息来源，允许他们在环境传播中更多地发出自己的声音等方式来完成。

2. 加大公民参与相关内容的生产

无论是传统电视媒体，还是视听新媒体，都可以通过在日常的环境报道中，增加有关公民参与环境决策和环境事务的相关报道的数量，加强对公民理性参与的引导，建构公民参与的正面形象等方式，来加大对公民参与相关内容的生产，从而起到引导公民积极参与环境事务的作用。

3. 提升公民参与能力的培训

公民的参与能力有限也是导致中国公民参与较少的重要原因。因此，电视媒体在环境传播中必须提升公民参与能力的培训。这可以通过介绍合理有序的公民参与的方式，介绍公民参与的相关知识，介绍公民参与的技能技巧等方式，来提升公民的环境参与能力，为公民的积极参与打下基础。

4. 借助"互联网+"的形式拓展公民参与的渠道

当前日新月异的传播科技的发展，降低了环境传播的门槛，让普通的公民也有参与环境传播的可能。公民只需要拥有一台可以联网的手机、平板电脑或其他手持式移动终端，就可以通过文字、图片、音频和视频的形式，随时随地自行生产环境传播的内容。对于电视媒体而言，可以积极利用这些新媒体技术形式，搭乘"互联网+"的快车，让普通公民得以介入环境传播的内容生产阶段，让其更充分地行使自身的环境信息知情权、参与权、决策权和监督权，这是推动公民"绿色"身份认同形成的重要途径。在武汉的"爱我百湖"行动中，志愿者们就充分利用"汉网"的"爱我百湖"板块，以及诸多的 QQ 群、微信群等新媒体平台，发布各类环境知识信息及环境活动信息。让普通公民也成为环境传播中的内容生产者，增强了公民的参与意识，也提高了公民的参与能力。

5. 创造自由讨论的公共话语空间

创建一些方便公民自由讨论的公共话语空间，让各种观点在其中相互碰撞，也能促进绿色思想的传播，推动实现媒体与公民间的对话，从而促进公民参与。由于环境问题处于人类社会与自然世界的交汇处，十分复杂，它需要不同观点之间的折冲樽俎，也需要不同思想之间的相互沟通，换言之，它需要创建一个"绿色公共领域"。当前公民的信息获取渠道十分丰富，他们对于身边的环境现实也有一定程度的认知，创建一个允许公民参与环境问题讨论的公共话语空间，既有助于媒体获取公民的反馈信息，也有助于培育公民的环境理性。在这方面，部分电视媒体正在进行"电视+社交媒体"的实验，积累了一定的经验，而注重互动的视听新媒体也有了较多的探索，但仍然需要政策和法律的支持。

6. 发挥公民的监督作用

鼓励公民发挥对环境传播的监督作用，也有助于促进公民的环境参与，提高公民绿色身份认同的形成。具体来说可以从两方面着手：第一，允许公民对环境传播的过程进行监督。由于电视媒体可能会受到利益集团的操控，受到"洗绿"宣传的影响，这就需要公民发挥对媒体的监督作用。而公民通过各种反馈渠道，指明电视媒体在环境传播中的不恰当做法，也有助于优化环境传播。第二，允许公民对环境治理过程中的各种不良倾向进行监督。这一层面的监督实际上是群众监督在环境治理领域的延伸，它是公民在维护公共利益的动机驱使下，履行自身社会责任和义务的一种表现。在这一层面上，媒体也可以通过曝光公民反映的问题的方式，来为公民提供一个行使监督权的平台，从而实现真正的"贴近群众"。在这方面生态环境部微信公众号的"污染举报"平台进行了一些探索。

三、生态文明语境下的环境传播方式的优化

生态文明要求在全社会范围内树立起可持续发展的理念，推动人与自然、人与社会之间的和谐共生及良性循环。而在生态文明建设的语境下，媒体承担着传递绿色思想，推动绿色消费和绿色生活方式变革的重要意义，只有优化环境传播的内容及意义生产方式，绿色思想才能真正深入到公民的环境意识之中，并最终转化为公民的环境保护行为。概括而言，电视媒体可以通过以下策略来优化环境传播的方式：

（一）优化环境传播的叙事策略

电视媒体在环境传播中的叙事策略关系着环境价值观的具体编码方式，也影响到人们对环境传播内容的接受，因此，优化环境传播的叙事策略显得十分重要。而优化环境传播的叙事策略，首先需要将抽象的环境议题转化为具象的环境问题。由于温室效应、气候变暖、碳排放增多、生物多样性消失等环境议题离人们的生活较远，而且这些环境问题对人们的生活所造成的影响在短期内也不会显现，公民对于这类议题的理解与接受情况较差。诸多针对公民环境意识的调查也显示，人们对这类远离自身生活的抽象议题的认知及接受情况都不太理想。而将这些抽象的环境议题转化为关系人们生活的具象议题，并使用通俗易懂、生动形象的语言加以表述，这将有助于提高环境传播的效果。例如 2013 年 10 月 25 日，《楚天都市报》在关于湖泊治理的议题上，就将水污染这一抽象议题，通

过具象化的叙事方式予以表现，当读者看到"重金属超标 2 倍、超过 7 成的鱼类及水草消失"① 等话语时，就能深切感受到水污染对人们生活造成的威胁，从而鼓励人们参与环境保护。

优化环境传播的叙事策略还要求媒体在进行环境报道时，适应大众文化和消费社会的特点，调整绿色消费和绿色生活方式倡导的叙事策略。当前我们身处一个被消费主义和大众文化所包围的拟真世界之中，这是不可否认的现实，在传递生态文明和绿色思想时，可以利用人们喜闻乐见的一些大众文化的传播方式，如动感的音乐、明亮的色彩、简单的动画等，以便于人们对相关内容的接受。如中央电视台与其他国家联合拍摄的《野性中国》《同饮一江水》《生命》，以及陆川与"迪士尼自然"（Disney Nature）合作拍摄的《我们诞生在中国》，BBC 的《蓝色星球》《地球脉动》等纪录片，不仅画面制作十分精美，而且还配上了极富感染力的音乐，让人们在享受视听觉盛宴的过程中，同时也受到了生态理性和绿色思想的洗礼。

（二）增强环境传播内容的接近性

这里的接近性主要指的是与受众心理的接近程度。环境传播效果最大化的关键在于获得受众接受和认可，这需要媒体掌握受众的环境信息需求，认识并揣摩受众的心理特征和接受习惯，然后有针对性地调整环境传播的策略。在建构环境公民身份、倡导绿色生活方式等抽象议题时，电视媒体可以从平民化的视角出发，把这些抽象的生态议题用人们亲身经历的形式展现出来，以增强人们对绿色思想的心理接近程度。例如《大众日报》在报道山东省打击环境污染犯罪时，就通过"太公湖惊梦""一车污染物倒了 4 次手"等

---

① 周治涛 . 东湖重金属污染超国标两倍　逾七成鱼类水草消失［EB/OL］.（2013-10-25）. http：//news. cnhan. com/content/2013-10/25/content_2325511. htm.

几个发生在人们身边的故事①，将环境犯罪与危害公共安全结合起来，增强了内容的接近性与可读性，让人们认识到生态文明建设的重要性。

(三) 推动 "单个议题" 向 "公共议题" 的转化

推动 "单个议题" 向 "公共议题" 的转化，尝试以公共话语的方式发掘环境保护背后的公共安全意义，从而消解工业主义和消费主义话语对环境的资源属性和经济属性的过度解读，这也是优化电视媒体环境传播的重要途径。

单个议题缺乏一定的普遍性，加上消费主义文化和工业主义话语将环境保护置于社会的边缘，弱化了公众对环境保护的关心，然而，公共议题却关乎共同体所有成员的公共利益，更容易引起人们的思想共鸣，能产生较大的社会动员力。因此，将单个的环境议题升华为关系人们共同利益的公共议题，这更有助于扩大环境传播的影响力。在番禺垃圾焚烧项目争议事件中，人们从最初反对在居住地附近修建垃圾焚烧厂，到中期质疑垃圾焚烧厂的技术水平，再到后期反对在任何地方修建垃圾焚烧厂，并倡导建立垃圾分类制度，逐渐将单个的、局部的环境事件上升到关乎共同体所有成员福利的公共议题。在这个事件中，环境保护者们不仅成功唤起了人们对垃圾焚烧项目的关注，更进行了一场关于绿色思想和环境正义的启蒙教育。

总之，在环境传播中重塑生态思维，提高媒体的环境预警能力和责任意识，强化对公民的生态理性和参与意识的培育，优化环境传播的方式，都有助于克服环境价值观建构中生态理性和公民参与欠缺的问题。

---

① 王亚楠:《污染转移形成 "黑色产业链" 部分环境犯罪将被视为危害公共安全罪，我省 3 部门联手打击》,《大众日报》2010 年 9 月 16 日第 A3 版。

第二节 政府和媒体关系的重塑与
政治和权力干预的减少

在中国三十多年的环境传播历史中，一直呈现出鲜明的"政府主导型"和"政府依赖性"特征，这表现为媒体与政府之间的关系异常紧密。不仅政府及党政机关工作人员是环境传播最主要的信息来源，他们拥有绝对的话语权，而且媒体的环境传播活动也密切围绕特定时期政府的环境治理工作重点和工作任务而展开。虽然媒体和政府之间的这种密切关系有助于提高环境传播的权威性和合法性，有助于促进环境知识和科技的扩散，但是也造成了政治和权力过度干预环境传播的局面，并对环境价值观建构形成了一定的阻碍。而要减少政治和权力的制约，就必须在生态文明和生态思维的主导下，重塑政府与媒体之间的关系。

一、生态思维之下政府的角色重塑

生态思维之下的政府角色重塑，是形成政府和电视媒体良性互动的基础。它要求各级政府在积极推动经济和社会的发展的同时，积极推动环境治理和环境保护，它还要求在环境治理中，政府的角色从"划桨者"转变为"掌舵者"，从"统治者"转变为"治理者"，它鼓励政府适当放权，并在此基础上着力建设真正的生态"保障型国家"（ensuring state）。

生态"保障型国家"是吉登斯在《气候变化的政治》一书中提出的应对气候问题的国家策略。在他看来，所谓的"保障型国家"是指"国家除了必须鼓励和支持各种各样的社会团体推动政策向前走之外，还必须保障实现确切的结果……保障型国家是这样一个国家，它有能力产生出确切的结果，这一结果不仅它自己的国民可以信赖，而且其他国家的领导人同样可以信赖"①，"国家在

---

① ［英］安东尼·吉登斯：《气候变化的政治》，曹荣湘译，社会科学文献出版社 2009 年版，第 9 页。

与公民、与其他组织的合作中起着更重要的作用，它必须监督和检查，必须进行长远的策划，这些是公民社会本身所无法做到的事情……它有责任监督（monitor）公共目标，并且以一种可见、可接受的方式实现这些目标"①。简单来说，生态保障型国家建设的关键是为环境治理和环境保护提供各项保障，积极推动与公民及社会组织的合作，监督和检查环境治理公共目标的实现，推动环境问题的解决。当前，中国正在推动的生态文明建设和政府的服务型职能转型，也是实现生态保障型国家建设的重要途径。

中国改革已经进入深化阶段，而全能型的政府已经无法满足社会治理的需要，政府的调控作用越来越明显，调控能力也得到进一步增强，政府也越来越注重对公共物品和公共服务的提供与保障。早在 2004 年，前总理温家宝在《政府工作报告》中就提出要推进政府公共服务的职能转变，2005 年又提出"建设服务型社会"的目标，而 2014 年 3 月 26 日，李克强总理在部分省市经济形势座谈会上进一步强调："政府要当裁判员，不要老想当运动员。"② 这些都说明，中国政府正在逐步简政放权，并积极推动从全能政府到责任政府、从管理型政府向服务型政府的转型。

在环境治理方面，中国政府也在推动角色的转型。一方面，环境作为最大的公共物品，它的分配与治理需要来自国家和政府的保障与支持，中国政府正在通过对环境管理制度的完善，以及环境治理政策工具的优化选择，来实现对环境公共物品的合理分配与治理。另一方面，政府在环境管理中的角色也逐渐向"掌舵者"转型，政府着力保障公民的环境生存权、发展权、参与权、知情权等诸多基本权利，也尝试吸引各种社会力量共同参与环境治理和环境保护。这些措施都有助于环境善治的实现。

---

① 郭忠华：《气候变化与政治革新——与吉登斯的对话之四》，载郭忠华《变动社会中的公民身份——与吉登斯、基恩等人的对话》，广东省出版集团、广东人民出版社 2011 年版，第 55 页。

② 郑劭清. 媒体盘点什么事惹李克强痛批：政府"手"的问题［EB/OL］.（2014-6-15）. http：//finance. sina. com. cn/china/20140615/023919414699. shtml.

二、创造宽松的传播环境与强化电视媒体的社会责任

环境问题反映的是社会发展中的深层问题，需要社会各界的深刻反思和共同参与。只有创造一个相对宽松的传播环境，让媒体充分发挥舆论监督的功能，揭露各种环境污染和破坏现象，并让媒体成为一个话语平台，使得各类主体都可以针对环境问题的解决进行利益表达，才能促进政府和电视媒体之间形成良性的互动。

（一）创造宽松的传播环境

当前在环境传播中，中国政府对于媒体的监管和审查十分严格，这样的做法，有助于防止因媒体受到利益集团的蛊惑和驱使，而出现的违背传播伦理以及误导受众的情况，也有助于政府对于环境危机的管理。但是，过于严格的媒体监管制度，也限制了媒体舆论监督功能的发挥，并导致政治和权力过度干预环境传播，不利于环境危机的曝光和对政府环境治理过程的监督。因此，政府应当调整对媒体的监管策略，以开放的心态和善待的态度，处理与媒体之间的关系，并通过制度化的设计创造一个相对宽松的传播环境，促进生态文明建设。具体而言，政府可以采取以下措施：

（1）加强对电视媒体的危机意识及责任意识的教育，并充分利用自己所掌握的信息源，对电视媒体的环境传播议程进行引导。由于环境问题具有一定的隐蔽性和延迟性，它的破坏性也需要经过一段相当长的时间才能显露出来，但媒体在环境报道中却要追求时效性，这就导致媒体在环境传播时难以及时而完整地还原事实，也难以迅速地切中要害、直指环境问题的核心。政府作为环境治理的主导者，掌握着来自于各方面的大量信息，可以利用自身作为权威信息发布者的地位，引导电视媒体把环境传播的视角和焦点放到生态文明建设的大局上，促进电视媒体对具有生态理性和环境素养的"绿色"公民的培养，督促电视媒体扮演好稳定社会情绪、安抚民心的"社会中立者"角色。

（2）将电视媒体视为满足公民环境信息知情权的重要途径，并通过相关制度设计，来保障公民的环境知情权。知情权是公民的

219

基本环境权利，也是环境公民身份形成的基础，而电视媒体则是公民获得信息的基本渠道之一，只有保证媒体信息发布的及时性、准确性、透明性，才能保障公民的环境信息知情权。世界各国都已经将知情权纳入了保障公民权利的制度设计方面，如美国在1986年颁布《联邦突发事件规划及公众知情权法》，其中明确规定，必须对危险物质排放到环境中的应急事故作出通告。目前中国也正在推动环境信息公开的相关制度设计，2005年以来，全国所有地级以上城市已经实现了城市空气质量、水质量自动检测，各级政府和环保部门还定期或不定期召开新闻发布会及时通报环境状况。除了新闻发布会之外，政府还应当借助新媒体等渠道及时发布信息，以保障公民的环境信息知情权。

（3）通过法制手段来规范媒体的环境传播行为，减少政治权力对媒体环境传播的干扰。当前，中国在环境治理方面已经形成了一套较为完善的法律制度，这套制度由宪法、环境保护基本法、环境保护单行法规以及其他相关法律规定构成。据统计，目前中国已经颁布了《中华人民共和国环境保护法》《中华人民共和国水污染防治法》《中华人民共和国大气污染防治法》等9部环境专门法律，制定了《中华人民共和国森林法》《中华人民共和国水法》等15部资源法律，国务院还出台了50多个环境管理专项行政法规，环保部也出台了200多份相关规章和规范性文件。[1] 法律规章的健全与完善，为地方政府的环境治理和媒体的环境传播提供了基本的行动指导。尤其是《中华人民共和国突发事件应对法》的颁布，更为媒体报道各类突发性事件，包括环境类突发性事件和因环境问题引发的群体性事件等，提供了法律依据和制度规范。这些法律规范，一方面能够推动政府对电视媒体的环境传播进行必要的监管，另一方面也要求政府为电视媒体介入环境问题提供必要的服务和保障，这为处理好政府与电视媒体间的良性互动打下了基础。然而，中国的环境法规还不太完善，不能完全应对转型时期多发的环境问

---

① 　温国宗：《当代中国的环境政策形成、特点与趋势》，中国环境科学出版社2010年版，第19页。

题，加上目前仍然没有相关的新闻法，这也导致电视媒体的环境传播无法可依，只有不断完善法律制度，才能推动政府和电视媒体形成良性的互动。

（4）尊重媒体的独立性，监管适度。政府对媒体的监管是十分必要的，但是需要注意的是，政府对媒体的监管不能过度，否则就会妨碍新闻自由，从而对环境传播产生负面影响。具体而言，政府可以采取以下措施：首先，需要认识到媒体功能的多元性，宣传只是媒体功能的一部分，而信息传递、环境监测、社会教化、提供娱乐等才是媒体的主要功能，因此，不能仅仅要求媒体当好党和政府的喉舌，必须给予媒体一定的独立性；其次，政府还应当认识到，媒体对于环境问题的报道能起到警示作用，有助于强化各级政府的环境责任意识，也有助于各级政府发现自己在环境治理中的思维局限和工作盲区，从而提高政府的环境治理水平和应急管理能力；再次，各级政府还必须转变思维，学会尊重媒体，并以开放和合作的心态来善待媒体，从而起到安抚民心、缓解压力的作用。

（二）强化媒体的社会责任

要创建良好的政府和媒体关系，减少政治和权力对环境价值观建构的干预，还必须强化媒体的社会责任。安东尼·吉登斯认为，环境问题属于一个"思前"性的问题，容易被人们忽视，从而产生一个个"吉登斯悖论"现象。在环境传播中，媒体既要重视对环境污染和破坏现象的揭露与批评，也要重视对可能出现的环境危机的预测与应对，这是媒体的社会责任所在，也是舆论监督功能的内在要求。而强化媒体的社会责任还要求媒体从被动应对环境危机和报道环境危机，转到主动认识和发现环境问题，提高对环境保护的社会动员能力。乌尔里希·贝克认为，在风险社会中，人们必须建构起责任原则和伦理。[①] 面对环境风险，媒体只有对共同体成员

---

① 薛晓源、刘国良：《全球风险世界：现在与未来——德国著名社会学家、风险社会理论创始人乌尔里希·贝克教授访谈录》，《马克思主义与现实》2005 年第 1 期。

和自然环境表现出更高的责任感，并从促进环境问题解决的角度来进行环境传播，媒体的环境传播才具公信力和影响力。

三、政府——电视媒体联动的形成

在环境治理和环境传播中形成政府与电视媒体联动，也是重塑政府与电视媒体的关键之一。当前，党和政府将生态文明和"美丽中国"建设提上了政治议程，并出台了一系列法律法规予以保障，充分显示出政府建设生态保障型国家的决心。同时，政府也逐渐意识到新闻媒体在环境治理中的积极作用，并在重大环境事件的问题处理中越来越重视与媒体间的联动。早在20世纪90年代，广西电视台播出的《触目惊心看刁江》《矿山忧喜录》等报道就产生了较大的影响，并直接促使当地政府对刁江采矿污染问题进行治理。举世闻名的"中华环保世纪行"活动，也是典型的因政府与媒体的联动而促进问题解决的例子。而生态环境部的宣传教育司也与多家媒体展开合作，积极发挥环境宣传教育、监督反馈等职责。

当前，各地也涌现了许多环境治理中的政府与媒体联动的例子，例如在2012年6月武汉地区的雾霾天气事件中，政府与媒体之间进行了有效的联动，最后成功辟谣，维护了社会的稳定。

2012年6月中旬，因周边地区燃烧秸秆引发了武汉地区出现雾霾天气，面对这场突如其来的大气污染事件，地方政府与新闻媒体之间密切合作，有效防止了谣言的扩散和群体性事件的发生。2012年6月11日，整个武汉被笼罩在一片灰黄色的烟雾中，PM2.5值一度超过600，而空气中弥漫着一种呛人的味道，不少网友通过网络表示自己出现了呼吸道不适、眼睛干涩等症状，在缺乏相关解释信息的情况下，有网友谣传是武钢锅炉爆炸所致，也有网友谣传是青山区某化工厂氯气泄漏所致。在事实尚不明朗的情况下，湖北省环保厅和新闻媒体展开了一场探究污染源的联合行动。

在这场联动中，网络媒体充当了辟谣的先锋。2012年6月11日上午12点06分，《楚天金报》通过楚天金网发出一条快讯《武汉全城突然出现神秘烟雾》，率先发布信息，这条快讯的消息来源为"武汉多地网友""武汉市环保局""武汉气象局微博"，除了描述雾霾的现状外，还揭示了雾霾天气的形成原因。12 点 59 分，荆楚网也发布《武汉现灰霾天气　多方微博辟谣网络不实传言》的信息，通过对"武汉市民""网友""武汉消防部门""武钢总值班室""青山区有关部门""武汉市政府网站""湖北日报记者"等多方消息来源的验证，驳斥了化工厂爆炸的谣言。7 分钟后，荆楚网发布另一条新闻《武汉今日雾霾天气形成原因已查明》，对本次雾霾形成的天气条件进行了简单说明。15 点 12 分，长江网也发布消息《气象部门称武汉大面积雾霾可能是周边燃烧秸秆造成》，对雾霾的成因进行简要说明，并对相关谣言进行了澄清，认为是风向、下沉气流及燃烧秸秆三个因素造成了此次雾霾天气。

政府部门成为权威信息发布者，并制止谣言传播。针对这次事件，湖北省环保厅联合多名专家，通过对空气成分的科学化验，以及天气原因的排查，查明了此次大气污染的成因。当天 17 点左右，省环保厅通过官方网站、官方微博、微信平台以及张贴布告等多种形式，发布权威信息，称污染源来自秸秆焚烧。在发布权威信息的同时，政府还组织相关部门调查谣言的源头及扩散方式，防止谣言对人们的生活造成影响。

传统媒体迅速跟进，促进问题的解决。6 月 12 日以后，各大媒体迅速跟进，对此次大气污染的影响范围及持续时间、雾霾的成因、雾霾对民众身体健康的影响、政府的雾霾应急措施、相关谣言的澄清、专家对民众的建议、秸秆利用政策倡导等议题进行了大量的报道。如《长江日报》的《武汉昨现雾霾天气　明日南风起有望好转》《邻省秸秆焚烧致武汉雾霾　秸秆利用政策亟待出台》《图解江城雾霾成因　气象台台长解析三大巧合》，《武汉晚报》的《湖北多地出台禁烧令　专家学者分析秸秆难题》《武汉十年一遇雾霾基本消失　PM2.5 降至正常》，《武汉晨报》的《遥感监测：皖冀豫苏等省秸秆焚烧火点明显减少》《武汉周边未现大量焚烧秸秆现象》，《楚天都市报》的《今天灰霾基本消失　周边省份管控燃烧秸秆》，《长江商报》的《我省空气恢复正常　雾霾飘至长沙致污染》等。除了对此次大气污染的成因进行深入探讨外，媒体还呼吁湖北省与周边省份建立"大气联防"工作，并对秸秆回收利用的有效机制的建立献言献策，与政府的大气污染治理工作形成了有效联动，促进了问题的解决。

总之，政府和媒体是环境传播中的两个重要主体，只有在生态思维的指导下，重塑二者之间的关系，建立起二者的联动机制，保障二者联动的顺利进行，才能减少政治和权力对环境价值观建构的干扰。

第三节　媒体功能的再审视与经济利益影响的削弱

在生态思维的指导下，重新审视媒体的功能、属性及责任，有助于减少经济利益和"洗绿"对环境价值观建构的负面影响。

一、媒体功能的再审视

由于中国媒体具有"事业单位、企业管理"的双重属性，一方面媒体必须成为党和政府的喉舌，并与党和政府保持高度一致，另一方面媒体还要考虑如何提高自身经济效益，从而导致媒体遭受来自政治和经济的双重压力，这在环境传播中表现得十分明显。尤其是当媒体因发布揭露环境污染和破坏的相关报道，而损害地方政府和某些大型企业的利益时，势必会遭至地方政府和大型企业共同发难。要淡化经济利益对环境公民身份建构的负面影响，必须在生态思维的指导下，重新审视媒体的功能及属性。

（一）平衡经济利益和公共性之间的关系

审视媒体的功能及属性要求电视媒体反思自身功能及作用的发挥情况，协调好经济效益和社会效益之间的关系。由于媒体具有经济属性，追求收视率、收听率、发行量和点击量也在情理之中，但是媒体还具有公共性的属性特征，必须承担起提供公共物品和公共服务的重要责任。环境问题属于公共物品和公共服务问题，具有较强的公益性和公共性，常常会和媒体的经济属性发生冲突。面对这一问题时，电视媒体必须深刻反思自身社会责任的履行状况，反思自身在绿色思想传播和绿色身份认同形成方面所发挥的作用，并通过调整报道方式和报道手段，来提高环境传播的效果，实现经济利益和公共利益的平衡。事实上，电视媒体的经济属性和公共属性完全可以出现融合和交汇，环境价值观传播及环境公民身份建构的内容也能产生极佳的经济效益，如著名的环保纪录片《帝企鹅日记》《迁徙的鸟》《微观世界》《海豚湾》《蓝色星球》等都是既叫好又叫座的。

（二）强化媒体的监督责任

舆论监督是大众传媒的主要功能之一，而强化媒体在环境传播中的监督责任，也是媒体功能再审视的另一个重要层次。由于环境问题的社会影响范围广，危害性较大，电视媒体必须排除外界干扰，充分发挥监督责任，将环境污染和破坏现象揭露出来，这也是风险社会对于环境传播的基本要求。

二、减少经济利益对环境公民身份的制约

要减少经济利益对环境价值观建构的制约，一方面需要用专业主义精神来规范电视媒体的环境传播行为，另一方面还要用绿色思想和绿色价值观来影响环境传播的内容生产，减少商业逻辑对绿色价值观的干扰。

（一）强化媒体的专业主义精神

媒体专业主义精神的强化是应对经济压力、减少经济利益干预的重要方法。它要求媒体在环境传播中客观公正、不偏不倚地报道环境问题，正确处理人与自然之间的关系，协调好经济利益和社会责任之间的关系。用专业主义精神来规范媒体的环境传播行为，能够帮助媒体正确处理经济利益与公共利益之间的张力问题，并通过对绿色思想的传播和对公民环境素养的培育，实现环境传播为公共

利益服务的目标。

(二) 减少商业逻辑对绿色价值观的干扰

在商业逻辑之下，环境问题往往被置换为各类经济问题，环境风险问题也容易被"经济至上"和"技术万能"等思想所遮蔽，因此，减少商业逻辑的影响，也是推动环境价值观建构的重要方法。具体而言，要在环境传播中重塑生态可持续和生态文明的理念，用绿色价值观来改造环境传播的内容生产，打破经济发展至上的观念，还需要认识到环境保护技术的发展只是解决环境问题的方法之一，而经济发展方式和发展机制的变革，以及环境民主政治的实现，也是解决环境问题的重要途径等。总之，要将环境传播重新纳入公共利益服务的轨道。

三、减少"洗绿"对环境公民身份的侵蚀

要减少"洗绿"对环境价值观建构的侵蚀，必须提高电视媒体对"洗绿"的鉴别能力，这可以通过提高电视媒体及其从业人员的环境科学知识水平来完成。

当前，中国媒体及其从业人员的环境科学知识水平有限，由于没有经过系统的环境科学知识培训，加上"洗绿"具有较强的迷惑性，从而导致电视媒体及其从业人员不能有效鉴别"洗绿"活动及产品。要规避"洗绿"对环境价值观建构的负面影响，就要提高媒体及其从业人员对"洗绿"的鉴别能力，这一方面可以通过专业培训提高电视媒体及其从业人员的环境知识和科技水平，另一方面也可以在环境传播中设置一个交流平台，让环境问题专家和普通公民都能针对某一个具体的问题展开充分的讨论，这有助于提高对"洗绿"的鉴别能力。此外，电视媒体及其从业人员还应该正视环境问题的复杂性，在环境传播中保持警惕，运用辩证性思维来对待环境议题，不要轻易地下结论，这也是减少"洗绿"影响的重要方法。

第四节　绿色消费理念及传播策略的重塑

当前中国已经进入了消费社会，商品和物包围了人们，绿色思想和绿色生活方式的传播受到了限制，环境价值观建构也困难重重。要减少消费主义的干扰，必须重塑绿色消费的理念，建立绿色消费的传播策略。

一、倡导可持续消费和绿色消费的伦理

可持续消费和绿色消费伦理的确立，是重塑绿色消费理念和传播策略的重要途径。它包括传播生态文明和可持续发展的生态观念，抵制消费主义和过度消费的生活方式，倡导低能耗和清洁生产，提倡理性消费等内容。电视媒体在可持续消费和绿色消费伦理的倡导方面，可以从以下几个方面进行：第一，对消费行为进行经济和伦理意义上的双重评价，宣传绿色消费和环境保护的观念，反对过度消费和奢靡消费。第二，发掘商品背后的环保价值和绿色象征意义，并在生态文明理念的指导下，建构可持续和绿色消费的意义。第三，鼓励人们从关注消费转向关注个体的生命安全和环境生存权利，以及关注人与自然之间的和谐发展，形成生态安全的相关意识。第四，改变传统的"人类中心主义"的思维方式，树立环境责任的意识，引领人们抛弃不合理的消费习惯，实现适度消费，从而营造绿色消费的文化氛围。

二、建立绿色消费的传播内容

建立绿色消费的传播内容，也能减少消费主义对环境价值观建构的影响。具体而言，可以从以下几个方面来完善绿色消费的传播内容：

（一）倡导适度消费

适度消费是公民生态伦理的重要构成，也是绿色消费的重要内容。它要求人们在消费的过程中不要过度追求所谓的符号意义，除

了满足日常生活的基本需要之外，不要过多地进行消费，尤其是要抵制各种炫耀性的消费。在建立适度消费的传播内容方面，电视媒体可以从发扬传统文化中的节俭美德出发，提倡简约的生活和低碳的资源消耗方式，传播一些有关适度消费的知识和技巧，帮助公民实现适度消费。

（二）重视消费公平

消费公平也是可持续发展理念的内在要求，它包括两层含义。第一，要求在某一时空范围内实现消费公平，即不同国家、不同地区、不同民族的人们，在消费的过程中，不能损害他人的利益，也不能损害其他国家和民族的人们的利益，它反对因富人的过度消费而导致穷人的环境生存权利受到损害。第二，要求当代人在消费的过程中必须考虑后代人的利益，不能因为人们的过度消费行为而损害子孙后代的利益。由此可见，消费公平带有环境正义的色彩，是绿色消费的重要内容。而电视媒体在传播绿色消费的内容方面，必须考虑上述两个层次的消费公平。

（三）提倡精神消费

精神消费强调在消费过程中，人们不应该仅仅追求物欲的满足，还应当有更高的精神层面的追求，它是绿色消费的重要构成。在传播精神消费的内容方面，环境传播应当强化对个体社会价值的实现，强调个体应当承担起对社会和对生态环境的双重环境责任和义务，鼓励普通公民积极参与环境事务和环境保护，并对政府的环境决策进行监督等。

三、适应消费文化的特征传播绿色思想

随着经济的高速发展，中国已经进入了消费社会，而消费文化也已经成为大众文化的重要形式，并被人们广泛地接受。在这种情境下，环境传播不可能完全脱离大众文化所营造的这种氛围，相反应当策略性地顺应这种社会思潮，并借助于大众化的、视觉化的"包装"形式，来引起普通公民对于绿色思想和绿色消费方式的关

注，这也是扩大绿色思想影响力的重要手段。具体而言，可以采用以下手段：第一，电视媒体可以尝试利用大众文化对时尚生活的包装方式，将节俭、低碳、环保、健康的生活方式塑造为一种时尚潮流，从而吸引更多的人加入环境保护的行列。第二，可以利用大众文化通过可视化的形式来包装事物的方式，将环境保护的理念用富有观赏性和冲击力的形式生产出来，使之符合公众的审美情趣。第三，还可以利用"互联网+"的平台，进行多媒体内容的生产，让环境保护和绿色思想的内容生产更加多元化，从而更容易被更多人认识和接受。总之，电视媒体可以利用大众文化对视听语言和多媒体形式的综合运用方式，使得绿色消费的理念得到最大效果的传播。

第五节　"公民唯私主义综合征"的治疗

"公民唯私主义综合征"导致公民对政治问题和公共事务失去关心，也迫使他们放弃从各类公共领域中探求问题的解决方法，从而造成政府和公民关系的紧张，并对环境治理和环境价值观建构产生不良影响。从政治方面改善政府和公民之间的关系，强化公民对公共事务的关心，从法律方面强化对公民身份和公民参与的促进，从传播方面，唤起公民对社会责任的承担和对公共事务的参与，这都是消解唯私主义影响的重要方式。

一、重塑政府和公民的关系

政府与公民之间的关系的紧张是造成公民对公共事务失去兴趣的原因之一。在中国，官本位的思想源远流长，一方面，政府在国家和社会生活中拥有绝对的权威，另一方面，公民也没有将自己视为社会的主人，反而在各方面都对政府形成了一种严重的依赖，这导致政府和公民之间的关系是一种支配和被支配的关系。在这种支配关系下，部分官员不但不允许公民与政府之间的互动，更设置诸多障碍限制公民的合法参与，而普通公民则过多地寄希望于英明的政府的出现，他们或是沉溺于生活琐碎，或是通过上访或其他极端化的手段来促使自己的问题得到解决，而不是通过各种制度化的参与途径寻求解决问题的方法。加之当前政府的环境信息公开程度十分有限，制度化的公民环境决策参与渠道也十分有限，从而加剧了公民的相对剥夺感，造成了"公民唯私主义综合征"的加剧。因此，消除官本位思想的影响，形成和谐的官民关系，成为治疗唯私主义的重要方法。

（一）强化政府的回应力建设与唯私主义的治疗

政府的回应力建设是协调政府与公民关系的基础，也是执政为民的具体体现。政府是否能够对公民的利益诉求进行及时、有力的回应，关系到政府与公民之间的关系是否和谐，也关系到社会矛盾是否能被有效化解，它是治疗"公民唯私主义综合征"的关键。

加强政府的回应力建设，首先，要建立一个畅通的政府与公民之间的沟通渠道。一方面让政府及时发布权威的政务信息，另一方面也让公民的意见及时上传给政府相关部门，而一个及时的、公开的、透明的政府信息公开平台的建设是其中的关键。其次，要建立健全舆情的收集及回应机制，政府要敏锐地捕捉公民对于公共议题的诉求信息，及时澄清事实，并作出相关回应。再次，要完善信息发布机制，及时、主动、准确地发布各类政府信息，如重要的会议精神、活动安排、重要动态以及决策部署等，增进公民对政府工作的了解，并对相关信息做出权威的解读，让公民更好地知晓并理解政府的决策。2013 年 10 月，国务院办公厅发布了《关于进一步加强政府信息公开回应社会关切提升政府公信力的意见》，与以往的文件相比，该文件强化了对"回应社会关切"的要求，并对政府依法实施政府信息公开，加强回应力建设，以及提升政府公信力等都作出了指示，这也意味着政府回应力建设已经得到了相应的重视。

在环境议题方面，政府及时针对公民的利益表达进行回应，有利于增强公民对参与政治的信心。2006 年 9 月，有人针对武汉市汤逊湖专项整治行动提出质疑，要求强化对湖泊的治理，W2 作为记者参与了相关调查。调查发现虽然汤逊湖专项整治行动已经开展

3年多了,但检验报告却显示湖水局部污染仍然很严重,水质不升反降,而造成这一现象的根本原因在于治污的速度慢于污染的速度。面对这一现象,媒体和公民都要求政府调整相关的政策及治理行动。对此,武汉市环保部门作出了积极回应,有效化解了湖泊治理过程中的社会矛盾。W2回忆道:"汤逊湖的污染来源于周边快速的发展,大量居民、企业的进驻,带来了更多的排污,而治理设施却没有跟上。发现这一情况后,市环保局出台了'限批令',规定凡是汤逊湖周边涉及排污的项目、排水的项目,全部不批。这一政策一直延续了20个月,甚至比原环保部的'限批令'出台得更早。当时环保局顶了很大的压力,但是好在市里是很支持的。"①在这一事件中,正是由于政府对公民的环保诉求进行了及时的、有力的回应,才有效避免了社会冲突的出现。

(二) 审慎地对待政府与公民之间的关系

审慎地对待政府与公民之间的关系,也有助于消除官本位思想的影响,并恢复公民对参与政治事务的信心。当前,中国正在推动向服务型政府的角色和职能转型,这就要求政府在社会治理过程中,发挥积极的引导作用,并树立"服务为民"的思想,在环境治理中亦是如此。具体而言,可以从以下方面入手:

(1) 改变原有的政绩考核体制,从制度安排上抑制官本位思想。相对于社会转型时期复杂多变的治理特征,中国政绩考核体制相对有些滞后,从而造成了官民关系的紧张。当前,地方经济发展程度仍然是政绩考核的最主要指标,而环境保护和生态建设由于缺乏可操作性的评价体系被"束之高阁",只有浙江等极少数地区将绿色GDP(国内生产总值)纳入政绩考核体系。加上当前中国对地方政府及其官员的政绩考核,主要是由上级组织部门和领导者来完成的,而人民是否满意、群众是否支持,并不影响政绩考核的结果,这就加剧了官民关系的疏离,导致公民失去对政治事务参与的兴趣。因此,要重塑政府与公民之间的关系,首先要推动政绩考核

① 笔者2013年10月30日对金某某的访谈内容。

体系的完善。可以通过完善选举制度，强化执政过程中的公民监督，实行严格的权力配置机制等方式，来改变官员"只对上负责而不对下负责"的痼疾，从制度安排上来抑制官本位思想的蔓延，从而缓解政府与公民之间的紧张关系。

（2）重新界定政府的职能范围，适当下放权力。在中国，行政力量对所有的社会资源和公共物品占有绝对的支配权，而社会组织和公民的作用却不明显，这也是导致政府和公民之间关系紧张的重要原因，重新界定政府的职能，适当地下放权力，也有助于推动政府和公民关系的和谐。在环境治理方面，由于相关问题的产生十分复杂，这就导致环境治理不能仅仅依赖于政府的力量。只有重新界定政府的职能范围，将政府视为环境保护的组织者和保障提供者，适当地下放环境管理的权力，允许更多的主体参与环境治理过程，才能调节政府和公民关系，克服"公民唯私主义"的影响。

（3）吸引社会力量参与环境治理，形成新的治理网络。允许社会力量参与环境治理，也能有效消解唯私主义的影响。虽然政府仍然是环境治理的最大责任主体，应当为环境保护和生态建设提供各种保障，但是仅靠政府的力量来治理环境问题，是远远不够的。必须改变当前环境治理过程中的单一行政主导和运动式治理的局面，让企业、社会团体、非营利组织和公民都能参与环境治理过程，并建立常态化的制度规范，用以协调多元主体间的相互作用和资源共享过程，从而形成新的环境治理网络。党的十八届三中全会明确提出要"建立吸引社会资本投入生态环境保护的市场化机制，推行环境污染第三方治理"，这就在政策上为新的环境治理网络的形成提供了保障。

具体而言，这种新的环境治理网络包括三种环境政策工具类型，即命令控制型、经济激励型和公民参与型。其中，命令控制型政策工具主要依赖于国家和政府通过颁布各类标准、禁令、许可证和配额等手段，来实现对环境问题的治理，这是最常用的方式，它具有一定的强制性，能在突发性环境事件的处理上形成较好的效果，但也存在灵活性差、社会成本高、容易造成政府失灵和"权力寻租"等问题。经济激励型政策工具的重点在于，通过市场力量和经济手段来解决环境问题,如排污收费制度、节能补贴、差别税收等,它具有灵活性强、成本低的优势,但也存在着环境产权界定困难以及市场失灵等问题。而公民参与型政策工具的特点在于,通过宣传、教育等形式,引导公民和各类组织,自觉地参与环境保护,包括信息公开和实行环境影响评价等手段,它具有社会认同度强、环境决策质量高、政府管理成本低等优势,但由于公民较为分散,组织起来需要花费大量的财力,因此也存在着操作困难等问题。① 而要形成环境治理的合力,必须根据具体的环境政策目标,综合利用上述三种政策工具的优势。

(4)进行官民关系的应然性教育,推动官民关系的合理化。针对政府和公民进行一场有关官民关系的应然性教育也是十分必要的,这有助于克服官本位的思想,从而达到治疗"公民唯私主义综合征"的目的。对政府及其官员而言,必须使他们认识到政府的公共性和为民服务的职责,认识到政府的权力来自公民的委托,政府应该竭尽全力为公民提供基本的公共产品和公共服务。而对于普通公民而言,也需要进行一场公民意识教育。有必要让他们认识到,公共权力的行使以及公共治理活动的开展都应该是公民意志的反映,政府有责任为公民提供优质的公共服务,而公民也有义务监督政府的治理过程,尤其是在环境议题方面,公民也应承担起相应的社会责任和义务。

(5)创建畅通有序的诉求表达机制,保障公民的合法权益。创建畅通有序的合法权益诉求机制和表达机制,让公民的合理诉求能够被政府所知晓和理解,也有助于预防和化解社会矛盾,推动政府与公民关系的良性发展。中国公民进行环境诉求表达的主要机制包括环境信访、由人大或政协委员作为代表进行环境提案、向媒体爆料获取媒体的帮助、司法诉讼、自发组织的环境维权及抗争活动等,前四种为制度化的诉求和利益表达机制,而后一种是非制度化的利益表达途径,通常发生于制度化诉求与表达受阻的情况,容易

---

① 杨洪刚:《中国环境政策工具的实施效果与优化选择》,复旦大学出版社 2011 年版,第 216~220 页。

引发群体性事件。当前中国处于环境问题多发的时期，公民的合法权益经常受到破坏，在这种情况下，发挥媒体的舆论监督功能，保证制度化的诉求表达机制的畅通与有序，都有助于化解群体性事件，有助于推动政府和公民之间良性互动的形成。

二、公民参与的法律促进

从法律上为公民参与环境事务提供保障，促进公民身份的形成，也有助于推动公民的环境参与，从而克服唯私主义的影响。

（一）公民环境参与的法律保障

公民在环境事务中的积极参与，是公民参与政府公共政策的权利在环境治理领域的延续，也是政治民主进程的表现。公民环境参与的范围很广，包括与他人讨论环境议题，参与环境知识和科技的传播，参与环境保护的公益活动，为解决日常生活中遇到的环境污染问题进行上访、投诉、向媒体曝光以及司法诉讼等。而从法律上保障公民的环境参与权，也有助于激发公民的环境关心，让他们对参与环境事务产生兴趣。

为公民的环境参与提供法律保障的思想形成于二十世纪六七十年代，当时西方社会掀起的社会民主运动与环境保护运动的结合，是促成公民环境参与以及环境民主的动力之源。1969 年，美国率先将公民参与写入《国家环境政策法》，公民参与作为一项原则被法律制度确定下来，此后，其他国家陆续将公民参与写进环境法律。而欧盟于 1998 年 6 月签署的《决策中信息与公共参与权利和环境事务中正义权利公约》（即《阿胡斯公约》），更超越了国界，保障了签约国所有公民的环境信息、公民参与和环境正义伸张的权利，它也是致力于创建超越边界的环境公民权利的第一个国际公约，目前已有 40 多个国家在公约上签了字。

在中国，政府也通过法律的形式，对公民的环境参与作出了制度性安排。2006 年 2 月 22 日，环保总局出台的《环境影响评价公众参与暂行管理办法》和正在起草中的《公众参与环境保护办法》等法规，都从法律的高度确立了公民环境决策参与权的合法性基础。而随着公民环境认知水平和环境科技的发展，节能环保和绿色消费的理念也逐渐深入人心，这为公民参与提供了良好的社会基础。

（二）公民身份的法律促进

从法律意义上促进公民身份的形成，也是消除唯私主义影响的重要方法。20 世纪 90 年代以后，世界各国政府都尝试颁布各种公民身份促进法，以加强对公民身份的培育，如英国的《鼓励公民身份》、澳大利亚的《经过修正的积极的公民身份》、加拿大的《加拿大公民身份：共享责任》等。而力图破除"唯私主义"对公民的影响，重新唤起公民对于社会责任的承担和对公共事务的参与，正是这类法律的意义所在。目前，中国尚未颁布此类公民身份促进法，但是在环境保护的相关法律法规中，鼓励公民承担对生态环境的责任和义务，促进公民身份的形成等思想已经有所体现，而完善相关法律法规，也是相关部门在今后的工作中需要考虑的因素。

三、"公民唯私主义综合征"的媒体治疗

媒体在"公民唯私主义综合征"的治疗上也可以有所建树，它通过对环境友好型公民的培养，启蒙公民的环境责任意识，培育公民的环境伦理和道德，促进公民积极参与环境保护等形式，达到建构环境公民身份的目的。

（一）进行环境责任的社会启蒙

环境责任意识是环境公民身份的重要构成，但这种责任意识常常会被眼前的利益所蒙蔽。事实上，无论是生态文明，还是其他绿色思想，都要求公民能够正确地认识到人们对于共同体其他成员、对于自然环境、对于子孙后代所应承担的责任和义务，而对于公民环境责任的强调，也是当前环境价值观建构的重要任务。因此，媒体必须在环境传播中强化对公民环境责任和义务的启蒙与教育。当前，中国传统电视媒体在环境报道中已经开始注意到对公民环境责

任的启蒙，如《新闻联播》中有 37.2% 的报道有明确的环境责任主张（参见本书第三章），然而，在这些报道中，媒体在传播环境责任及义务理念时还是比较生硬的，缺少真正打动受众的东西。只有增加相关内容的生动性、趣味性，才能吸引更多的受众，从而更好地完成对环境责任的启蒙。

（二）培育公民的环境伦理和美德

公民的环境美德的形成也是克服"唯私主义综合征"的重要途径。无论是安德鲁·多布森，还是约翰·巴里，他们都认为，公民的环境伦理和生态美德是构成环境公民身份的重要因素，也是绿色国家形成的关键。而生态文明建设也要求培育公民的环境伦理精神和生态道德意识。因此，电视媒体作为一种重要的信息传播和社会教化工具，必须承担起培育公民环境伦理和道德的重任。

具体而言，公民的环境伦理和美德主要包括：对于环境问题的高度关心，对于人与自然关系以及自身利益与环境保护之间的关系有一个相对理性而又科学的认识，能协调好自身的环境权利与义务之间的关系，养成绿色消费和绿色的生活方式，以及主动参与环境保护等。电视媒体可以借助于各种符号和象征手法，培育公民的上述环境伦理和美德。

（三）提高环境传播的科学性

增强环境传播的科学性，也有助于矫正唯私主义的影响。从某种程度上来说，"公民唯私主义综合征"出现的根本原因在于公民的环境知识有限而环境意识不强。因此，电视媒体通过增强环境传播的科学性来提高公民的环境知识水平和环境意识，这也有助于矫正"公民唯私主义综合征"。要提高环境传播的科学性，首先，要提高媒体从业人员的环境知识水平和生态文明观念，这需要培养一支高水平的环境传播队伍。其次，电视媒体还要调整传播环境知识及科技的方式和手段，可以通过增强传播内容的趣味性、可读性和感染力，来吸引受众，从而提高传播效果。

总之，重塑政府与公民之间的关系，保障公民参与的权利，进行"公民唯私主义综合征"的媒体治疗，都有助于加速公民绿色身份认同的形成，激发公民的环境保护行为和环境政治参与热情，从而推动环境价值观的建构。

第六节　政府、电视媒体、公民互动关系的重塑

在环境价值观的建构过程中，政府、电视媒体和公民是三个关键因素，三者之间是否呈现良性互动，直接影响到环境价值观建构的进程。其中，政府是影响环境价值观建构的决定力量，它赋予环境传播及环境价值观建构以合法性地位，电视媒体是环境价值观建构的重要场域，而公民则是环境价值观传播及环境公民身份建构的重要支持力量。虽然中国公民的环境意识已经有了明显的提升，各级政府也加大了环境污染治理和生态建设的力度，电视媒体尤其是视听新媒体，也在着力推动绿色思想的传播，但是环境价值观建构仍然困难重重。只有推动政府、电视媒体和公民三者之间良性互动的形成，才能克服生态文明和环境价值观建构中存在的诸多问题。

一、生态思维之下的政府—电视媒体—公民互动

生态思维要求将人类社会放在整个自然生态之下来思考问题，认清人类与自然界之间的关联，协调并处理好人类社会与自然生态之间的关系，处理好经济发展与环境保护之间的关系，处理好当代人同后代人之间的关系。生态思维与生态文明殊途同归，当前党和政府已经确立了生态文明建设的地位，这就为生态思维之下的政府—电视媒体—公民互动形成了良好的基础。

在生态思维的指导下，政府、电视媒体和公民的互动过程（参见图6-1）主要体现如下：

（1）政府是环境价值观和环境公民身份建构的结构性要素之一，它为环境传播提供了一定的条件和基础，并对这一过程产生制约。政府的政策规划和法律规定，为电视媒体和公民的环境传播活动赋予了一定的合法性基础，同时又对这些行动产生制约，尤其是政府对电视媒体的规制力量，对电视媒体的环境传播活动起到了规

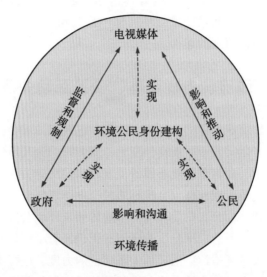

图 6-1　环境公民身份建构中的政府—电视媒体—公民关系示意图

范作用，能帮助电视媒体强化专业主义，减少商业和资本对媒体的摆布，减少消费主义文化对环境传播的侵蚀。此外，政治话语系统对绿色思想和生态理性的形塑，也对环境价值观建构的实现，起到了正面的推动作用。

（2）电视媒体是环境传播的重要场域，它勾连起了政府和公民。一方面，电视媒体的环境传播活动影响了公民环境意识的形成，强化了公民的生态理念和环境伦理，有助于培养环境友好型公民；另一方面，电视媒体的环境传播活动又能对政府的环境治理形成监督，有助于克服环境治理中的行政官僚局限。此外，电视媒体还是推动环境价值观建构的重要力量，它通过对绿色思想和生态伦理的传播，通过对公民合理的环境权利的主张，通过对公民的环境责任和义务的形塑，实现了对生态文明和环境价值观的社会建构。这种力量在视听新媒体领域表现得更为明显。

（3）公民是环境价值观和环境公民身份建构的重要推动力量。一方面，公民借助于各类新兴媒体技术和平台直接参与环境传播的内容生产，书写着环境价值观和环境公民身份的内涵；另一方面，

238

公民还积极参与政府的环境治理，并积极表达自身的环境权利主张，对环境治理的过程形成监督。当前，中国公民的环境参与已经得到了民主程序的认同，这在国家出台的一系列公民参与法规中均有所体现，从而推动环境公民身份转变为公民的一种积极社会地位。此外，环境善治的实现也要求，政府与公民进行有效沟通，并对公民的利益表达作出积极回应，这就实现了政府与公民之间的互动。

在中国的环境传播实践中也出现了许多政府—电视媒体—公民互动的实例，武汉市的"爱我百湖"行动就是比较典型的例子。2009年世界湖泊大会在武汉举行，一些环境记者和环境爱好者以筹备此次大会为契机，开始组织保护湖泊的行动，2010年，"爱我百湖"行动正式启动，并一直持续至今。在这个活动中，政府、媒体和公民的良性互动表现如下：

（1）在这个行动中，一批热爱湖泊的公民是活动的积极参与者，他们组织了一系列日常的巡湖、护湖、调查以及宣传活动，目前已有超过5000人参加了这一活动，该活动的社会影响力可见一斑。部分环境保护积极分子，还主动承担起保护居住地附近的湖泊的责任，被人们称为"民间湖长"，他们在保护湖泊的活动中践行了公民的环境责任和绿色生活的理念。

（2）媒体是活动的组织者和传播者，媒体一方面通过消息和专题报道的形式将公民的湖泊保护行动传播出去，另一方面又在各种社交媒体平台上开辟网络讨论专区、设置QQ（腾讯即时聊天工具）讨论群组，为公民的观点交流和思想碰撞创造了一个相对自由的话语平台。在这个活动中，电视媒体成为沟通政府和公民的桥梁，不仅通过新闻报道间接沟通政府和公民，还发起了有关湖泊保护的"电视问政"等活动，让公民与政府面对面，讨论环境保护等议题，在全国范围内起到了示范作用。

（3）地方政府在活动中发挥了积极作用，他们为公民的湖泊保护活动提供了各种保障措施。事实上，"爱我百湖"活动启动之初就得到了武汉市水务局、团市委、市环保局、汉口江滩等多家单位的支持，而且武汉市长阮成发同志还亲自参加了"授旗仪式"，

239

显示了政府对该活动的支持态度。2013 年，武汉市政府还决定，让市政管理和湖泊保护的相关部门负责人兼任"官方湖长"，并"分片承包"湖泊保护的责任。这些措施都让湖泊保护这一个"民间活动"，披上了浓重的"官方色彩"。也正是由于获得了地方政府的大力支持，公民在护湖行动中发现的许多问题总是能得到相关部门的积极回应。如在各界力量的共同推动下，2014 年 1 月 20 日，《湖北省水污染防治条例（草案）》提交省人大审议通过，拟定 2014 年 7 月 1 日正式实施。该法案提出将"按日处罚拒不整改的违法单位、个人，按天数每天进行处罚，不设上限"，这种"按日处罚"的方式在发达国家比较常见，但是在中国地方性法规中还属于首次提及。① 而这条法案通过后，"爱我百湖"行动的志愿者和环保记者们，在相关的 QQ 群（腾讯即时聊天）和武汉论坛上"奔走相告"，认为这项规定将对湖泊治理产生积极的影响。2018 年 7 月 24 日，《武汉市深化河湖长制推动"三长联动"工作方案》正式印发，该方案指出，要建立程序化的河湖问题联动管理机制，调动官方资源、民间智慧、科技力量联动解决河湖治理管护中的复杂问题，开展求计问策咨询活动，吸引更多专家、学者参与水治理工作。并表示要健全以民间河湖长为主体的全社会监督参与体系，力争全市每个重点水体都有 1~2 名志愿者担任民间河湖长。试行企业河湖长制，按照地域相近、便于管护的原则，鼓励企业认领、认管河湖，探索建立社会资本参与机制。② 这个方案的出台进一步体现出武汉市政府对于水污染治理的决心。

二、互动平台的建设

　　互动平台的建设，对于推动环境价值观建构中的政府—电视媒体—公民互动来说，也具有十分重要的意义。这里的互动平台主要

---

① 丁楚风. 湖北将按日处罚拒不整改排污企业　不设时间上限［EB/OL］.（2014-1-20）. http：//hb. qq. com/a/20140120/010401. htm.
② 王谦：《武汉推进"三长联动"每个重点水体都有民间河湖长》，《长江日报》2018 年 7 月 26 日第 5 版。

包括媒体平台和电子政务平台两类，它们是公民利益表达的重要渠道，有助于推动政府和公民之间的对话。

（一）媒体平台的建设

媒体是勾连政府和公民的桥梁，也是公民获知环境信息最主要的渠道，它在绿色思想的传递和环境友好型公民的培养方面起着至关重要的作用。而相关的媒体平台建设，主要包括环境价值观建构的内容生产平台和内容传输平台的建设两个方面。

1. 内容生产平台建设

在内容生产平台建设方面，要强化对绿色思想和生态伦理的传播，这具体表现在以下几个方面：

（1）要形成常态化的绿色意义生产机制。虽然当前环境议题已经是大众传媒的重要内容，但是仍然没有形成常态化的绿色意义生产，除了少数媒体如《人民日报》、《南方周末》、中央电视台纪录片频道等媒体开辟了专门的"绿版"或相关栏目进行深度的绿色思想传播之外，大多数电视媒体仍然只在发生重大环境公共事件或者政府出台某项环境政策时进行报道，这种不定期的传播方式限制了环境传播的效果。而新媒体虽然在传播绿色思想及对环境公民身份的"赋权"上，有了初步进展，但是这种"赋权"并未形成规模，社会影响力也不是太强。

（2）要形成科学合理的绿色意义生产方式。中国媒体长期以来形成了站在"官方立场"上来思考问题的思维定势，这就造成在绿色意义的生产方面，电视媒体总是习惯于叙述"政府和国家的努力""先进分子的牺牲精神""生态建设成果的取得"等内容，这与普通百姓对环境污染信息获取的需求存在差异，从而影响环境传播的效果。而新媒体上的传播内容多为公民情绪化的环境抗争和民意表达，缺乏一定的深度和持续性，也不能起到传递绿色思想和重塑生态伦理的作用。只有站在"百姓的立场"上来思考环境议题，用生态思维来指导环境传播的内容生产，着力传递新环境伦理和生态范式，才能真正完成对环境友好型公民的培养。

（3）要消除消费主义文化的影响，倡导绿色消费和绿色生活方式。当前，中国已经进入了消费社会，在消费主义文化的影响下，环境议题时常被娱乐内容所遮蔽，绿色意义的生产也时常被消费文化所代替。电视媒体必须有意识地增加对公民绿色消费方式的引导，并加大对公民环境责任和义务的警示，才能促进绿色意义内容生产平台的建设。

2. 内容传输平台的建设

在内容传输平台的建设方面，要建立立体化的、全覆盖的传输平台。所谓立体化的传输平台，既包括传统电视媒体，也包括网络、手机、平板电脑、社交媒体等诸多新媒体形式。环境问题涉及人类共同体的公共利益，它需要动员最广泛的社会成员共同参与环境保护，而随着传播科技的发展，受众的分化程度越来越高，他们所选择的媒体形式也越来越多样化，只有建立起立体化的环境价值观传输体系，才能有针对性地将绿色思想和生态伦理传递给所有的公民。

所谓全覆盖的传输平台，指的是环境传播的内容要能抵达共同体所有成员。而内容传输平台的全覆盖也是环境传播影响力扩大的前提。随着"村村通""户户通"工程的推进，广播电视已经在技术上实现了全覆盖，这为环境传播内容传输平台建设奠定了良好的基础。然而，环境传播的内容远没有达到全覆盖，边远地区和农村地区的环境传播内容仍然偏少，这也限制了环境价值观在这些地区的形成与建构。下一步，要在技术全覆盖的基础上，增强环境传播的内容建设，使绿色思想和环境伦理的内容能够抵达共同体所有成员，真正做到环境传播传输平台的全覆盖。

（二）电子政务平台的建设

电子政务平台的建设是政府信息公开的表现，也是推动政府—电视媒体—公民互动的重要途径。当前，中国政府在电子政务平台的建设上已经起步，各级政府和环保部门已经设置了官方网站，并开通了官方微博、微信公众号和客户端，定期发布环境质量监测、环境政策法规和环境治理等信息，保障了公民的环境信息知情权。然而，当前政府电子政务平台建设的形式意义仍然大于实质意义，地方政府只是将传统新闻发布中"自上而下"的宣传方式和"独白"式叙述手法,"搬"到了电子政务平台上,从而造成电子政务平台建设流于形式,不能发挥推动与公民之间的沟通与表达的作用。例如在什邡事件中,什邡市政府的官方微博"活力什邡"除了发布政府通告外,还将市民的上访描述为"示威",并表示"被迫使用催泪瓦斯和震爆弹",这条微博发出后激起了众怒,网友们在网络上掀起了一股"讨伐之声"。在这个事件中,本应充当与公民之间沟通桥梁的电子政务平台,因为不恰当的信息发布方式,反倒成为诱发公民抗议的导火索。

加强电子政务平台的建设,可以从以下方面入手:

(1)重新认识电子政务平台的功能。政府及其工作人员必须认识到,电子政务平台是政府政务公开的渠道,是沟通政府与公民的纽带,而不是单纯的"电子公告牌"。因此,要根据电子政务平台的媒介特征,调整信息公开的话语方式。

(2)建立多元化的电子政务平台。随着传播科技的发展,人们的信息接收方式也正在发生变革,政府应当深入考察人们信息接收方式的变化,并根据人们的习惯,创建多元化的电子政务平台,尽量涵盖主流的网络媒体、移动媒体和社交媒体。

(3)调整电子政务的信息发布方式,加强电子政务的内容建设。政府要改变过去新闻发布中的"自上而下"的"告知"式口吻及相关话语方式,要多站在公民的立场上思考环境问题,让公民充分表达自身的环境权利主张,并用相对客观和中立的话语方式进行政务公开。

(4)及时公开环境政务信息,避免谣言的散布及传播。政府应当及时发布环境类政务信息和环境治理信息,尤其是环境污染及治理信息,避免因为信息不对称而造成谣言散播。

三、环保 NGO(非政府组织)介入促进三者互动

环保 NGO(非政府组织)也是环境传播中的重要主体,作为一支专业化的环保运动组织队伍,它的介入有助于协调环境价值观建构中的政府、电视媒体和公民之间的关系。

243

（一）环保 NGO（非政府组织）与政府、媒体及公民的关系

环保 NGO（非政府组织）与媒体之间存在密切的互动（参见图 6-2），它需要借助媒体的力量，使环境议题具有更高的社会能见度，从而提高环境保护运动的社会动员能力，同时媒体也需要环保 NGO 提供一些专业化的意见和信息，从而发现具有新闻价值的环境报道。此外，还有很多记者本身也是环保 NGO 的成员，这种双重身份更让他们成为践行环境公民身份的先驱者，如"地球村"的廖晓义、"绿家园"的汪永晨等人。环保 NGO 与公民之间也有密切的关联，一方面环保 NGO 的发展壮大需要公民的支持和广泛参与，另一方面环保 NGO 的宣传活动，能提高公民的环境意识，帮助他们认清周边的环境风险。环保 NGO 与政府之间也存在着互动，政府的环境政策和决议既形成了环保 NGO 生存的外在条件和基础，同时又激发了环保 NGO 的活动；而环保 NGO 在监督政府环境决策的同时，还为政府的环境治理献言献策，推动了环境决策的民主化和科学化。

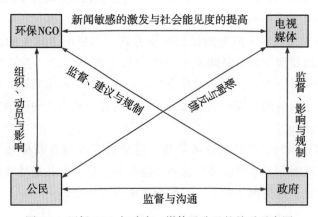

图 6-2　环保 NGO 与政府、媒体及公民的关系示意图

自 1978 年 5 月中国第一家环保 NGO——中国环境科学学会成立以来，环保 NGO 在中国日益壮大。2005 年，中华环保联合会对

中国环保 NGO 进行了一次全国性调查，发现中国共有各类环保组织 2768 个，其中有 1116 个为准民间组织（包括高校大学生环保团体在内），相关从业人员达到 22.4 万人。① 21 世纪以来，环保 NGO 也发起了许多环境保护行动，如 2003 年的"怒江水电之争"，2005 年的"26 度空调行动"等。

2011 年 6 月，针对云南曲靖市某化工厂非法倾倒铬渣致使珠江源头遭受严重污染的事件，"自然之友"、重庆绿色志愿者联合会等环保 NGO 联合该市中级人民法院，提起了环境公益诉讼，尝试通过司法寻求环境正义。一年后，在法院的调解下，被告不但愿意承担环境侵权的经济责任和法律责任，而且也接受了第三方审核和公众监督的条件。与一般意义上的新社会运动全然不同，这个案例开启了在环保 NGO 介入下寻求司法途径进行环境维权的先例，协调了政府、媒体与公民三者之间的关系，有效避免了群体性事件的发生。2012 年末，该诉讼案入选《南方周末》"2012 年中国十大影响性诉讼"。

而在 2011 年的渤海溢油污染事件中，环保 NGO 与政府、媒体及公民间的互动更加活跃，促成了事件的解决。康菲溢油事故发生之初，由于事件的公众知晓程度很低，媒体的关注也较少。2011 年 6 月初，康菲公司向国家海洋局北海分局报告发现油污，国家海洋局随后展开调查，但只作出 20 万元的行政处罚，从而引发了社会的争议。7 月中旬，环保 NGO——达尔问自然求知社联合新媒体——新浪环保，共同发起了一场"中海油生态行"活动。他们组织部分环保专家和公民前往山东长岛溢油事故现场，搜集证据，进行事故调查，并将调查结果公布在新浪等新媒体上。随后，各大报纸和电视台纷纷针对康菲溢油事故进行了大量——报道，事件的社会关注度迅速提升。8 月 1 日，包括达尔问、自然之友在内的 11 家环保组织，一方面呼吁国家海洋局尽快公开相关调查进展，并明确赔偿事宜，另一方面倡议发起针对中海油和美国康菲石油公司的

---

① 中华环保联合会：《中国环保民间组织发展状况报告》，《环境保护》2006 年第 10 期。

生态诉讼，与此同时，媒体迅速跟进。最后，国家海洋局代表国家向美国康菲石油公司提起生态索赔，康菲公司也同意设立生态恢复基金。在这一事件中，环保组织和新闻媒体展开共同合作，促使渤海溢油事故上升为社会公共议题，而他们的行动也得到了公民的支持，并形成了强大的舆论压力，从而倒逼政府采取相应行动，最终使得问题得以解决。

（二）中国环保 NGO 的发展状况及发展策略

虽然中国的环保 NGO 已经有了 30 多年的发展历程，也组织并发起了一系列有影响力的环境保护活动，但是，时至今日环境保护主义者和环保 NGO 在中国仍然属于边缘群体，其发展受到了诸多限制。这具体表现在：

其一，合法的环保 NGO 准入门槛较高，发展受到限制。目前中国的《社会团体登记管理条例》对社会团体和组织取得合法地位作出了较为严苛的规定，如必须经相关业务主管单位的审查同意，必须有 50 个以上的个人会员或者超过 30 个以上的单位会员等。这就使得环保团体很难通过注册登记，而环保团体无法获得合法地位，又反过来造成人们参与环保团体的兴趣下降。

其二，环保 NGO 过度依赖政府，独立性不够，从而导致其政治活力不够，社会沟通较少。不同于西方国家的环保组织诞生于公民环保运动之中，中国环保组织是由政府牵头发展而来的，因此，环保 NGO 自诞生之日起就与政府有着千丝万缕的联系。目前中国环保组织中有将近一半的团体受政府扶持（1382 个，49.9%），真正独立的民间环保组织只有 7.2%左右（202 个）。① 但即使是这些独立的民间组织，它们为了获得更多的发展机会，也自觉地与政府保持一种温和合作的关系。例如，武汉市的"绿色江城"组织的诸多活动都得到了团市委和市政府的大力支持。这种政府依赖性特征，导致中国环保组织的政治活力不够，与社会公众之间的沟通较

---

① 中华环保联合会：《中国环保民间组织发展状况报告》，《环境保护》2006 年第 10 期。

少，并带来在公民中的认同度低下的问题。

其三，环保 NGO 的社会监督能力和成效不足。由于中国的体制和机制对环境决策中的公民参与及环保组织参与进行了一定的限制，加上环保 NGO 缺乏专业性的人才和技能，这都导致环保 NGO 的社会监督能力和成效低下。

其四，资金来源少，发展困难。中国环保 NGO 还普遍存在资金来源较少、活动经费不足的问题，这为环保活动的顺利开展带来了许多问题。在访谈中，"爱我百湖"行动的发起人 W2 和 W5 都多次提到资金不足、投入不够是制约护湖行动持续发展的最重要的原因。[①]

因此，加强环保 NGO 的建设，充分发挥环保 NGO 对于环境价值观建构中政府、媒体及公民三者关系的协调作用，也是十分必要的。具体而言，可以通过以下策略促进环保 NGO 的发展：

（1）降低环保 NGO 的准入门槛，完善相关法律法规，为公民参与创造条件。各级政府应当认识到环保 NGO 也是环境保护中的重要主体，能够为政府的环境决策建言献策。因此，有必要完善相关法规，强化环保组织积极作用的发挥。

（2）转变政府职能，为环保 NGO 的发展，提供更优质的公共资源和公共服务。政府职能向服务型政府的转型是中国社会发展的趋势，可以将部分环境保护的公共职能交由环保组织来完成，鼓励环保组织发挥公益服务和社会监督的功能，并为环保组织的发展提供一定的物质基础。

（3）增强环保 NGO 的独立性，减少其对政府依赖，让其充分发挥对政府环境治理的补充作用。政府对环保 NGO 的管理重点应放在监督和引导方面，而不是去干预环保组织的活动，让环保组织充分发挥对政府环境治理的补充作用，动员公民参与环境保护，培育环境友好型公民，并成为沟通政府、媒体和公民的桥梁。

（4）环保 NGO 要加强自身的修养，提高环境决策参与和社会监督的知识和技能，帮助解决各类环境问题。

---

① 笔者 2013 年 10 月 30 日对金某某的访谈内容。

　　总之，政府、电视媒体和公民互动的形成是环境"善治"的内在要求，也是影响环境价值观传播和环境公民身份建构的关键。只有在生态思维的主导下，协调好三者之间的关系，推动相应的媒体平台和电子政务平台的建设，并让环保 NGO 介入三者的互动，才能促进三者之间互动的实现，从而真正提高环境治理的效率。

第七章 结 语

在现代社会中，大气污染、水源污染、土壤污染、温室效应、臭氧层空洞、水土流失、荒漠化、生物多样性减少等环境污染和破坏现象层出不穷，可以说地球自有生命诞生以来，还从未面临过这种来自生物自身的生存性危机。严重的环境安全威胁迫使人们去思考，到底是怎样的原因才造就了今天的现状？

事实上，环境危机的出现，折射出现代文明中人与自然关系严重对立的本质。而要改变这种现状，除了确立绿色思想和绿色价值观的合法地位之外，还要形成一种真正"绿色"的社会文化氛围。这需要把建立新的环境标准、实现可持续发展、重塑绿色思想、倡导绿色生活方式、推动公民参与等都纳入体制的重新设计和公共决策的议题范畴。而环境公民身份是影响"绿色"氛围形成的重要因素，是环境价值观的重要内涵，也是推动环境"善治"实现的重要步骤，这就提出了环境公民身份建构的问题。

从理论脉络来看，环境公民身份是公民身份理念在环境议题的延伸，它超越了自由主义和公民共和主义的传统。自由主义公民身份强调公民的权利和授权，公民共和主义公民身份则强调公民的责任、义务和德行，二者都根植于国家和公民之间的契约关系中。而环境公民身份超越了国家和公民的范畴，并将权利的对象扩展到自然界，它强调人们应当承担起对生态环境的社会责任和义务，提倡公民的生态美德，它的目的在于培育公民的生态理性、环境伦理和环境素养，促进公民的环境参与。环境公民身份的建构离不开环境传播的介入，这既是环境善治目标实现的要求，也是生态文明建设的要求，更是环境传播公共性的内在要求。电视媒体仍然是当前最有影响力的大众传媒，借助电视媒体以及视听新媒体对环境公民身份进行建构，能更有效地传播环境知识和绿色思想，推动公民环境保护行为的产生。

当前中国已经确立了生态文明建设的目标，政府和大众传媒也在绿色思想的传播和公民环境责任的形塑上，做出了积极的努力，而普通公民和环保志愿者也借助各类先进的传播科技，亲身参与环境传播的过程，并在传递绿色思想的过程中，践行了环境友好型公民的理念，这些切实推动了环境传播中的生态文明和环境价值观的建构进程。

然而，在中国，电视媒体在环境价值观的建构中也遭遇了许多困难和阻碍，如权力和政治资本和"洗绿"、消费主义文化及"公民唯私主义综合征"等，这些因素严重干扰了环境价值观的建构进程，制约了绿色思想和生态伦理的传播效果。对此，我们不必过分担心，事实上，认清环境传播中的政府、电视媒体和公民三者的角色及功能，重塑三者之间的互动关系，将有助于更好地认清环境问题，从而推动环境传播的发展以及促进环境"善治"的实现。

总之，作为一个与人们生活息息相关的社会性意义空间，环境安全需要每一个共同体成员的参与，甚至需要全球的共同参与。正如郇庆治指出的，"环境安全威胁"所昭示与表征的正是当前人类社会发展思维和发展模式的危机，而作为"共同体"的一员，每个人都应当承担起相应的现实责任。① 环境问题作为一个"思前性"的议题，一方面必须尽可能地以环境风险评估为基础，使绿色国家的环境政策随着科学信息的变化和成熟而不断演进；另一方面，还必须发挥普通公众、环保 NGO（非政府组织）以及环保企业的力量，借助集体性的公民行动，推行环境公民身份、生态伦理、环境正义以及绿色消费观念等相关建设，挖掘"环境"之于自然空间之外的身份意义、公平意义等文化含义和政治含义。只有这样，环境问题才有可能真正得到解决。

---

① 郇庆治：《环境政治国际比较》，山东大学出版社 2007 年版，第 26~27 页。

参 考 文 献

（一）中文专著

郇庆治：《环境政治国际比较》，山东大学出版社 2007 年版。

郇庆治主编：《环境政治学：理论与实践》，山东大学出版社 2007 年版。

刘涛：《环境传播：话语、修辞与政治》，北京大学出版社 2011 年版。

贾广惠：《中国环保传播的公共性构建研究》，中国社会科学出版社 2011 年版。

王积龙：《抗争与绿化——环境新闻在西方的起源、理论与实践》，中国社会科学出版社 2010 年版。

王莉丽：《绿媒体——环保传播研究》，清华大学出版社 2005 年版。

郭小平：《环境传播：话语变迁、风险议题建构与路径选择》，华中科技大学出版社 2013 年版。

萧显静：《生态政治——面对环境问题的国家抉择》，山西科学技术出版社 2003 年版。

邓正来、J. C. 亚历山大：《国家与市民社会》，中央编译出版社 2005 年版。

高中华：《环境问题抉择论》，中国社会科学出版社 2004 年版。

郑易生、钱薏红：《深度忧患——当代中国的可持续发展问题》，今日中国出版社 1998 年版。

崔建霞：《公民环境教育新论》，山东大学出版社 2009 年版。

王学俭、宫长瑞：《生态文明与公民意识》，人民出版社 2011 年版。

徐刚：《伐木者醒来》，吉林人民出版社 1997 年版。

洪大用：《中国民间环保力量的成长》，中国人民大学出版社 2007 年版。

洪大用、肖晨阳：《环境友好的社会基础》，中国人民大学出版社 2012 年版。

汪凯：《转型中国：媒体、民意与公共政策》，复旦大学出版社 2005 年版。

温宗国编著：《当代中国的环境政策形成、特点与趋势》，中国环境科学出版社 2010 年版。

朱群芳、王雅平、马月华：《环境素养实证研究》，中国环境出版社 2009 年版。

井敏：《构建服务型政府理论与实践》，北京大学出版社 2006 年版。

于建嵘：《抗争性政治：中国政治社会学基本问题》，人民出版社 2010 年版。

郭忠华：《变动社会中的公民身份——与吉登斯、基恩等人的对话》，广东省出版集团、广东人民出版社 2011 年版。

郭忠华：《解放政治的反思与未来》，中央编译出版社 2006 年版。

许纪霖主编：《共和、社群与公民》，江苏人民出版社 2004 年版。

洪镰德：《社会学说与政治理论：当代尖端思想之介绍》，台北扬智文化事业公司 1998 年版。

陈毅：《风险、责任与机制：责任政府化解群体性事件的机制研究》，中央编译出版社 2013 年版。

朱力、韩勇、乔晓征：《我国重大突发事件解析》，南京大学出版社 2009 年版。

杨洪刚：《中国环境政策工具的实施效果与优化选择》，复旦大学出版社 2011 年版。

陈彩棉：《环境友好型公民新探》，中国环境科学出版社 2010 年版。

魏星河：《当代中国公民有序政治参与研究》，人民出版社 2007 年版。

邓正来：《国家与市民社会：中国视角》，上海人民出版社 2011 年版。

陈士玉：《当代中国公民政治参与的模式及其发展趋势研究》，吉林大学出版社 2010 年版。

范丽珠主编：《全球化下的社会变迁与非政府组织》，上海人民出版社 2003 年版。

戴烽：《公共参与——场域视野下的观察》，商务印书馆 2010 年版。

魏星河等：《当代中国公民有序政治参与研究》，人民出版社 2007 年版。

李金河、徐锋：《当代中国公众政治参与和决策科学化》，人民出版社 2009 年版。

王锡锌主编：《行政过程中公众参与的制度实践》，中国法制出版社 2008 年版。

王立京：《中国公民参与制度化研究》，武汉大学出版社 2011 年版。

贾西津：《中国公民参与案例与模式》，社会科学文献出版社 2008 年版。

石路：《政府公共决策与公民参与》，社会科学文献出版社 2009 年版。

朱谦：《公众环境保护的权利构造》，知识产权出版社 2008 年版。

王巍、牛美丽编译：《公民参与》，中国人民大学出版社 2009 年版。

中央编译局比较政治与经济研究中心、北京大学中国政府创新研究中心合编：《公共参与手册：参与改变命运》，社会科学文献出版社 2009 年版。

彭宗超、薛澜、阚珂：《听证制度：透明决策与公共治理》，清华大学出版社 2004 年版。

严峰：《网络群体性事件与公共安全》，上海三联书店 2012 年版。

孔繁斌：《公共性的再生产：多中心治理的合作机制建构》，江苏人民出版社 2012 年版。

[英] 斯廷博根：《公民身份的条件》，郭台辉译，吉林出版集团 2008 年版。

[英] 安东尼·吉登斯：《气候变化的政治》，曹荣湘译，社会科学文献出版社 2009 年版。

[德] 哈贝马斯：《在事实与规范之间：关于法律和民主法治国的商谈理论》童世骏译，生活·读书·新知三联书店 2003 年版。

[美] 乔纳森·特纳：《社会学理论的结构》（第 7 版），张茂元、邱泽奇，华夏出版社 2006 年版。

[英] 马克·史密斯、皮亚·庞萨帕：《环境与公民权：整合正义、责任与公民参与》，侯艳芳、杨晓燕译，山东大学出版社 2012 年版。

[澳] 约翰·德赖泽克：《地球政治学：环境话语》，蔺雪春、郭晨星译，山东大学出版社 2012 年版。

[英] 戴维·佩珀：《现代环境主义导论》，宋玉波、朱丹琼译，格致出版社、上海人民出版社 2011 年版。

[英] 戴维·佩珀：《生态社会主义：从深生态学到社会正义》，刘颖译，山东大学出版社 2005 年版。

[美] 安德鲁·多布森：《绿色政治思想》，郇庆治译，山东大学出版社 2012 年版。

[德] 哈贝马斯：《公共领域的结构转型》，曹卫东等译，学林出版社 1999 年版。

[德] 乌尔里希·贝克：《风险社会》，何博闻译，译林出版社 2004 年版。

[德] 马丁·耶内克、克劳斯·雅各布：《全球视野下的环境管治：生态与政治现代化的新方法》，李慧明、李昕蕾译，山东大

学出版社 2012 年版。

〔美〕丹尼尔·A. 科尔曼：《生态政治——建设一个绿色社会》，梅俊杰译，上海世纪出版集团 2006 年版。

〔英〕克里斯托弗·卢茨：《西方环境运动：地方、国家和全球向度》，徐凯译，山东大学出版社 2005 年版。

〔澳〕罗宾·艾克斯利：《绿色国家：重思民主与主权》，郇庆治译，山东大学出版社 2012 年版。

〔美〕罗尼·利普舒茨：《全球环境政治：权力、观点和实践》，郭志俊、蔺雪春译，山东大学出版社 2012 年版。

〔日〕岩佐茂：《环境的思想与伦理》，冯雷、李欣荣、尤维芬译，中央编译出版社 2011 年版。

〔美〕蕾切尔·卡逊：《寂静的春天》，吕瑞兰、李长生译，吉林人民出版社 1997 年版。

〔加〕约翰·汉尼根：《环境社会学》，洪大用译，中国人民大学出版社 2009 年版。

〔美〕丹尼斯·米都斯等：《增长的极限》，李宝恒译，吉林人民出版社 1997 年版。

〔美〕L.H. 牛顿、C.K. 迪林汉姆：《分水岭——环境伦理学的十个案例》，吴晓东译，清华大学出版社 2005 年版。

〔英〕安东尼·吉登斯：《现代性的后果》，田禾译，译林出版社 2011 年版。

〔加〕查尔斯·泰勒：《现代性之隐忧》，程炼译，中央编译出版社 2001 年版。

〔英〕斯廷博根：《公民身份的条件》，郭台辉译，吉林出版集团 2008 年版。

〔美〕基思·福克斯：《公民身份》，郭忠华译，吉林出版集团 2009 年版。

〔英〕恩靳·伊辛、布雷恩·特纳：《公民权研究手册》，王小章译，浙江人民出版社 2007 年版。

〔英〕德里克·希特：《何谓公民身份》，郭忠华译，吉林出版集团 2007 年版。

［美］约翰·罗尔斯：《正义论》，何怀宏、何包钢、廖申白译，中国社会科学出版社1988年版。

［美］约翰·克莱顿·托马斯：《公共决策中的公民参与》，孙柏瑛等译，中国人民大学出版社2005年版。

［美］塞缪尔·亨廷顿、劳伦斯·哈里森主编：《文化的重要作用：价值观如何影响人类进步》，程克雄译，新华出版社2010年版。

［美］伯格·卢克曼：《现实的社会构建》，汪涌译，北京大学出版社2009年版。

［德］托马斯·海贝勒、君特·舒耕德：《从群众到公民——中国的政治参与》，张文红译，中央编译出版社2009年版。

［澳］约翰·S.德赖泽克：《协商民主及其超越：自由与批判的视角》，丁开杰译，中央编译出版社2006年版。

［英］安东尼·吉登斯：《社会的构成：结构化理论大纲》，李康、李猛译，生活·读书·新知三联书店1998年版。

［德］汉娜·阿伦特：《公共领域和私人领域》，刘锋译，王晖、陈燕谷主编：《文化与公共性》，生活·读书·新知三联书店1998年版。

［英］Joy A. Palmer：《21世纪的环境教育——理论、实践、进展与前景》，中国轻工业出版社2002年版。

（二）中文论文

郇庆治：《西方环境公民权理论与绿色变革》，《文史哲》2007年第1期。

郇庆治：《环境非政府组织与政府的关系：以自然之友为例》，《江海学刊》2008年第2期。

司开玲：《"铅毒"中成长的环境公民权》，《环境保护》2011年第6期。

颜纯钧：《大众传媒与公众身份的建构》，《现代传播》2004年第5期。

胡翼青、戎青：《生态传播学的学科幻象——基于CNKI的实证研究》,《中国地质大学学报》2011 年第 3 期。

李淑文:《环境传播的审视与展望——基于 30 年历程的梳理》,《现代传播》2010 年第 8 期。

刘涛:《环境传播的九大研究领域:话语、权力与政治的解读视角》,《新闻大学》2009 年第 4 期。

郭小平:《"邻避冲突"中的新媒体、公民记者和环境公民社会的"善治"》,《国际新闻界》2013 年第 5 期。

贾广惠:《论环境传播中的"公民"参与》,《新闻界》2011 年第 2 期。

贾广惠:《论传媒环境议题建构下的中国公共参与运动》,《现代传播》2011 年第 8 期。

蔡启恩:《从传媒生态角度探讨西方的环保新闻报道》,《新闻大学》2005 年第 3 期。

郭小平:《风险沟通中环境 NGO 的媒介呈现及其民主意涵——以怒江建坝之争的报道为例》,《武汉理工大学学报》(社会科学版) 2008 年第 5 期。

曾繁旭:《环保 NGO 的议题建构与公共表达——以自然之友建构"保护藏羚羊"议题为个案》,《国际新闻界》2007 年第 10 期。

黄煜、曾繁旭:《从以邻为壑到政策倡导:中国媒体与社会抗争的互激模式》,《台湾新闻学研究》2011 年第 10 期。

王积龙、蒋晓丽:《什么是环境新闻学》,《江淮论坛》2007 年第 2 期。

王积龙:《生态议题与传播的国际学术研究概貌评析》,《中国地质大学学报》(社会科学版) 2011 年第 1 期。

曾繁旭:《当代中国环境运动中的媒体角色:从中华环保世纪行到厦门 PX》,《现代广告》2009 年第 8X 期。

王芳:《我国环保传播与公共领域的建构》,《甘肃社会科学》2011 年第 6 期。

李瑞农:《环境新闻的走势及报道路径》,《中国记者》2004 年第 4 期。

李瑞农：《环境新闻的崛起及其特点》，《新闻战线》2003 年第 6 期。

张威：《环境新闻的发展及其概念初探》，《新闻记者》2004 年第 9 期。

程少华：《环境新闻的人文色彩》，《新闻与写作》2004 年第 2 期。

樊昌志、童兵：《社会结构中的大众传媒：身份认同与新闻专业主义之建构》，《新闻大学》2009 年第 3 期。

许纪霖：《近代中国的公共领域：形态、功能于自我理解——以上海为例》，《史林》2003 年第 2 期。

曾庆香：《论文化公民身份及其建构——以〈感动中国〉、北京奥运开幕式为例》，《新闻与传播研究》2008 年第 5 期。

雷蔚真、丁步亭：《从"想象"到"行动"：网络媒介对"共同体"的重构》，《当代传播》2012 年第 5 期。

杨通进：《生态公民论纲》，《南京林业大学学报》（人文社会科学版）2008 年第 3 期。

王文哲、张建宏：《生态补偿中的公众参与研究》，《求索》2011 年第 2 期。

高玉娟、张儒：《公众参与环境保护调查问卷剖析》，《商业经济》2009 年第 4 期。

史玉成：《环境保护公众参与的现实基础与制度生成要素——对完善我国环境保护公众参与法律制度的思考》，《兰州大学学报》（社会科学版）2008 年第 1 期。

吕丹：《环境公民社会视角下的中国现代环境治理系统研究》，《城市发展研究》2007 年第 6 期。

韦芳、胡迎利、万涛：《论中国环境保护公众参与制度的建设》，《环境科学与管理》2007 年第 10 期。

楚晓宁：《生态文明背景下公众参与制度的完善——环境保护NGO 不可忽视》，《法制与社会》2008 年第 7 期。

俞可平：《中国公民社会研究的若干问题》，《中共中央党校学报》2007 年第 12 期。

中华环保联合会：《中国环保民间组织发展状况报告》，《环境保护》2006 年第 5B 期。

王德新：《中国环境 NGO 的发展困境与路径选择》，《辽宁行政学院学报》2011 年第 8 期。

张一粟：《从莱德劳案看美国环境公民诉讼的运行》，《绿色视野》2009 年第 6 期。

唐慧玲：《对理性公民政治参与的思考——基于消极公民和积极公民理论》，《内蒙古大学学报》（哲社版）2012 年第 1 期。

王小章：《中古城市与近代公民权的起源：韦伯城市社会学的遗产》，《社会学研究》2007 年第 3 期。

汤蕴懿：《我们需要什么样的环保组织——中国民间环保组织的发展困境》，《上海经济》2010 年第 12 期。

丘昌泰：《从"邻避情结"到"迎臂效应"：台湾环保抗争问题与出路》，《政治学论丛》2002 年第 17 期。

黄俊儒、简妙如：《在科学与媒体的接壤中所开展之科学传播研究：从科技社会公民的角色及需求出发》，《台湾新闻学研究》2010 年第 10 期。

陈静茹、蔡美瑛：《全球暖化与京都议定书议题框架之研究——以 2001—2007 年纽约时报新闻为例》，《台湾新闻学研究》2009 年第 7 期。

李猛：《从帕森斯时代到后帕森斯时代的西方社会学》，《清华大学学报》（哲学社会科学版）1996 年第 2 期。

于海：《结构化的行动，行动的结构化》，《社会》1998 年第 7 期。

徐春：《对生态文明概念的理论阐释》，《北京大学学报》（哲学社会科学版）2010 年第 1 期。

许鑫：《传媒公共性：概念的解析与应用》，《国际新闻界》2011 年第 5 期。

刘涛：《环境传播与"反话语空间"的媒介化建构》，《中国社会科学报》2012 年 9 月 19 日第 A08 版。

陈媛媛：《环保民间组织调查居民节水意识》，《中国环境报》

2011 年 8 月 31 日第 3 版。

覃哲：《转型时期中国环境运动中的媒体角色研究》，博士学位论文，复旦大学，2012 年。

徐迎春：《环境传播对中国绿色公共领域的建构与影响研究》，浙江大学博士学位论文，2011 年。

颜敏：《红与绿——当代中国环保运动考察报告》，上海大学博士学位论文，2010 年。

蔺春雪：《全球环境话语与联合国全球环境治理机制相互关系研究》，山东大学博士学位论文，2008 年。

［德］米勒：《吉登斯的解释社会学》，少雄译，《国外社会科学文摘》1987 年第 3 期。

［英］安德鲁·多布森：《传统公民权的"生态挑战"——从政治生态学看公民权理论》，郭晨星译，《文史哲》2007 年第 1 期。

［英］约翰·巴里：《抗拒的效力：从环境公民权到可持续公民权》，张淑兰译，《文史哲》2007 年第 1 期。

［法］让·彼埃尔·戈丹：《现代的治理，昨天的今天：借重法国政府政策得以明确的几点认识》，《国际社会科学》（中文版）1999 年第 2 期。

［美］查理德·G. 布朗加特、玛格丽特·M. 布朗加特：《90 年代美国的公民权和公民权教育（上）》，莫东江译，《青年研究》1998 年第 7 期。

（三）外文专著

Anderson A. Media, Culture and Environment［M］. London：UCL Press，1997.

Archer M. Realist Social Theory：The Morphogenetic Approach［M］. Cambridge：Cambridge University Press，1995.

Baber W. Bartlett R. Deliberative Environmental Politics：Democracy and Ecological Rationality［M］. Cambridge，MA：MIT Press，2005.

Bessette J. Deliberative democracy：The Majority Principle in

Republican Government, In Goldwin R, Schambra W. (eds.) How Democratic Is the Constitution? [M]. Washington, DC: American Enterprise Institute, 1980.

Bohman J. Public Deliberation: Pluralism, Complexity, and Democracy [M]. Cambridge : MIT Press, 1996.

Carens J H. Culture, Citizenship and Community [M]. London: Oxford University Press, 2000.

Cohen I J. Structuration Theory: Anthony Giddens and the Constitution of Social Life [M]. London: Macmillan, 1989.

Cole L W, Foster S R. From the Ground up: Environmental Racism and the Rise of Environmental Justice Movement [M]. NY: New York University Press, 2001.

Craib I. Anthony Giddens [M]. London: Routledge, 1992.

Corbett J B. A Faint Green Sell: Advertising and the Natural World, In M Meister, P M Japp (eds.). Enviropop: Studies in Environmental Rhetoric and Popular Culture [M]. Westport, CT: Praeger, 2002.

Cox R. Environmental Communication and Public Sphere [M]. London: Sage, 2006.

Depoe S P, Delicath J W, Elsenbeer M-F A. Communication and Public Participation in Environmental Decision Making [M]. NY: State University of New York Press, 2004.

Dryzek J S. The politics of the earth: Environmental discourses [M]. NY: Oxford University Press, 2005.

Dobson A. Citizenship and the Environment [M]. Oxford: Oxford University Press, 2004.

Dobson A, Bell D. Environmental Citizenship [M]. Cambridge, MA: MIT Press, 2006.

Eckersley R. Environment and Political theory: Toward and Ecocentric Approach [M]. NY: State University of New York Press, 1992.

Faulks K. Citizenship [M]. London: Routledge, 2000.

Fraser N. Rethinking the Public Sphere: A Contribution to the Critique of Actually Existing Democracy, In C Calhoun (ed.). Habermas and the Public Sphere [M]. Cambridge, MA: MIT Press, 1992.

Gibson R K, Ward S J. (eds.). Reinvigorating Democracy? British Politics and the Internet [M]. Aldershot: Ashgate, 2000.

Giddens A. Central Problems in Social Theory [M]. London: The Macmillan Press Ltd., 1979.

Giddens A. New Rules of Sociological Method [M]. London: Polity Press, 1993.

Hajer M A. The Politics of Environmental Discourse: Ecological Modernization and the Policy Process [M]. Oxford: Oxford University Press, 1995.

Hansen A. Environment, Media and Communication [M]. London: Routledge, 2010.

Habermas J. Popular Sovereignty as Procedure, In Bohman, J. and Rehg W. (eds.), Deliberative Democracy: Essays on Reason and Politics [M]. Cambridge, MA: MIT Press, 1997.

Habermas J. The Public Sphere: An Encyclopaedia Article, In Meenakshi Gigi Durham, Douglas M Kellner (eds.). Media and Cultural Studies: Key Works [M]. Oxford: Blackwell Publishers, 2001.

Heather D. Citizenship: The Civic Ideal in World History, Politics and Education [M]. London: Longman, 1990.

Hurell A. International Political Theory and The Global Environment, Booth K, Smith S. (eds.). International Relations Theory Today [M]. Pennsylvania: Pennsylvania State University Press, 1995.

Isin E F, Turner B S. Handbook of Citizenship Studies [M]. London: Sage, 2002.

Luhmann N. Ecological Communication [M]. Chicago, IL: University of Chicago Press, 1989.

Marshall T H, Bottomore T. Citizenship and Social Class [M]. London: Pluto Press, 1992.

Markowitz G, Rosner D. Deceit and Denial: The Deadly Politics of Industrial Pollution [M]. Berkeley, CA. : University of California Press, 2002.

Myserson G, Rydin Y. The Language of Environment: A New Rhetoric [M]. London: University College London Press, 1991.

Pickerill J. Environmentalists and the Net: Pressure Groups, New Social Movement and New ICTS, In Gibson R K, Ward S J. (eds.). Reinvigorating Democracy? British Politics and the Internet [M]. Aldershot: Ashgate, 2000.

Rawls J. Political Liberalism [M]. NY: Columbia University Press, 1993.

Reisenberg P. Citizenship in the Western Tradition: Plato to Rousseau [M]. Chapel Hill: University of North Carolina Press, 1992.

Smith D. The Conceptual Practices of Power: A Feminist Sociology of Power [M]. Boston, MA: Northeastern University Press, 1990.

Smith M J. Ecologism: Towards Ecological Citizenship [M]. Buckingham: Open University Press, 1998.

Sunstein C. Deliberation, Democracy and Disagreement, In Bontekoe R, Stepaniants M. (eds.). Justice and Democracy: Cross-cultural Perspectives [M]. Honolulu: University of Hawaii Press, 1997.

Shabecoff P. A New Name for Peace: International Environmentalism, Sustainable Development, and Democracy [M]. Hanover, NH: University Press of New England, 1996.

Thomashow M. Ecological Identity: Becoming a Reflective Environmentalist [M]. Cambridge, MA: MIT Press, 1996.

Thompson J B. The Theory of Structuration, In Thompson J B,

David H. (eds.). Social Theory of Modern Societies: Anthony Giddens and His Critics [M]. Cambridge, UK: Cambridge University Press, 1989.

Turner B. Outline of a General Theory of Cultural Citizenship, In Stevenson N. (ed.). Culture and Citizenship [M]. London: Sage, 2001.

Welch C. NGOs and Human Rights: Promise and Preformance [M]. Philadelphia: University of Pennsylvania Press, 2000.

Welch C. Protecting Human Rights in Africa: Strategies and Roles of Nongovernmental Organizations [M]. Pennsylvania Studies in Human Rights, Philadelphia, PA: University of Pennsylvania Press, 2001.

World Commission on Environment and Development. Our Common Future [M]. New York: Oxford University Press, 1987.

(四) 外文论文

Bessette J. Deliberative Democracy: The Majority Principle in Republican Government [C]. In Goldwin R, Schambra W. (eds.). How Democratic Is the Constitution? [M]. Washington, DC: American Enterprise Institute, 1980.

Brettell A M. The Politics of Public Participation and the Emergence of Environmental Proto-Movements in China [C]. University of Maryland PhD Thesis, 2003.

Capek S. The "Environmental Justice" Frame: A Conceptual Discussion and an Application [J]. Social Problems, 1993 (40).

Cox R. Nature's "Crisis Disciplines": Does Environmental Communication Have An Ethical Duty? [J]. Environmental Communication: A Journal of Nature and Culture, 2007, 1 (1).

DeLaure M. Environmental Comedy: No Impact Man and the Performance of Green Identity [J]. Environmental Communication, 2011, 5 (4).

Delicath J W, Deluca K M. Image Events, the Public Sphere, and

Argumentative Practice: The Case of Radical Environment Groups [J]. Argumentation, 2003, 17 (3).

Depoe S. Environmental Communication as Nexus [J]. Environmental Communication, 2007, 1 (1).

Downing J. The Alternative Public Realm: The Organization of the 1980s Anti-nuclear press in West Germany and Britain [J]. Media, Culture, and Society, 1988, 10 (2).

Gill J D, Crosby L A, Taylor J R. Ecological Concern, Attitudes, and Social Norms in Voting Behavior [J]. Opinion Quarterly, 1986 (50).

Habermas J. Reconciliation Through the Public Use of Reason: Remarks on John Rawls' Political Liberalism [J]. Journal of Philosophy, 1995 (92).

Hays S P. Power, Politics and Environment Movements in the Third World [J]. Environmental Politics, 1999, 8 (1).

Jones M R. Giddens's Structuration Theory and Information Systems Research [M]. Journal MIS Quarterly, 2008, 32 (1).

Lafferty W M. The Politics of Sustainable Development [J]. Environmental Politics, 1996, 5 (2).

Lam K C, Brown A L. ELA in Hong Kong: Effective But Limited [J]. Asian Journal of Environmental Management, 1997, 5 (1).

Lee K. Factors Promoting Effective Environmental Communication to Adolescents: A Study of Hong Kong [J]. China Media Research, 2008 (4).

Lee K. Sociocultural Influences on Adolescent's Environ-mental Behavior in Hong Kong [C]. International Communication Association 2008 Annual Meeting, 2008.

Liu Jingfang, Goodnight G T. China and the United States in a Time of Global Environmental Crisis [J]. Communication and Critical/Cultural Studies, 2008, 5 (4).

Mathur P. Environmental Communication in the Information

265

Society: The Blueprint from Europe [J]. The Information Society, 2009 (25).

Melucci A. The New Social Movements: A Theoretical Approach [J]. Social Science Information, 1980 (19).

Monani S. Energizing Environmental Activism? Environmental Justice in Extreme Oil: The Wilderness and Oil on Ice [J]. Environmental Communication, 2008, 2 (1).

Peeples J A, Krannich R S, Weiss J. Arguments For What No One Wants: The Narratives of Waste Storage Proponents [J]. Environmental Communication, 2008, 2 (1).

Pleasant A, Good J, Shanahan J, Cohen B. The Literature of Environmental Communication [J]. Public Understanding of Science, 2002, 11 (2).

Schwarze S. Environmental Communication as A Discipline of Crisis [J]. Environmental Communication: A Journal of Nature and Culture, 2007, 1 (1).

Sewell W H. A Theory of Structure: Duality, Agency and Transformation [J]. American Journal of Sociology, 1992, 98 (7).

Stein L. Environmental Communication Online: A Content Analysis of U. S. National Environmental Websites [C]. International Communication Association Annual Meeting, 2009.

Todd N. The Structuration of Public Participation: Organizing Environmental Control [J]. Environmental Communication, 2007, 1 (2).

Young I M. Responsibility and Global Justice: A Social Connection Model" [J]. Social Philosophy and Policy, 2006 (23).